Anatomie und Physiologie

Anatomie und Physiologie

Kompakte Darstellung des Fachgebiets unter Berücksichtigung der Ausbildungs- und Prüfungsverordnung für die Berufe in der Krankenpflege

9. Auflage

WEISSE REIHE

Fallbeispiel: Claudia Staudinger

Redaktionelle Bearbeitung und Aktualisierung: Dr. Antonio Sarikas

ELSEVIER
URBAN & FISCHER

URBAN & FISCHER München

Zuschriften an:
Elsevier GmbH, Urban & Fischer Verlag, Hackerbrücke 6, 80335 München
E-Mail: pflege@elsevier.de

Wichtiger Hinweis für den Benutzer
Die Erkenntnisse in Pflege und Medizin unterliegen laufendem Wandel durch Forschung und klinische Erfahrungen. Herausgeber und Autoren dieses Werkes haben große Sorgfalt darauf verwendet, dass die in diesem Werk gemachten therapeutischen Angaben (insbesondere hinsichtlich Indikation, Dosierung und unerwünschter Wirkungen) dem derzeitigen Wissensstand entsprechen. Das entbindet den Nutzer dieses Werkes aber nicht von der Verpflichtung, anhand weiterer schriftlicher Informationsquellen zu überprüfen, ob die dort gemachten Angaben von denen in diesem Werk abweichen und seine Verordnung in eigener Verantwortung zu treffen.
Für die Vollständigkeit und Auswahl der aufgeführten Medikamente übernimmt der Verlag keine Gewähr.
Geschützte Warennamen (Warenzeichen) werden in der Regel besonders kenntlich gemacht (®). Aus dem Fehlen eines solchen Hinweises kann jedoch nicht automatisch geschlossen werden, dass es sich um einen freien Warennamen handelt.

Bibliografische Information der Deutschen Nationalbibliothek
Die Deutsche Nationalbibliothek verzeichnet diese Publikation in der Deutschen Nationalbibliografie; detaillierte bibliografische Daten sind im Internet über www.d-nb.de abrufbar.

1. Auflage 1993 bis 6. Auflage 1999 erschienen im Verlag Haus & Gross
7. Auflage 2004
8. Auflage 2010
9. Auflage 2013

Der Urban & Fischer Verlag ist ein Imprint der Elsevier GmbH.

14 15 16 17 5 4 3 2

Um den Textfluss nicht zu stören, wurde bei Patienten und Berufsbezeichnungen die grammatikalisch maskuline Form gewählt. Selbstverständlich sind in diesen Fällen immer Frauen und Männer gemeint.

Planung: Martina Lauster, München
Projektmanagement: Dagmar Wiederhold, München
Herstellung: Eva Klaffenböck, München; Christine Kosel, München
Satz: abavo GmbH, Buchloe/Deutschland; TnQ, Chennai/Indien
Druck und Bindung: Printer Trento, Trento/Italien
Zeichnungen: Dr. Ralf Hartenstein, Karlsruhe; Karl Heppe, Wiesbaden; außer Abb. 1.3, 5.8, 7.6: M. Kosthorst, Borken
Umschlaggestaltung: SpieszDesign, Neu-Ulm

ISBN Print 978-3-437-28641-4
ISBN e-Book 978-3-437-16868-0

Aktuelle Informationen finden Sie im Internet unter **www.elsevier.de** und **www.elsevier.com**

Inhaltsverzeichnis

KAPITEL

1 Zell- und Gewebelehre

Leben ist durch verschiedene Grundeigenschaften gekennzeichnet, die es von der unbelebten Natur unterscheiden.

Merkmale von Leben
- Wachstum
- Bewegung
- Stoffwechsel
- Fortpflanzung.

1.1 Bau der Zelle

Die Zelle (➤ Abb. 1.1) ist die kleinste lebensfähige Einheit aller Lebewesen. Während die pflanzliche Zelle von einer starren dicken **Zellwand** aus Zellulose umschlossen wird, ist die menschliche Zelle von einer dünnen, flexiblen **Zellmembran** umgeben, die aus fettähnlichen Stoffen (Phospholipiden) besteht.

Größe und Form der Zellen sind sehr variabel und hängen vor allem von ihrer Funktion und dem Organ, dem sie angehören, ab.

Die größte Zelle des menschlichen Organismus ist mit einem Durchmesser von 100 µm die Eizelle (Oozyte) der Frau.

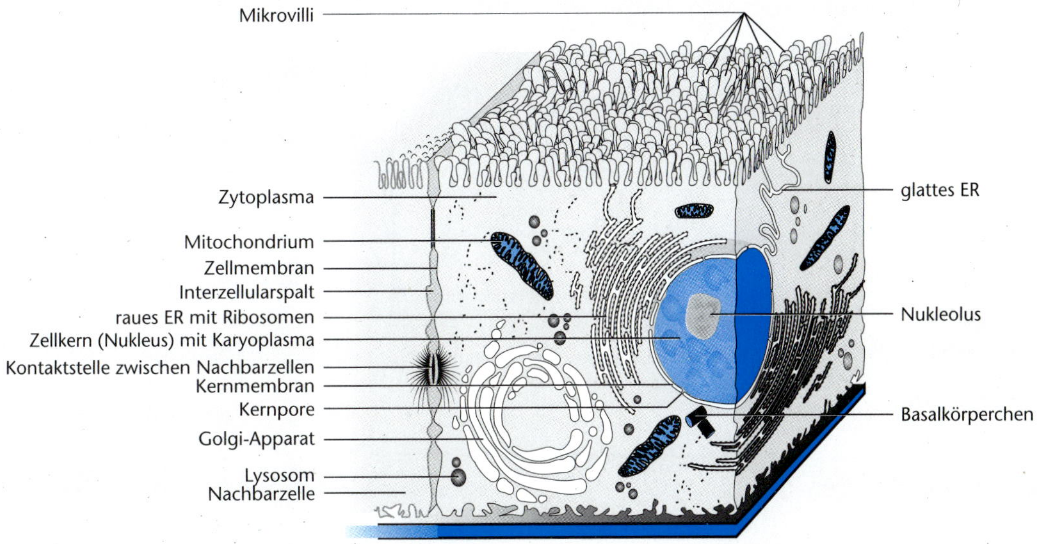

Abb. 1.1 Bau der Zelle mit Darstellung der Zellorganelle und Zellkern.

Der Mensch besteht insgesamt aus etwa 10.000 Milliarden Zellen. Viele Zellen unterliegen einer ständigen Erneuerung durch neu gebildete Zellen. Epithelzellen der Haut oder des Darms werden häufig erneuert. Dem hingegen können Gehirn- oder Herzzellen nicht erneuert werden und müssen das gesamte Leben funktionsfähig bleiben.

Die Zelle ist die kleinste lebensfähige Einheit des menschlichen, tierischen und pflanzlichen Organismus.

Jede Zelle besteht aus den folgenden Grundbestandteilen:
- Zellmembran
- Zellleib (Zytoplasma) mit Zellorganellen
- Zellkern (Nukleus).

ALTERSPHYSIOLOGIE

Funktionsstörungen der Zelle spielen eine zentrale Rolle für die Entstehung von Krankheiten. Aber auch der normale Alterungsprozess des Menschen beginnt auf zellulärer Ebene.

1.1.1 Zellmembran

Die Zellmembran (➤ Abb. 1.2) begrenzt und schützt die Zelle. Darüber hinaus ermöglicht sie den kontrollierten Stoffaustausch mit der Umgebung und benachbarten Zellen.

Aufbau

Die Zellmembran besteht aus einer Doppelschicht fettähnlicher Stoffe (Phospholipide), in die mosaikartig Eiweiße (Proteine) eingelagert sind.

Funktionen

- Schutz und Abgrenzung der Zelle
- Kontrollierter Stoffaustausch zwischen Zelle und Umgebung
- Träger der genetisch verankerten Zellspezifität (Beispiel: Blutgruppenantigene der roten Blutkörperchen).

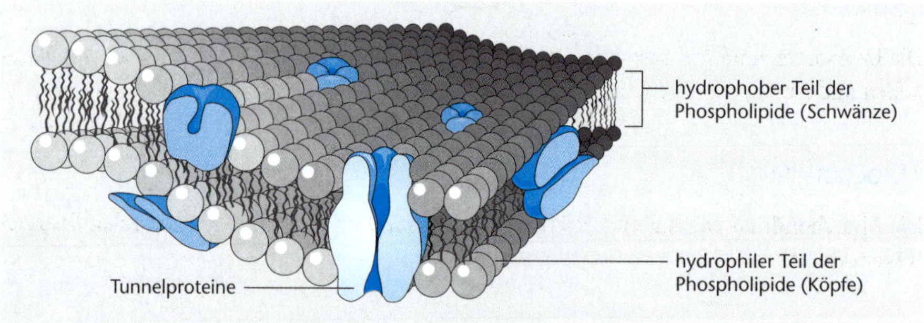

Abb. 1.2 Bau der Zellmembran unter elektronenmikroskopischer Vergrößerung.

1.1.2 Zytoplasma

Das Zytoplasma füllt den durch die Zellmembran umschlossenen Raum aus. Es besteht überwiegend aus Wasser (90 %) mit einem genau regulierten Salzgehalt, den Zellorganellen sowie dem Zytoskelett.

1.1.3 Zellorganelle

Zellorganelle sind abgrenzbare Bestandteile des Zytoplasma mit spezifischen Aufgaben für die Zelle.

Ribosomen

Ribosomen sind die Orte der Proteinsynthese der Zelle. Sie bestehen aus Ribonukleinsäure (RNA) und befinden sich entweder frei im Zytoplasma oder sind an das Endoplasmatische Retikulum (ER) gebunden.

Endoplasmatisches Retikulum (ER)

Das Endoplasmatische Retikulum ist ein netzartiges Hohlraumsystem im Zytoplasma. Man unterscheidet ein **glattes ER** (ohne Ribosomenauflagerungen) und ein **raues ER** (mit Ribosomenauflagerungen).

Funktionen
- Proteinsynthese (Ribosomen des rauen ER)
- Lipid- und Steroidsynthese (glattes ER)
- Abbau von Fremd- und Giftstoffen (glattes ER).

Golgi-Apparat

Der Golgi-Apparat ist ein intrazelluläres Membransystem aus parallel angeordneten, scheibenförmigen Membranen. Die Golgi-Membranen werden ständig vom Endoplasmatischen Retikulum nachgebildet. Vom Golgi-Apparat schnüren sich Bläschen (Golgi-Vesikel) ab, deren Inhalt dann aus der Zelle ausgeschleust wird.

Funktionen
Im Golgi-Apparat werden Moleküle aus dem rauen ER chemisch modifiziert und für den Export aus der Zelle vorbereitet (sekretorische Proteine, Membranproteine). Zudem ist der Golgi-Apparat an der Synthese von Lysosomen beteiligt.

Lysosomen

Die Lysosomen sind mit Enzymen gefüllte Vesikel (Bläschen), die für den Abbau von Organellen und Abfallprodukten der Zelle benötigt werden.

Mitochondrien

Die Mitochondrien beinhalten Enzyme für die Produktion von ATP, den zentralen Energieträger der Zelle.

Zytoskelett

Wie bei einem Zelt ist die Zellmembran durch ein Proteingerüst stabilisiert, das in seiner Gesamtheit als Zytoskelett bezeichnet wird. Wichtige Bestandteile des Zytoskeletts sind Mikrotubuli sowie die Mikrofilamente Aktin und Myosin.

Zellkern

Der Zellkern (Nukleus) ist das Steuerzentrum der Zelle. In ihm ist die genetische Information der Zelle in Form der **Chromosomen** enthalten. Der Zellkern ist von einer Kernmembran umgeben, deren Poren den Stoffaustausch zwischen Zytoplasma und Kernplasma (Karyoplasma) regeln.

Mit Ausnahme der roten Blutkörperchen (Erythrozyten) besitzen alle Zellen einen Zellkern.

1.2 Zellteilung

Die Zellteilung (Mitose) ist die Grundlage aller Wachstums- und Regenerationsvorgänge im Körper. Während der Mitose teilen sich Zellen in zwei genetisch identische Tochterzellen. Zwischen zwei Zellteilungen liegt die **Interphase** (lateinisch inter = zwischen), in der sich die Zelle durch Verdopplung der DNA auf die bevorstehende Teilung vorbereitet. Mitose und Interphase folgen zyklisch aufeinander, sodass man auch von einem **Zellteilungszyklus** (➤ Abb. 1.3) spricht.

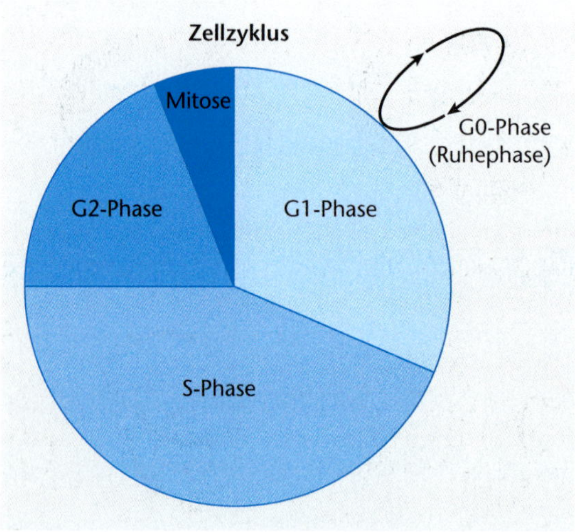

Abb. 1.3 Darstellung des Zellteilungszyklus mit Interphase und Mitose.

1.2.1 Interphase

Die Interphase ist die Phase zwischen zwei Zellteilungen. Sie wird in eine G1-Phase, S-Phase und G2-Phase unterteilt. In der Interphase befindet sich die Zelle im Zustand höchster Stoffwechselaktivität.

G1-Phase

Die G1-Phase dient der Vorbereitung auf die Zellteilung. Es werden verstärkt Proteine und Enzyme synthetisiert, die die Zelle zur Teilung benötigt.

S-Phase

In der S-Phase erfolgt die Verdopplung des gesamten genetischen Materials (DNA) der Zelle. Nach der S-Phase bestehen die Chromosomen aus zwei identisch aufgebauten Einheiten (Chromatiden), die während der Mitose auf die beiden neu entstehenden Tochterzellen verteilt werden.

Während dieser Phase der Replikation können bestimmte Umwelteinflüsse wie UV-Licht, ionisierende Strahlen oder Chemikalien den Aufbau der neuen DNA stören. Daraus können Veränderungen des genetischen Materials resultieren (Mutationen), die zu schweren Erkrankungen oder Erbschäden führen können.

In der Interphase (Arbeitsphase) der Zelle wird das genetische Material verdoppelt, um während der Mitose auf zwei Zellen verteilt werden zu können.

G2-Phase

Mit Erreichen der G2-Phase sind alle Voraussetzungen vorhanden, um in die Zellteilung (Mitose) einzutreten.

1.2.2 Mitosephasen

Bei der Mitose (➤ Abb. 1.4) entstehen zwei identischen Tochterzellen mit einem diploiden Chromosomensatz und exakt gleicher genetischer Information.

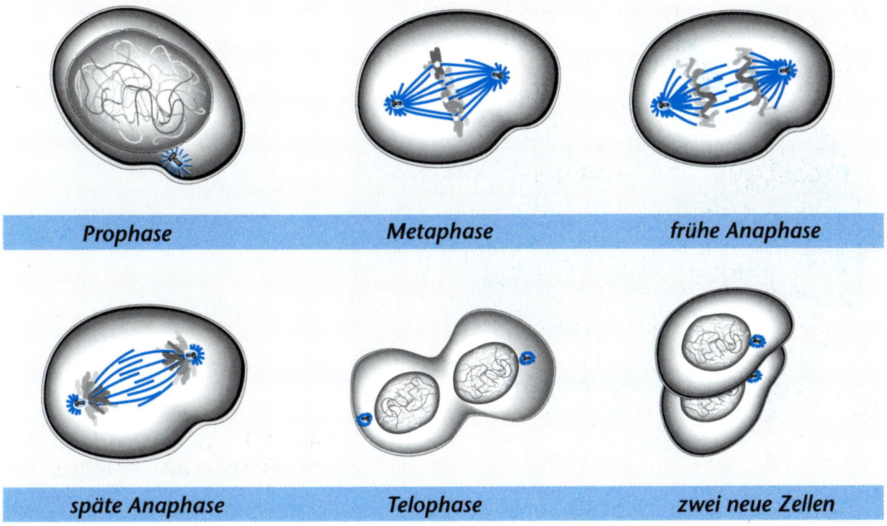

Abb. 1.4 Ablauf der Mitose.

Mitosephasen

Der Ablauf einer Mitose lässt sich in vier Teilschritte untergliedern:

Prophase
Die Prophase schließt sich an das Ende der Interphase an. Die Kernmembran löst sich auf und die Chromosomen verdichten sich und werden sichtbar.

Metaphase
Mikrotubuli ordnen die Chromosomen in der Mitte der Zelle (Äquatorialebene) an.

Anaphase
In der Anaphase erfolgt das Auseinanderwandern der Chromosomenhälften (Chromatiden) durch den Zug der Mikrotubuli in Richtung Zellpole.

Telophase
Es kommt zum Abschluss der Zellteilung. Die Zelle teilt sich in der Mitte zu zwei Tochterzellen, die Chromosomen werden wieder unsichtbar und die Kernmembran bildet sich aus.

Besonders schnell wachsende oder sich häufig regenerierende Gewebe (wie z. B. Schleimhäute) haben eine hohe, langsam wachsende Gewebe (wie z. B. Skelettmuskelgewebe) eine niedrige Mitoserate.

1.3 Stoffaustausch der Zelle

Der Stoffaustausch zwischen Zelle und Umgebung ist von grundlegender Bedeutung für die Aufrechterhaltung der Lebensfunktionen einer Zelle.

1.3.1 Aktive Transportmechanismen

Ein aktiver Transport von Stoffen aus oder in die Zellen (➤ Abb. 1.5) verläuft unter Verbrauch von Energie aus dem Zellstoffwechsel.

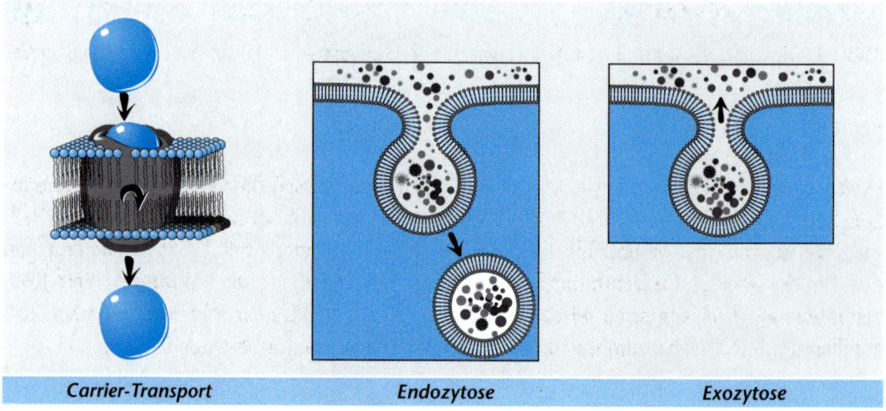

Abb. 1.5 Transportmechanismen der Zelle, über die die Zelle mit der Umgebung in Verbindung steht.

Endozytose/Exozytose

Bei diesem Prozess werden große Moleküle von der Zellmembran umflossen und in Vakuolen (Bläschen) verpackt, die entweder in die Zelle hineingeschleust **(Endozytose)** oder aus der Zelle heraus **(Exozytose)** transportiert werden.

Carrier und Tunnelproteine

Carrier sind Transportproteine, die in der Zellmembran sitzen und bestimmte Moleküle durch die Zellmembran schleusen. Auf diese Art werden hauptsächlich großmolekulare Stoffe wie Fette und Ionen (elektrisch geladene Teilchen) transportiert. **Tunnelproteine** bilden „Schleusen" in der Zellmembran, die das Passieren bestimmter Moleküle oder Ionen durch die Zellmembran ermöglichen.

1.3.2 Passive Transportmechanismen

Der passive Transport von Stoffen aus oder in die Zellen (➤ Abb. 1.6) verläuft ohne Energieverbrauch und beruht auf einem Konzentrationsgefälle.

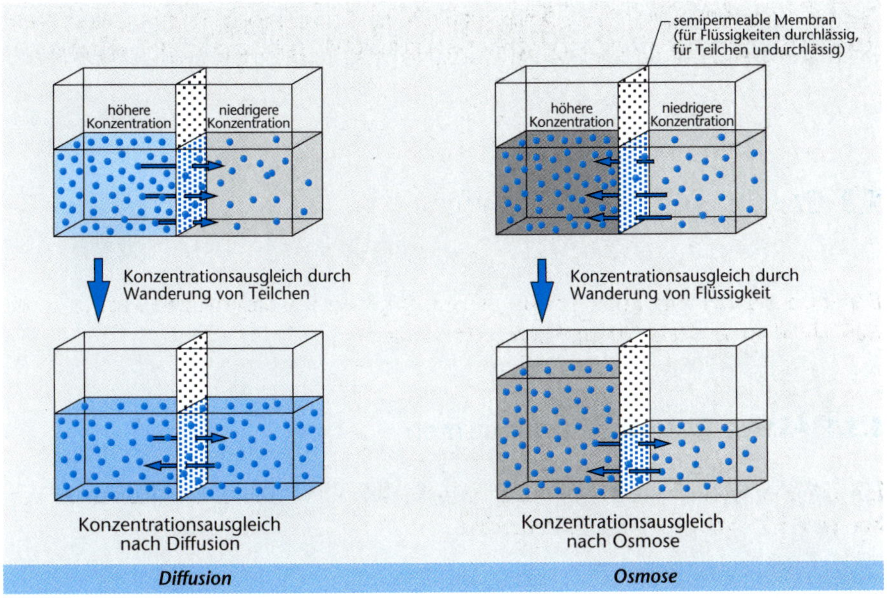

Abb. 1.6 Diffusion und Osmose. Bei der Diffusion wandern die gelösten Teilchen, bei der Osmose das Lösungsmittel.

Diffusion

Die **Diffusion:** Durchmischung verschiedener Stoffe (Gase, Flüssigkeiten oder Teilchen) ohne äußere Einwirkung, die zu einer vollständigen Vermischung führt. Beispiel: Viele Stoffe können Zellmembranen frei passieren und folgen dabei nur dem Konzentrationsgefälle. D.h. sie wandern von dem Ort der höheren Konzentration zu dem Ort der niedrigeren Konzentration, wobei ein Konzentrationsausgleich angestrebt wird. Zum Beispiel diffundieren Sauerstoffmoleküle aus den Blutkapillaren (hohe Konzentration) in das umgebende Gewebe (niedrige Konzentration).

Osmose

Bei der **Osmose** diffundiert Lösungsmittel durch eine **semi-permeable Membran** (= eine Trennwand, die nur für das Lösungsmittel, nicht aber für die gelösten Teilchen, durchlässig ist) entlang eines Konzentrationsgefälles. Beispiel: Osmotische Diuretika wirken durch Mobilisierung von Gewebeflüssigkeit in den Blutstrom.

Filtration

Filtration ist der Transport von Flüssigkeiten durch eine Membran aufgrund eines Druckgefälles. Beispiel: Bildung des Primärharns in der Niere.

1.4 Genetische Information des Menschen

Die genetische Information (Erbinformation) jedes Lebewesens ist in der DNA der Chromosomen gespeichert. Sie enthält den „Bauplan" für den gesamten Organismus.

1.4.1 Bau der Chromosomen

Die Chromosomen (➤ Abb. 1.7) sind die Träger der **Erbinformation.** Sie bestehen zum größten Teil aus **DNA** (Desoxyribonukleinsäure) und Histonproteinen. Während der Me-

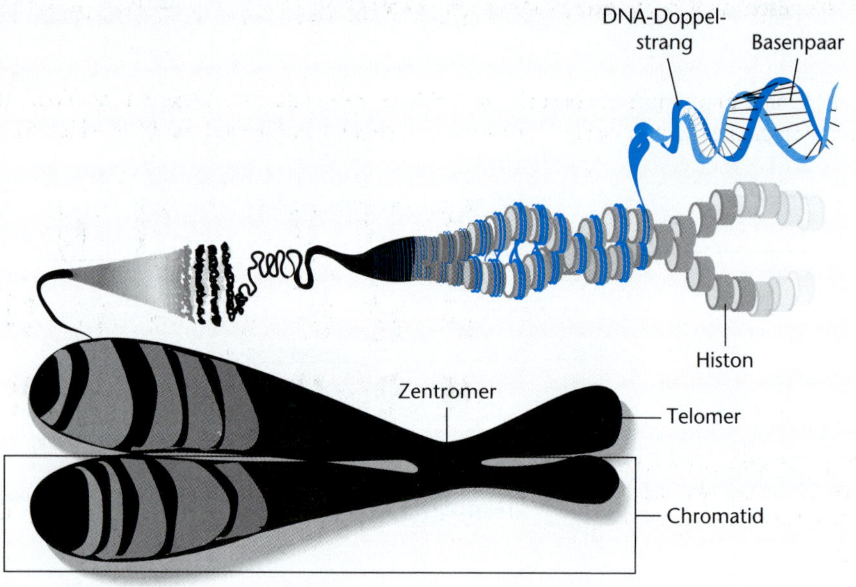

Abb. 1.7 Bau eines Chromosoms. Der lange DNA Doppelstrang ist um scheibenförmige Histonproteine gewickelt, die dicht zusammengelagert ein Chromosom bilden.

taphase der Mitose besteht ein Chromosom aus einer zentralen Einschnürung **(Zentromer),** von der zwei **Chromosomenschenkel** abgehen. Während Mitose und Meiose verdoppeln sich die Chromosomenschenkel, sodass zwei identische **Schwesterchromatiden** vorliegen. Die Enden der Chromosomenschenkel werden als Telomere bezeichnet. Sie bestehen aus nicht kodierenden DNA-Sequenzen, die sich bei jeder Zellteilung etwas verkürzen.

ALTERSPHYSIOLOGIE

Im Alter sind die chromosomalen Telomere in vielen Körperzellen durch die erfolgten Zellteilungen verkürzt. Wird dabei eine Mindestlänge unterschritten, leitet die Zelle einen dauerhaften Wachstumsstopp ein. Dieser als Zellseneszenz bezeichnete Zustand ist ein typisches Merkmal alternder Zellen.

1.4.2 Chromosomensatz des Menschen

Den Chromosomensatz des Menschen nennt man **Karyotyp.** Die Anzahl von Chromosomen in einer menschlichen Zelle (Chromosomensatz) ist 46. Da jedes Chromosom doppelt vorhanden ist, bezeichnet man dies als **diploid (2n).** Im Unterschied dazu enthalten die Geschlechtszellen (Spermien und Eizellen) nur einen halben oder **haploiden (1n)** Chromosomensatz aus 23 Chromosomen.

Chromosomensatz von Mann und Frau

Der diploide Chromosomensatz besteht bei beiden Geschlechtern aus 46 Chromosomen. Davon liegen 44 Chromosomen in Paaren von je zwei identischen Chromosomen vor **(Autosomen),** von dem je ein Chromosom von Vater, das andere von der Mutter stammt.

Zusätzlich gibt es ein Paar Geschlechtschromosomen **(Gonosomen):** das X-Chromosom und das Y-Chromosom. Letzteres legt das Merkmal „männlich“ fest. Der Mann erhält sein X-Chromosom von der Mutter und sein Y-Chromosom vom Vater.

Frauen haben die Geschlechtschromosomen XX, Männer XY.

Die Chromosomen unterscheiden sich in Größe, Bauplan und enthaltener Information. Eine mikroskopische Darstellung aller Chromosomen nennt man **Karyogramm** (➤ Abb. 1.8).

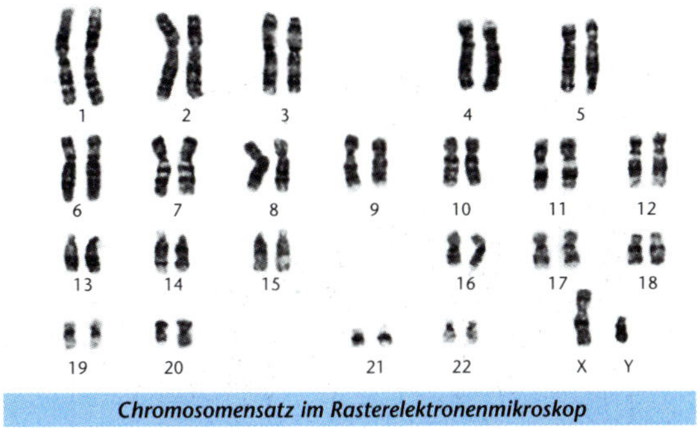

Abb. 1.8 Karyogramm eines Mannes mit 22 Autosomen und den Geschlechtschromosomen X und Y.

1.4.3 Aufbau der DNA

Die DNA (Desoxyribonukleinsäure; ➤ Abb. 1.9) setzt sich aus einzelnen Bausteinen, den **Nukleotiden,** zusammen. Jedes Nukleotid besteht aus:

- 1 Zuckermolekül (Desoxyribose)
- 1 Phosphatanteil
- 1 Base (Adenin, Guanin, Cytosin oder Thymin).

Die Nukleotide sind wie Perlen einer Kette zu langen DNA-Molekülen zusammengesetzt. Zwei DNA-Ketten winden sich spiralig umeinander und formen eine **Doppelhelix.**

In der Doppelhelix liegen sich immer bestimmte Basenpaare gegenüber: Adenin und Thymin sowie Cytosin und Guanin. Dadurch ist eine identische Verdoppelung der DNA möglich, indem sich die beiden gegenüberliegenden Stränge trennen und jeweils als „Matrize" für einen neuen DNA-Strang dienen.

Neben der DNA (Desoxyribonukleinsäure) gibt es die RNA (Ribonukleinsäure), die sich im chemischen Aufbau nur durch einen Zucker (Ribose) und eine Base (Uracil) von der DNA unterscheidet. RNA ist nicht Bestandteil des Chromosoms, sondern dient als Überträger (Boten-RNA oder mRNA) der genetischen Information von der Chromosomen DNA zu den Ribosomen der Zelle.

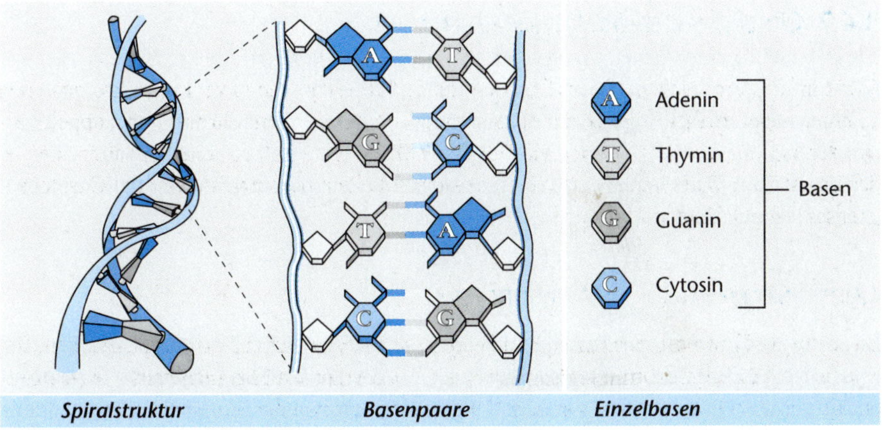

Abb. 1.9 Bau der DNA mit Spiralstruktur und Basenpaaren.

1.4.4 Genetischer Code

Der genetische Code der DNA bestimmt die spezifische Abfolge der Aminosäuren, den Bausteinen der Proteine.

Der DNA-Abschnitt, der für jeweils ein Protein kodiert, wird als **Gen** bezeichnet. Das menschliche Erbgut (Genom) enthält ca. 20.000 Gene.

In einem Gen kodieren jeweils drei Basen (Basentriplett) für eine Aminosäure (➤ Abb. 1.10). Auf diese Weise ergeben sich $4 \times 4 \times 4 = 64$ mögliche Kombinationen. Da in der Natur aber nur 20 verschiedene Aminosäuren existieren, kodieren einige Basentripletts für mehr als eine Aminosäure. Man bezeichnet den genetischen Code daher auch als **„degeneriert".**

Die Festlegung einer Aminosäure durch drei aufeinander folgende Basen der DNA wird als **genetischer Code** bezeichnet.

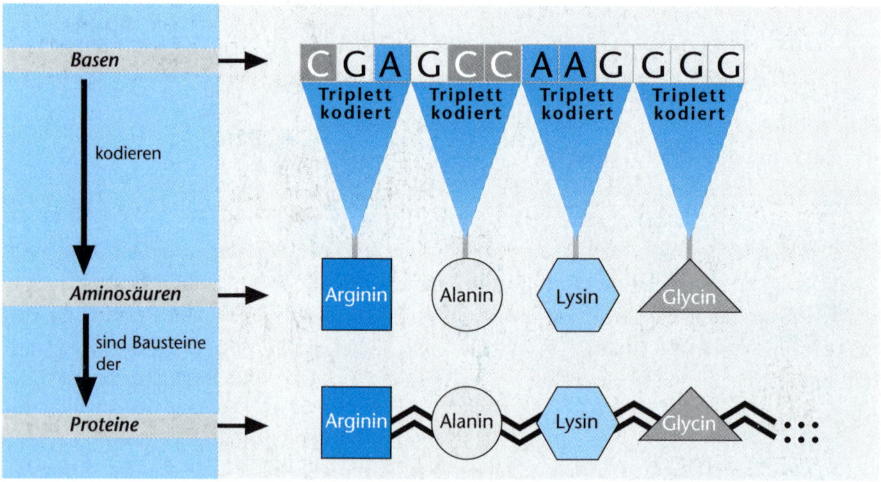

Abb. 1.10 Genetischer Code. Jeweils drei Basen kodieren eine Aminosäure, den Baustein der Proteine.

1.4.5 Proteinbiosynthese

Die Herstellung eines Proteins in der Zelle (Proteinbiosynthese; ➤ Abb. 1.11) erfolgt in zwei Schritten:

1. **Transkription:** Anfertigung einer Kopie (Boten-RNA) der genetischen Information im Zellkern.
2. **Translation:** Übersetzung der Basensequenz der Boten-RNA in die Aminosäuresequenz eines Proteins an den Ribosomen des Zytoplasmas.

Transkription

Da die Information für den Bau der Proteine in der DNA des Zellkerns gespeichert ist, die Proteinbiosynthese aber im Zytoplasma erfolgt, muss zunächst eine Kopie eines Gens angefertigt werden. Diesen Prozess bezeichnet man als Transkription, die dabei angefertigte Kopie nennt man Boten-RNA (engl. messanger RNA oder mRNA).

Ablauf

Nachdem die DNA sich entspiralisiert und aufbricht, lagern sich RNA-Moleküle an und bilden nach dem Basenpaarungsprinzip die einsträngige mRNA, ein Spiegelbild der DNA-Kette. Die mRNA wandert anschließend durch die Poren der Kernmembran in das Zytoplasma und dient dort als Matrize für die Proteinsythese.

Translation

Während der Translation (lateinisch für „Übersetzung") wird die Basenabfolge der mRNA in die Aminosäuresequenz eines Proteins übersetzt. Dies erfolgt mit Hilfe von Transfer-RNA-Molekülen (tRNA) an den Ribosomen des Zytoplasmas und des rauen ER.

Jedes tRNA-Molekül ist an eine spezifische Aminosäure gekoppelt und durch eine spezifische Erkennungssequenz (Anticodon) charakterisiert. Da das Anticodon dem Basentriplet der jeweiligen Aminosäure auf der mRNA komplementär ist, kann auf diese Weise die passende Aminosäure für den Einbau in das Protein rekrutiert werden.

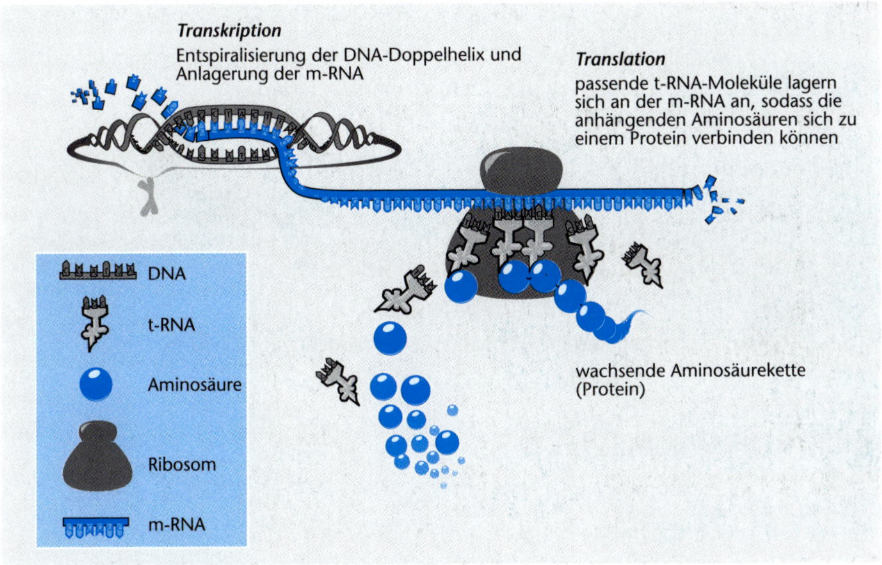

Abb. 1.11 Schematische Darstellung der Proteinbiosynthese.

1.5 Reifeteilung

Die Reifeteilung (Meiose; ➤ Abb. 1.12) ist eine Sonderform der Zellteilung, die nur während der Bildung der männlichen und weiblichen Geschlechtszellen (Spermien, Eizellen) auftritt.

Da bei der Befruchtung das männliche und weibliche Erbgut miteinander vermischt wird, muss zuvor die Anzahl der Chromosomen in den Geschlechtszellen von einem diploiden (2n) zu einem haploiden (1n) Chromosomensatz halbiert werden. Würde dies nicht geschehen, hätten die Nachkommen einen Chromosomensatz von $2 \times 2n = 4n$, deren Nachkommen wiederum $2 \times 4n = 8n$ usw.

1.5.1 Meiosephasen

Die Meiose lässt sich in drei Phasen gliedern.

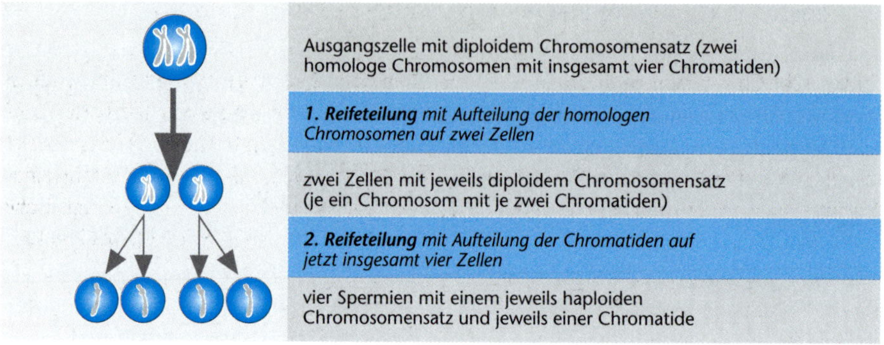

Abb. 1.12 Schematischer Ablauf der Meiose.

S-Phase

Vor der eigentlichen Reifeteilung wird das gesamte Erbgut der Keimzellen in der Synthese-Phase (S-Phase) verdoppelt (4n). Nach dieser Verdopplung liegen zwei homologe (sich entsprechende) Chromosomen mit jeweils zwei Chromatiden vor. Die genetische Information eines Chromosoms liegt am Ende der S-Phase somit als vier identische Chromatiden vor, die in den folgenden Reifeteilungen auf vier Keimzellen verteilt werden.

1. Reifeteilung

In der 1. Reifeteilung erfolgt die Trennung der homologen Chromosomen.

2. Reifeteilung

In der 2. Reifeteilung erfolgt die Trennung der Chromatiden jedes Chromosoms.

Im Anschluss an die Meiose liegen die Keimzellen (Eizelle und Spermium) mit einem jeweils einfachen (haploiden) Chromosomensatz vor.

1.5.2 Numerische und strukturelle Chromosomenaberrationen

Während der Meiose kann es zu Fehlverteilungen oder Schädigung einzelner Chromosomen kommen, die in genetischen Erkrankungen resultieren können.

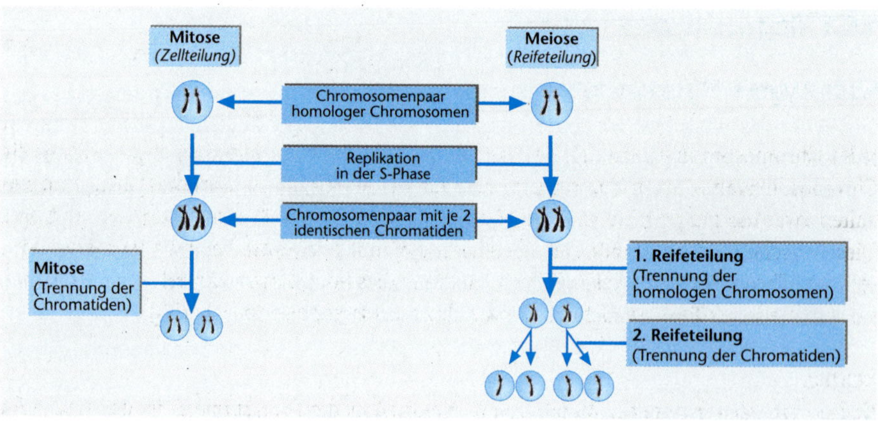

Abb. 1.13 Mitose und Meiose.

Numerische Chromosomenaberrationen

Numerische Chromosomenaberrationen sind Fehlverteilungen ganzer Chromosomen, die in anomalen Chromosomenzahlen der Zelle resultieren. Ursachen sind eine fehlerhafte Trennung oder ungleiche Verteilung der homologen Chromosomen während der Meiose. Meist resultiert der Verlust eines Chromosoms **(Monosomien)** oder das Vorhandensein eines überzähligen Chromosoms **(Trisomien)** im Absterben der Frucht. Nur wenige numerische Chromosomenaberrationen sind mit dem Leben vereinbar, führen aber zu erheblichen körperlichen und geistigen Behinderungen.

Trisomien
- **Trisomie 21 (Down-Syndrom):** überzähliges Chromosom 21
- **Trisomie 13 (Patau-Syndrom):** überzähliges Chromosom 13
- **Trisomie 18 (Edwards-Syndrom):** überzähliges Chromosom 18.

> Die Geburtenhäufigkeit von Kindern mit Trisomie 21 (Down-Syndrom) beträgt 1:700, bei Müttern über 45 Jahren aber 1:10! Die Häufigkeit nimmt somit mit dem Alter der Mutter zu.

Monosomie
Ullrich-Turner-Syndrom: fehlendes Geschlechtschromosom (X0-Konstellation).

Strukturelle Chromosomenaberrationen

Störungen der Chromosomenstruktur entstehen durch Verluste (Deletionen) oder fehlerhaften Austausch einzelner Chromosomenabschnitte (Crossing-over). Folge sind geistige und körperliche Behinderungen, z. B. das Katzenschrei-Syndrom bei Verlust eines Teilstücks von Chromosom Nr. 5.

1.6 Vererbung

Vererbung **(Genetik)** ist die Weitergabe genetischer Informationen von Generation zu Generation. Sie unterliegt bestimmten Regeln, deren Kenntnis eine wichtige Grundlage für Verständnis und Diagnose von Erbkrankheiten darstellt.

1.6.1 Begriffserklärungen

Homozygotie/Heterozygotie

Jedes Chromosom in einem diploiden (2n) Chromosomensatz liegt doppelt vor, d. h. je ein Chromosom stammt vom Vater, das andere von der Mutter. Diese Chromosomenpaare enthalten zwar die gleichen Gene, diese können aber leicht verändert oder auch mutiert sein. Diese verschiedenen Zustände eines Gens nennt man **Allele.** Enthalten mütterliches und väterliches Chromosom das gleiche Allel, nennt man dies **homozygot** oder reinerbig. Enthalten sie verschiedene Allele, bezeichnet man sie als **heterozygot** oder mischerbig.

Beispiel
Kodiert ein Allel für die die Blutgruppe A, ein anderes die Blutgruppe B, ist der Träger für dieses Merkmal heterozygot. Determinieren sie beide die Blutgruppe A, sind sie homozygot.

Dominantes Gen/rezessives Gen

Überwiegt ein Allel bei Heterozygoten und setzt es sich durch, so spricht man von einem **dominanten Allel.** Das Allel, das sich nicht durchsetzt, wird als **rezessiv** bezeichnet. Stehen die Allele gleichberechtigt gegenüber, spricht man von **Kodominanz.**

Beispiele
Determiniert ein Allel die Blutgruppe A und das zweite Allel die Blutgruppe 0, so hat der Träger die Blutgruppe A, da das Allel für das Merkmal 0 rezessiv und das Allel für das Merkmal A dominant ist.

Kodiert ein Allel für die die Blutgruppe A, das andere für B, so hat der Träger die Blutgruppe AB, da beide Merkmale dominant sind. In diesem Fall liegt eine Kodominanz vor.

Genotyp/Phänotyp

Der **Genotyp** ist die genetische Erbinformation, d. h. die jeweilige Allelkombination. Das entsprechende Merkmal bezeichnet man als Erscheinungsbild oder **Phänotyp.**

Beispiel
Ist auf einem Genabschnitt das Merkmal Blutgruppe A festgelegt und auf dem anderen das Merkmal Blutgruppe 0, so ist der Genotyp Blutgruppe A0, der Phänotyp aber nur Blutgruppe A. Das Blutgruppenmerkmal 0 tritt also nicht in Erscheinung, da es rezessiv ist.

Generationen

Die aus einer Kreuzung entstehenden Generationen werden als **Tochter- oder Filialgenerationen** bezeichnet und mit F1, F2, F3 etc. abgekürzt. Der Begriff „Tochter" bezieht sich hierbei nicht auf das Geschlecht der Nachkommen. Die Elterngeneration wird als **Parenteralgeneration (P)** bezeichnet.

1.6.2 Mendel-Gesetze

Gregor Mendel hat im 19. Jahrhundert wichtige Erkenntnisse zur Vererbung gewonnen, die bis heute Gültigkeit haben.

1. Mendel-Gesetz (Uniformitätsgesetz)

Kreuzt man zwei homozygote Individuen, die sich in einem Merkmal unterscheiden, so erhält man Nachkommen mit einem heterozygoten Genotyp, aber einheitlichem Phänotyp.

Beispiel
Elterngeneration: Genotyp = AA und aa
1. Filialgeneration: Genotyp = Aa; Phänotyp = „A"
(A = dominantes Allel; a = rezessives Allel).

2. Mendel-Gesetz (Spaltungsgesetz)

Werden die heterozygoten Nachkommen wieder gekreuzt, so ist die 2. Nachfolgegeneration nicht gleich, sondern spaltet sich phänotypisch in einem bestimmten Zahlenverhältnis auf (1:2:1 bzw. bei Vorliegen von Dominanzen 3:1).

Beispiel

1. Filialgeneration: Genotyp = Aa; Phänotyp = „A"
2. Filialgeneration: Genotypen = AA, Aa, Aa, aa; Phänotypen = „A" und „a" im Verhältnis 3:1

(A = dominantes Allel; a = rezessives Allel).

3. Mendel-Gesetz (Unabhängigkeitsgesetz)

Kreuzt man homozygote Individuen, die sich in mehreren Allelen unterscheiden, so wird jedes Allel unabhängig von den anderen nach dem 2. Mendel-Gesetz (Spaltungsgesetz) vererbt. Die Filialgenerationen weisen somit neue Kombinationen von Merkmalen in bestimmten Häufigkeiten auf.

1.6.3 Erbgänge beim Menschen

Viele Merkmale und Erkrankungen folgen einem festgelegten Erbgang, dessen Kenntnis die Berechnung einer Erkrankungswahrscheinlichkeit und genetische Beratung ermöglicht.

Autosomal-dominanter Erbgang

Beim dominanten Erbgang (➤ Abb. 1.14) genügt die Existenz eines dominanten Allels, um das Merkmal voll zum Ausdruck zu bringen. Das Allel des zweiten, homologen Chromosoms wird „überstimmt".

Autosomal bedeutet, dass das betreffende Gen nicht auf einem Geschlechtschromosom lokalisiert ist. Die Vererbung erfolgt somit geschlechtsunabhängig.

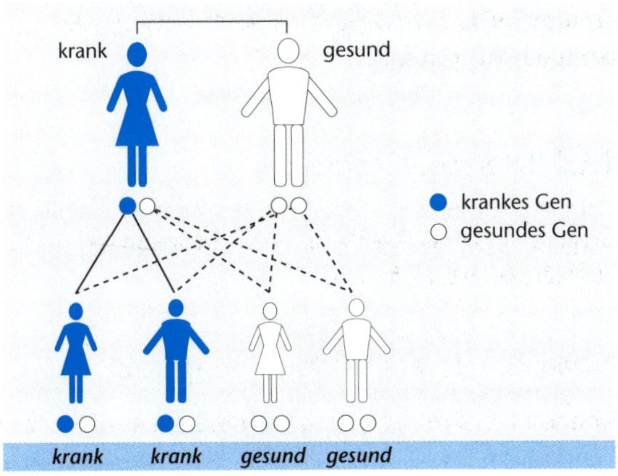

Abb. 1.14 Autosomal-dominanter Erbgang: Der Träger des dominanten, krankmachenden Allels ist erkrankt.

Erkrankungswahrscheinlichkeit

Ist ein Elternteil heterozygoter Träger eines autosomal-dominanten Merkmals, so überträgt er das Merkmal auf die Hälfte seiner Kinder, die aufgrund der Dominanz auch erkranken. Die Erkrankungswahrscheinlichkeit für die Kinder beträgt daher 50 %.

Beispiele

- Familiäre Hypercholesterinämie
- Marfan-Syndrom.

Autosomal-rezessiver Erbgang

Beim rezessiven Erbgang (➤ Abb. 1.15) ist der heterozygote Träger des entsprechenden Merkmals phänotypisch unauffällig, d. h. gesund. Nur wenn er homozygot für das ent-

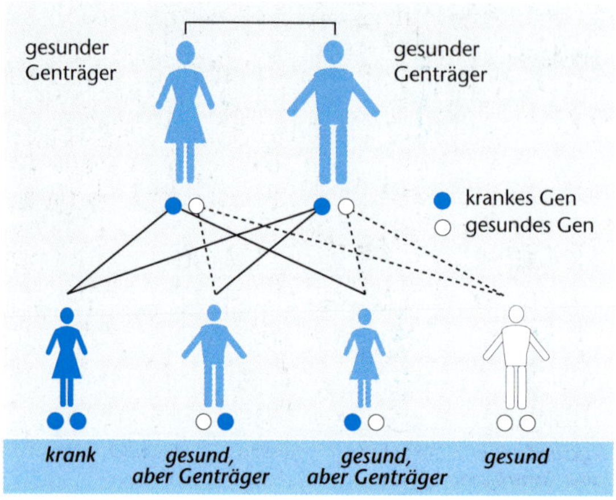

Abb. 1.15 Autosomal-rezessiver Erbgang: Nur wenn beide Gene betroffen sind, ist der Genträger krank.

sprechende Allel ist, also zwei krankhafte Genabschnitte hat, kommt das krankhafte Merkmal zum Ausdruck. Andernfalls wird es vom gesunden Allel überlagert und er ist lediglich Träger des krankhaften Genabschnitts. Auch hier erfolgt die Vererbung geschlechtsunabhängig.

Erkrankungswahrscheinlichkeit

Beim autosomal-rezessiven Erbleiden sind, wenn beide Elternteile heterozygote Genträger (Aa) sind, 25 % der Nachkommen krank (aa), 25 % phänotypisch und genotypisch normal (AA) und die Hälfte gesunde Genträger (Aa).
a = krankes Allel; A = gesundes Allel.

Beispiele

- Phenylketonurie (PKU)
- Sichelzellenanämie.

Kodominanter Erbgang

Beim kodominanten Erbgang stehen verschiedene Merkmalstypen gleichberechtigt nebeneinander und prägen sich beide aus, z. B. die Blutgruppenmerkmale A und B.

X-chromosomal-rezessiver Erbgang

Im Gegensatz zu autosomalen Erbleiden sind bei den geschlechtsgebundenen Erbgängen die betroffenen Gene auf den Geschlechtschromosomen (Gonosomen) lokalisiert. Am häufigsten ist der X-chromosomal-rezessive Vererbungsmodus (➤ Abb. 1.16).

Beim X-chromosomal-rezessiven Erbleiden erkranken nur Männer, da Frauen durch das zweite X-Chromosom geschützt sind.

Erkrankungswahrscheinlichkeit

Ist die Mutter heterozygot, aber phänotypisch gesund (X'X; X' = krankes Allel) und der Vater gesund (XY), so werden die Hälfte der Söhne erkranken (X'Y) und alle Töchter phänotypisch gesund sein. Die Hälfte der Töchter sind Genträger (X'X).

Ist die Mutter homozygot gesund (XX) und der Vater krank (X'Y), so sind alle Söhne gesund (XY), und alle Töchter Träger des krankhaften Allels (X'X).

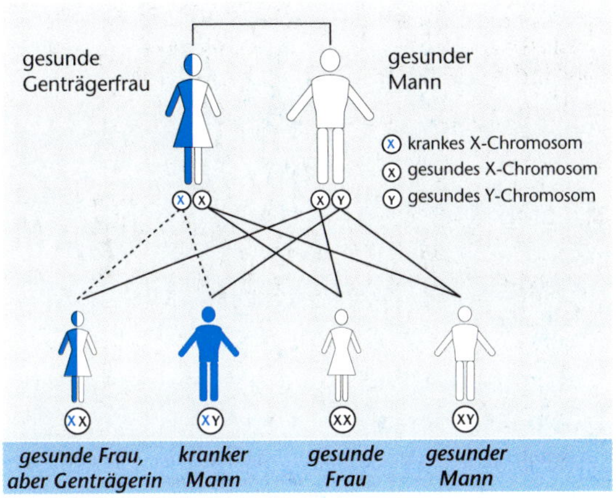

Abb. 1.16 X-chromosomal-rezessiver Erbgang: Nur Männer können erkranken.

Beispiele

- Bluterkrankheit (Hämophilie)
- Rot-Grün-Blindheit.

Multifaktorielle Vererbung

Einige Merkmale (z. B. Körpergröße, Haar- und Augenfarbe sowie Zahnstatus) und Krankheiten werden durch eine Vielzahl von Genen bestimmt. Diese Erbgänge sind daher komplexer und lassen sich nicht durch die zuvor beschriebenen Regeln charakterisieren.

1.7 Histologie

Die Histologie ist die Gewebelehre. Als **Gewebe** bezeichnet man Verbände gleichartiger Zellen. Nach Form und Funktion werden vier Hauptgruppen unterschieden:

- Deckgewebe (Epithelgewebe)
- Binde- und Stützgewebe
- Muskelgewebe
- Nervengewebe.

1.7.1 Epithelgewebe

Die Epithel- oder Deckgewebe bestehen aus flächenhaft angeordneten Zellen, die alle inneren oder äußeren Körperoberflächen (Haut und Schleimhäute) auskleiden. Je nach Funktion sind die Zellen flach, würfelförmig oder zylindrisch, sowie in ein oder mehreren Schichten angeordnet.

Funktionen

- Schutz
- Sekretion (Stoffabgabe)
- Resorption (Stoffaufnahme).

Epithelien enthalten keine Blutgefäße. Der Stofftransport verläuft über Spalten (Interzellularräume) zwischen den einzelnen Epithelzellen. Zur Oberfläche hin sind diese Interzellularspalten durch sog. Schlussleisten (Zellkontakte) abgedichtet. Zwischen Epithelgewebe und dem darunter liegendem Bindegewebe liegt die **Basalmembran,** von der sich die Epithelzellen regenerieren.

Je nach Lokalisation und Anforderung unterscheidet man verschiedene Arten von Epithelgewebe (➤ Abb. 1.17):

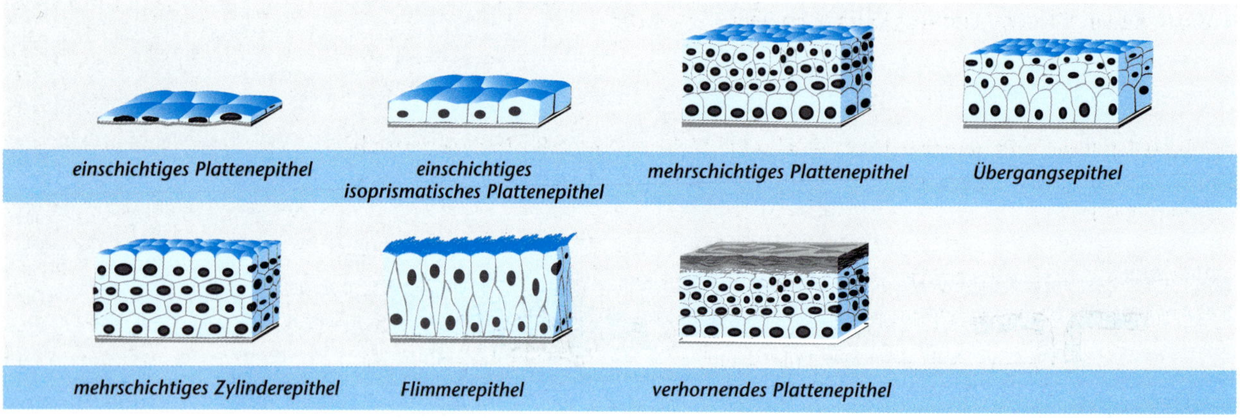

Abb. 1.17 Epithelarten.

Einschichtiges Plattenepithel

Aufgrund ihrer geringen Dicke erlaubt diese Gewebsschicht den Durchtritt von Gasen und Flüssigkeiten.

Vorkommen

- Alveolen der Lunge
- Innerste Schicht der Blutgefäße (Endothel)
- Auskleidung seröser Höhlen: Bauchfell (Peritoneum), Herzbeutel (Perikard).

Mehrschichtiges Plattenepithel

Robuste Gewebsschicht, die sich überall dort findet, wo Oberflächen gegen mechanische, thermische oder chemische Einflüsse geschützt werden müssen.

Vorkommen

- Als **verhornendes Epithel** an der Haut (die obersten Zelllagen sind verhornt, also abgestorben und kernlos)
- Als **unverhornendes Epithel** im Verdauungstrakt von der Mundhöhle bis zum Mageneingang.

Übergangsepithel

Das Übergangsepithel ermöglicht aufgrund seiner besonderen Bauweise eine besonders gute Anpassung an verschiedene Dehnungszustände.

Vorkommen

- Ableitende Harnwege
- Harnblase.

Iso- und hochprismatisches Epithel

Aus iso- (würfelförmigen) oder hochprismatischen (zylinderförmigen) Zellen aufgebautes Gewebe, das an Oberflächen mit hoher Resorptions- und Sekretionsrate zu finden ist. Als **Flimmerepithel** bezeichnet man mit Flimmerhaaren (Kinozilien) besetzte Epithelzellen, deren Schwingungen Partikel und Sekrete fortbewegen können.

Vorkommen

- Nierenkanälchen (isoprismatisches Epithel)
- Magen-Darmschleimhaut (hochprismatisches Epithel)
- Gebärmutter, Eileiter, Atemwege (Flimmerepithel).

Drüsengewebe

Drüsen (Glandulae) sind Verbände hochspezialisierter Zellen, deren Aufgabe die Bereitstellung von Sekreten und Hormonen ist. Man unterscheidet zwei Grundtypen von Drüsen (➤ Abb. 1.18):

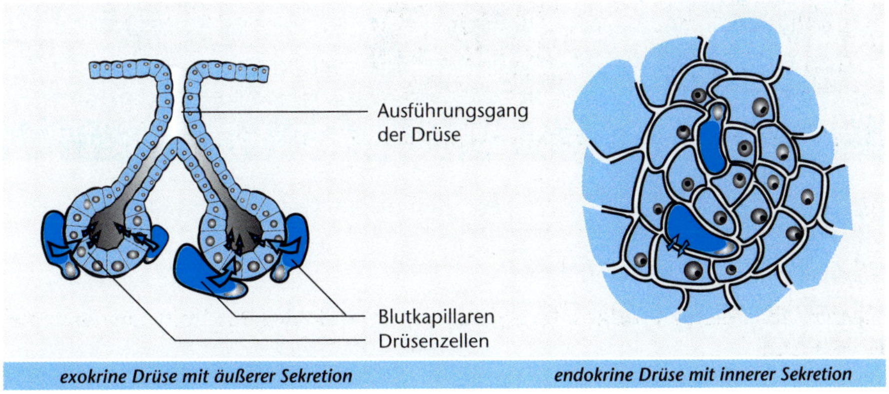

Abb. 1.18 Exokrine und endokrine Drüsen.

Exokrine Drüsen

Exokrine Drüsen leiten ihr **Sekret** über einen Ausführungsgang an innere oder äußere Körperoberflächen ab. Beispiele für exokrine Drüsen sind:

- Speicheldrüsen
- Schweißdrüsen
- Talgdrüsen
- Milchdrüsen der Brust
- Bauchspeicheldrüse (exokriner Teil).

Endokrine Drüsen

Endokrine Drüsen geben ihr **Inkret** direkt ins Blut ab und besitzen keinen Ausführungsgang. Das Inkret ist meist ein Hormon (➤ Kap. 9). Beispiele für endokrine Drüsen sind:

- Schilddrüse
- Bauchspeicheldrüse (endokriner Teil)
- Hirnanhangsdrüse (Hypophyse)
- Hoden und Eierstöcke.

Die Bauchspeicheldrüse (Pankreas) besitzt beide Drüsentypen. Ihr exokriner Anteil leitet über einen Ausführungsgang (Ductus pancreaticus) Verdauungsenzyme in den Zwölffingerdarm (Duodenum). Der endokrine Teil des Pankreas, die **Langerhans-Inseln,** bildet die Hormone Insulin und Glukagon zur Regulation des Zuckerstoffwechsels.

1.7.2 Binde- und Stützgewebe

Das Binde- und Stützgewebe (➤ Abb. 1.19) besteht aus weitmaschigen Verbänden von Bindegewebszellen mit großen Mengen an Interzellularsubstanz. Kollagene, elastische oder netzförmige Fasern verleihen dem Binde- und Stützgewebe seine charakteristische Zugfestigkeit und Elastizität.

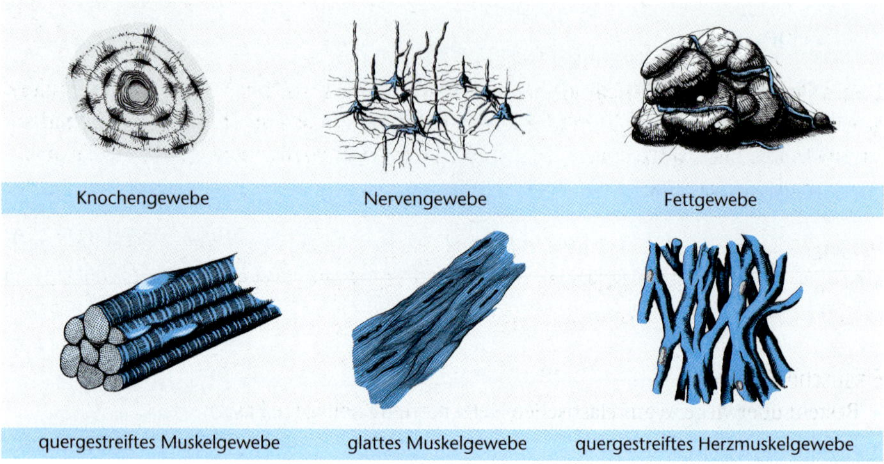

Abb. 1.19 Beispiele unterschiedlicher Gewebearten.

Einteilung
- Bindegewebe
- Knorpelgewebe
- Knochengewebe
- Fettgewebe.

Bindegewebe

Je nach Anforderungen und Lokalisation findet man Bindegewebe mit unterschiedlichen Zusammensetzungen und Eigenschaften:

Straffes Bindegewebe
- Enthält viele kollagene Fasern
- Hohe Zugfestigkeit
- Hauptsächlich in Sehnen und Bändern.

Interstitielles lockeres Bindegewebe
- Besteht aus kollagenen und elastischen Fasern
- Füllmaterial und Verschiebeschicht zwischen den Organen.

Retikuläres (netzartiges) Bindegewebe
- Elastisches Netzwerk
- Gerüst von Lymphknoten, Milz und Knochenmark.

Fettgewebe

Das Fettgewebe besteht aus Fettzellen (Adipozyten), die große Menge von Triglyzeriden (Fetten) speichern können. Nach funktionellen Gesichtspunkten unterscheidet man Speicherfett und Baufett.

Speicherfett
- Speicherort für Energie und Nährstoffe
- Hauptsächlich im Unterhautbindegewebe.

Baufett
- Füllmaterial im Körper, „Polsterfunktion"
- Im Wangenbereich, Nierenlager und Fußsohlen.

Knorpelgewebe

Dieses Gewebe nimmt hinsichtlich der Belastbarkeit eine Zwischenstellung zwischen Bindegewebe und Knochen ein. Es ist druck- und biegungselastisch und besteht vorwiegend aus Knorpelzellen und Interzellularsubstanz. Nach der Zusammensetzung der Interzellularsubstanz unterscheidet man:

Hyaliner Knorpel
- Besteht aus überwiegend kollagenen Fasern, wenig elastische Netze
- Gelenkknorpel, Rippenknorpel, Bronchien.

Elastischer Knorpel
- Besteht überwiegend aus elastischen Netzen, wenig kollagene Fasern
- In Ohrmuschel und Epiglottis.

Knochengewebe

Das Knochengewebe ist nach dem Zahnschmelz die härteste Substanz des Körpers. Es besteht aus den **Knochenzellen** (Osteozyten), der Grundsubstanz, kollagenen Fasern und eingelagerten Mineralsalzen. Die enorme Druck- und Zugfestigkeit der Knochen wird vor allem durch die Salze bedingt. Ein „entkalkter" Knochen wird biegsam oder brüchig **(Osteoporose).**

ALTERSPHYSIOLOGIE

Osteoporose ist keine altersphysiologische Veränderung des Körpers, sondern eine Knochenerkrankung, die gehäuft im Alter auftritt. Sie ist durch eine verminderte Knochenmasse und -festigkeit gekennzeichnet und geht mit einem erhöhten Frakturrisiko einher.

1.7.3 Muskelgewebe

Muskelgewebe (➤ Abb. 1.19, ➤ Abb. 1.20) kann sich kontrahieren (= zusammenziehen) und ist daher unerlässlich für die Bewegungsvorgänge des Körpers. Die Kontraktionsfähigkeit des Muskelgewebes wird durch die **Myofibrillen** der Muskelzellen ermöglicht. Auf Grund der unterschiedlichen feingeweblichen Bauweise und Funktionen unterscheidet man drei Arten von Muskelgewebe.

Glatte Muskulatur

Da die Myofibrillen ein Netzwerk bilden, zeigt die glatte Muskulatur keine Querstreifung. Sie ist nicht willentlich erregbar, sondern unterliegt der Kontrolle durch das autonome (vegetative) Nervensystem.

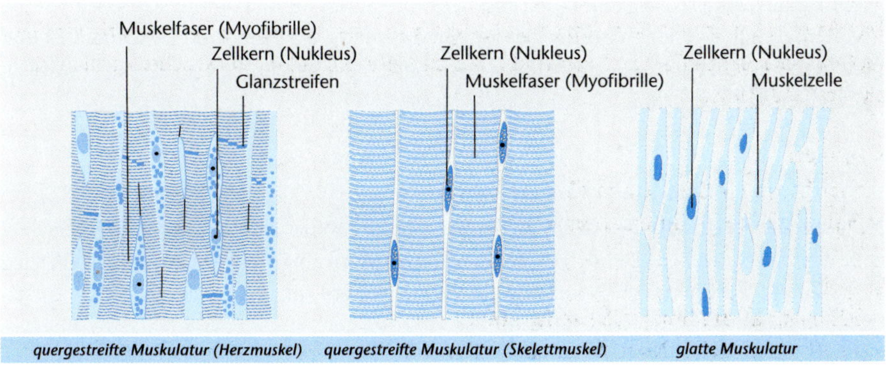

Abb. 1.20 Die unterschiedlichen Muskelgewebe.

Die glatte Muskulatur kommt vor allem in der Wand des Verdauungstrakts, der Hohlorgane (Harnblase, Gallenblase, Drüsen) und der Blutgefäße vor. Sie ist für die Darmbewegung (Peristaltik) sowie die Aufrechterhaltung des Gefäßdrucks verantwortlich.

Die glatte Muskulatur unterliegt der Kontrolle durch das autonome (vegetative) Nervensystem.

Quergestreifte Muskulatur

Die quergestreifte Muskulatur (Skelettmuskulatur; ➤ Abb. 1.21) weist aufgrund der streng parallelen Anordnung der Myofibrillen eine charakteristische **Querstreifung** auf. Die Innervation der Skelettmuskulatur erfolgt durch motorische Nervenfasern an der **motorischen Endplatte.**

Die Skelettmuskulatur macht über ein Drittel des gesamten Körpergewichts aus. Die quergestreifte Muskulatur wird durch das willkürliche Nervensystem kontrolliert.

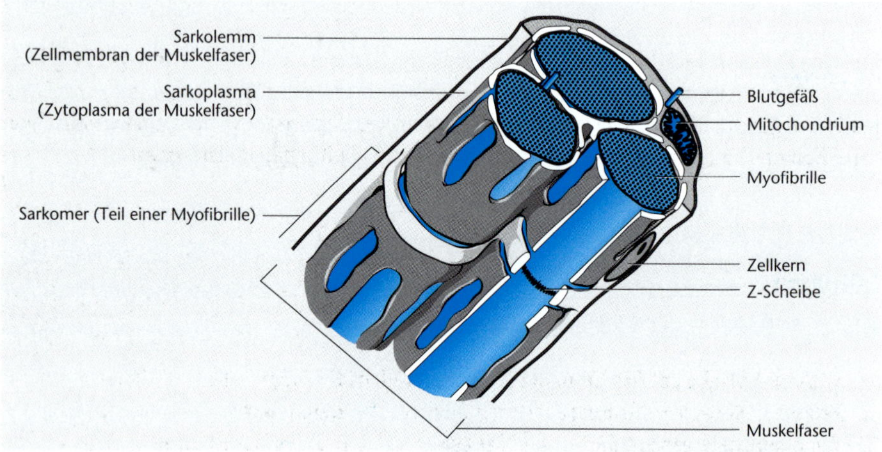

Abb. 1.21 Bau einer Muskelfaser (quergestreifte Muskulatur). Typische Anordnung der Myofibrillen in der Muskelfaser.

Quergestreifte Herzmuskulatur

Die Herzmuskulatur nimmt eine Sonderstellung ein, da sie quergestreift ist, aber nicht dem willkürlichen Nervensystem unterliegt. Das Herz hat ein eigenes Reizleitungssystem, das die Herzfasern erregt und vom vegetativen Nervensystem beeinflusst wird.

1.7.4 Nervengewebe

Die Aufgabe des Nervengewebes (➤ Abb. 1.19) besteht in Reizaufnahme, Reizverarbeitung und Reizleitung. Es bildet in seiner Gesamtheit das zentrale (Gehirn und Rückenmark) und periphere Nervensystem. Das Nervengewebe besteht aus Nervenzellen und bindegewebigen Stützzellen, der Neuroglia.

Nervenzellen (Ganglienzellen)

Nervenzellen (Neurone; ➤ Abb. 1.22) besitzen einen runden Zellkörper von dem verschiedene Fortsätze abgehen. **Dendriten** nehmen die Nervensignale von anderen Nervenzellen auf, während **Nervenfasern (Neuriten)** die Nervenimpulse zum Erfolgsorgane leiten. Neuriten können über 1 m lang werden.

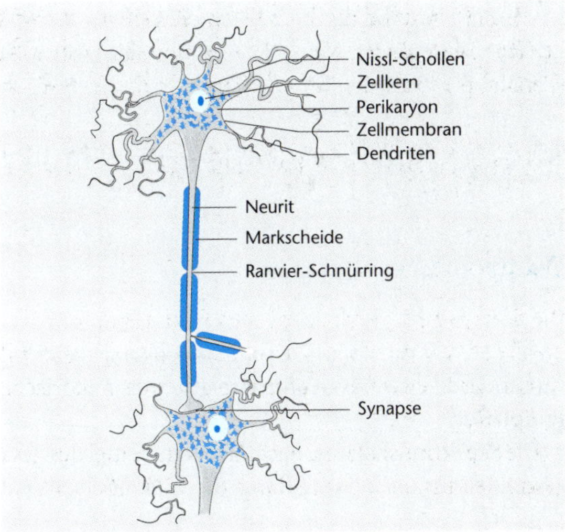

Abb. 1.22 Bau einer Nervenzelle. Am Ende einer Nervenfaser befindet sich die Synapse als Kontaktstelle zur nächsten Zelle.

Neuroglia

Die Neuroglia ist das spezielle Bindegewebe des Nervensystems. Es schützt und ernährt Nervenzellen und begleitet die Fortsätze der Nervenzellen in ihrem ganzen Verlauf.

Fragen

1. Welche Aufgabe hat das ER in der Zelle zu erfüllen? (➤ Kap. 1.1.3)
2. Erläutern Sie den Stofftransport durch Carrier. (➤ Kap. 1.3.1)
3. Welche Bedeutung hat die S-Phase im Leben der Zelle? (➤ Kap. 1.5.1)
4. Beschreiben Sie den Karyotyp des Menschen. (➤ Kap. 1.4.2)
5. Was ist der Unterschied zwischen Chromatin und Chromosom? (➤ Kap. 1.4)
6. Welche Funktion hat das einschichtige Plattenepithel im menschlichen Körper? (➤ Kap. 1.7.1)
7. Wie unterscheiden sich endokrine und exokrine Drüsen? (➤ Kap. 1.7.1)
8. Beschreiben Sie den Bau der Zellmembran. (➤ Kap. 1.1.1)
9. Was unterscheidet den aktiven vom passiven Transport? (➤ Kap. 1.3)
10. Was versteht man unter Osmose? (➤ Kap. 1.3.2)
11. Welche Aufgabe haben die Mitochondrien in der Zelle? (➤ Kap. 1.1.3)
12. Nennen Sie die Phasen der Mitose. (➤ Kap. 1.2.2)
13. In welcher Phase der Mitose kommt es zur Trennung der Chromatiden? (➤ Kap. 1.2.2)
14. Beschreiben Sie den Bau der DNA-Doppelhelix. (➤ Kap. 1.4.3)
15. Welche Funktion hat die Meiose? (➤ Kap. 1.5)
16. Von welchem Elternteil erhält der Mann sein X-Chromosom? (➤ Kap. 1.6)
17. Definieren Sie den Begriff Gewebe. (➤ Kap. 1.7)
18. Wo findet sich das Übergangsepithel im menschlichen Körper? (➤ Kap. 1.7.1)
19. Wo findet sich das glatte Muskelgewebe im menschlichen Körper? (➤ Kap. 1.7.3)
20. Welche Aufgaben hat das Epithelgewebe? (➤ Kap. 1.7.1)
21. Wie unterscheiden sich der männliche und der weibliche Chromosomensatz? (➤ Kap. 1.4.2)

KAPITEL

2 Muskeln, Knochen und Gelenke

Für eine standardisierte Beschreibung des Körpers und seiner Funktionen werden in der Klinik anatomische Richtungsbegriffe verwendet.

Hauptebenen

Die Hauptebenen (➤ Abb. 2.1) beschreiben Schnittflächen durch den Körper:
- **Medianebene:** Symmetrieebene, teilt den Körper in eine rechte und linke Hälfte
- **Sagittalebene:** alle Ebenen, die parallel zur Medianebene verlaufen
- **Frontalebene:** parallel zur Stirnfläche, teilt den Körper in einen ventralen (vorderen) und dorsalen (hinteren) Teil
- **Horizontalebene:** parallel zur Erdoberfläche
- **Transversalebene:** alle Ebenen, die parallel zur Horizontalebene verlaufen.

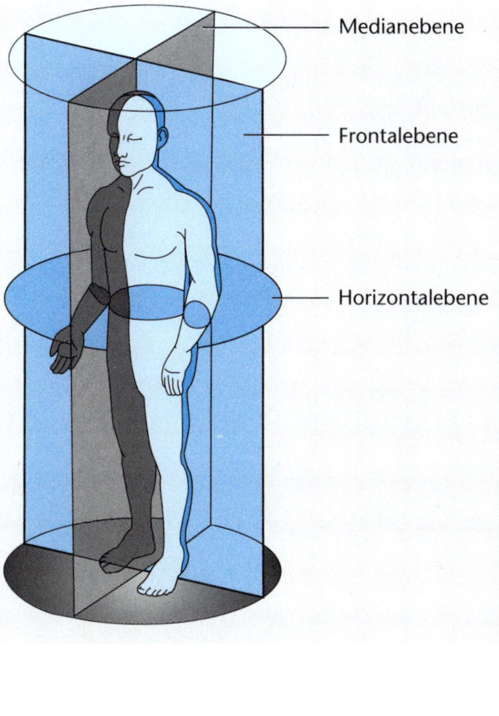

Abb. 2.1 Hauptebenen des menschlichen Körpers.

Richtungen am Körper

Die folgenden Begriffe beschreiben Richtungen und Lokalisationen am Körper (➤ Abb. 2.2):
- **Proximal:** zum Rumpf hin
- **Distal:** vom Rumpf weg
- **Medial:** zur Medianebene hin
- **Lateral:** von der Medianebene weg, seitlich
- **Kranial:** schädelwärts
- **Kaudal:** steißwärts
- **Ventral:** nach vorne, zum Bauch hin
- **Dorsal:** nach hinten, zum Rücken hin.

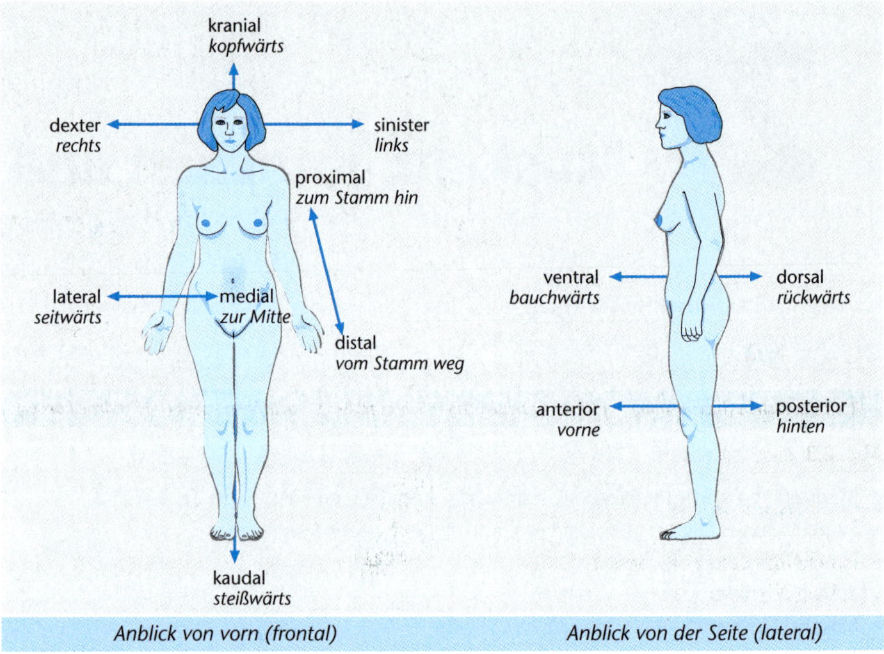

Abb. 2.2 Richtungen im Raum. Sie sind wichtig zur Lokalisationsbeschreibung von Befunden.

Bewegungsrichtungen

Die Bewegungsrichtungen beziehen sich auf die in Gelenken durchgeführten Bewegungen:
- **Flexion:** Beugung
- **Extension:** Streckung
- **Abduktion:** Bewegung vom Körper weg
- **Adduktion:** Bewegung zum Körper hin
- **Rotation:** Drehung, Kreiselung
- **Pronation:** Einwärtsdrehung von Hand oder Fuß, wie z. B. beim Brot schneiden
- **Supination:** Auswärtsdrehung von Hand oder Fuß, wie z. B. beim Suppe löffeln.

2.1 Einteilung, Bau und Entwicklung der Knochen

Das menschliche Skelett besteht aus ca. 200 Knochen.

2.1.1 Knochentypen

Nach der Form des Knochens werden drei Knochentypen (➤ Abb. 2.3) unterschieden.

Röhrenknochen

Beispiele für Röhrenknochen sind:
- Femur (Oberschenkelknochen)
- Humerus (Oberarmknochen)
- Tibia (Schienbein)
- Fibula (Wadenbein).

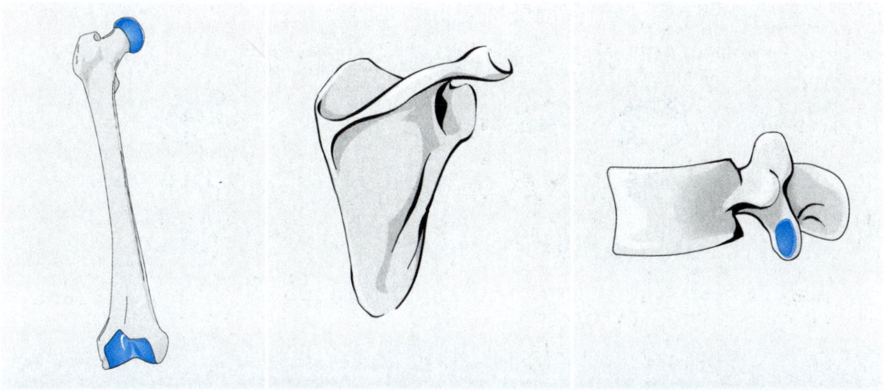

Abb. 2.3 Knochentypen.

Platte Knochen

Beispiele für platte Knochen sind:

- Schädelknochen
- Schulterblatt
- Beckenknochen.

Würfelförmige Knochen

Beispiele für würfelförmige Knochen sind:

- Wirbelkörper
- Handwurzelknochen.

In den platten und würfelförmigen Knochen findet beim Erwachsenen die Blutbildung statt.

2.1.2 Aufbau eines Knochens

An einem Röhrenknochen (➤ Abb. 2.4) werden der **Schaft (Diaphyse)** sowie die beiden **Gelenkenden (Epiphysen)** mit den Gelenkflächen unterschieden. Den Grenzbereich zwischen Diaphyse und Epiphyse bezeichnet man als **Epihysenfuge** oder **Metaphyse.** Hier findet bei Kindern das Knochenwachstum statt. Die Epiphysen sind mit schwammartigen Knochenbälkchen, der **Spongiosa** ausgefüllt. Die Diaphyse ist hingegen hohl: Sie enthält die Markhöhle (Cavitas medullaris) mit dem Knochenmark. Die Diaphyse besteht aus hartem Knochenmaterial, der **Kortikalis,** und ist auf der Außenseite von **Knochenhaut (Periost)** überzogen.

Feinbau des Knochens

Die kompakte, äußere Schicht eines Knochens bezeichnet man als **Substantia compacta** oder **Kortikalis.** Sie besteht aus Knochenzellen (Osteozyten) und Knochengrundsubstanz, die um Blutgefäße **(Havers-Kanäle)** gruppiert sind und zusammen als **Osteon** bezeichnet werden. Innen schließt sich die schwammartige **Substantia spongiosa** aus Knochenbälkchen an (➤ Abb. 2.5).

2.1.3 Knochenentwicklung

Das Ausgangsmaterial für die Knochenneubildung ist embryonales Bindegewebe (Mesenchym). Die Knochenbildung kann über zwei Mechanismen erfolgen:

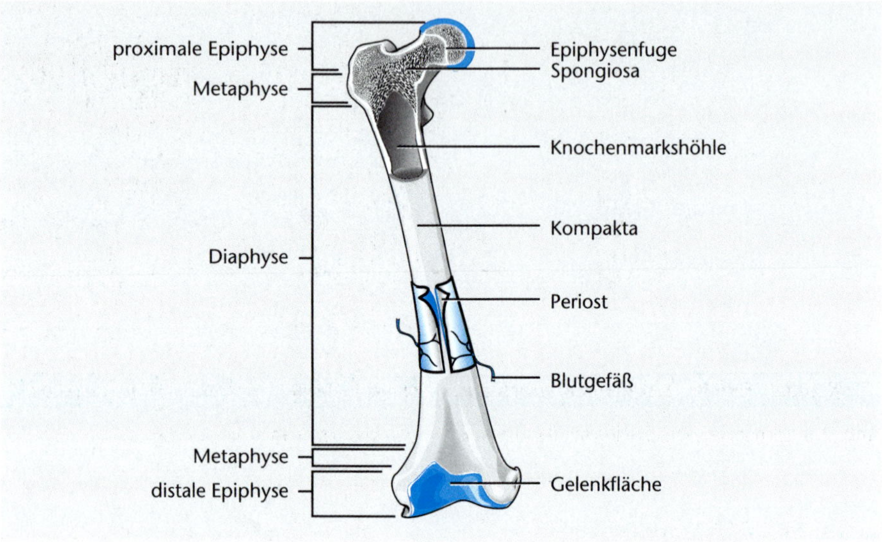

Abb. 2.4 Bau eines Röhrenknochens. Im oberen, aufgesägten Teil wird die Spongiosa sichtbar.

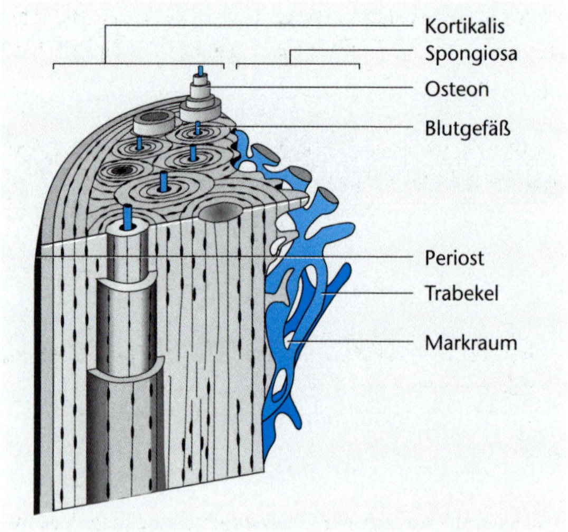

Abb. 2.5 Feinbau des Knochengewebes.

- Direkte Ossifikation (desmale Knochenbildung)
- Indirekte Ossifikation (enchondrale Knochenbildung).

Direkte Ossifikation (desmale Knochenbildung)

Bei der **direkten Ossifikation (= Verknöcherung)** kommt es zu einer direkten Umwandlung des Bindegewebes zu Knochen durch knochenbildende Zellen (Osteoblasten). Diese Art der Ossifikation findet man hauptsächlich bei den Schädel- und Gesichtsknochen.

Indirekte Ossifikation (enchondrale Knochenbildung)

Bei der **indirekten Knochenbildung** (➤ Abb. 2.6) erfolgt der Aufbau des Knochens über eine knorpelige Zwischenstufe. Es entsteht zunächst eine „Gussform" des späteren Knochens aus Knorpel, die dann durch Knochengewebe ersetzt wird. Die meisten Knochen werden auf diese Art gebildet.

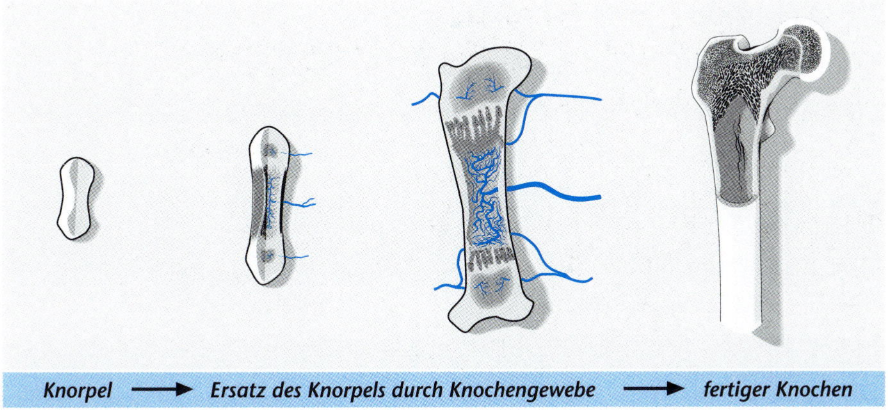

Abb. 2.6 Enchondrale Ossifikation mit der Umwandlung von Knorpel- in Knochengewebe.

2.1.4 Knochenwachstum

Das Längenwachstum der Röhrenknochen geht von der zwischen Epiphyse und Diaphyse gelegenen Wachstumszone, der **Epiphysenfuge (Metaphyse)** aus. Hier bildet sich zunächst neuer Knorpel, der dann zunehmend verknöchert. Die Wachstumsgeschwindigkeit wird durch das Wachstumshormon (STH) gesteuert.

Aus dem Verknöcherungszustand der Epiphysenfugen lassen sich Rückschlüsse auf das Skelettalter ziehen und eventuelle Entwicklungsverzögerungen diagnostizieren.

2.1.5 Knochenverbindungen

Nach Art der Verbindung zweier Knochen unterscheidet man starre Synarthrosen (Haften) und bewegliche Diarthrosen (echte Gelenke).

Haften

Bei Synarthrosen (Haften oder unechte Gelenke) sind die Knochenenden durch Verbindungsmaterial miteinander verbunden. Sie haben somit keinen Gelenkspalt und erlauben wenig bis keine Bewegung. Nach Art des Verbindungsmaterials unterscheidet man:

- **Syndesmose:** Verbindung durch Bindegewebe, z. B. unverknöcherte Schädelnähte (Suturen)
- **Synchondrose:** Verbindung durch hyalinen Knorpel, z. B. zwischen den Schambeinen (Symphyse)
- **Synostose:** knöcherne Verbindung, z. B. verknöcherte Schädelnähte (Suturen).

Echte Gelenke

- Echte Gelenke (Diarthrosen) haben einen Gelenkspalt und damit einen großen Bewegungsumfang (➤ Kap. 2.2.1).

Amphiarthrosen

Als Amphiarthrosen bezeichnet man echte Gelenke, deren Bewegungsumfang durch eine straffe Kapsel und Bandapparat soweit eingeschränkt ist, dass nur noch kleine, federnde Bewegungen möglich sind. Ein Beispiel ist das Iliosakralgelenk des Beckens.

2.2 Gelenke

Echte Gelenke (Diarthrosen) sind bewegliche Verbindungen zweier Knochen.

2.2.1 Bau der Gelenke

Die Gelenke (➤ Abb. 2.7) sind durch drei Hauptbestandteile gekennzeichnet:

- Gelenkkörper mit Gelenkflächen
- Gelenkspalt mit Gelenkschmiere (Synovia)
- Gelenkkapsel.

Bei einigen Gelenken finden sich zusätzlich **knorpelige Zwischenscheiben** (Meniskus articularis, Discus articularis). Sie dienen der Anpassung der Gelenkflächen aneinander und verringern somit deren Abnutzung.

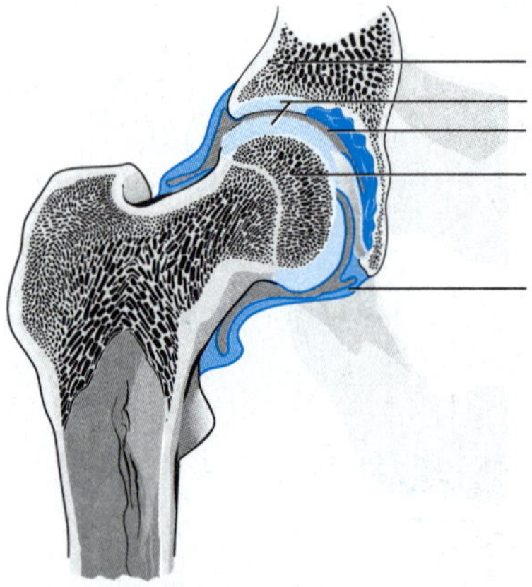

Abb. 2.7 Bau eines Gelenks am Beispiel des Hüftgelenks.

ALTERSPHYSIOLOGIE

Die verminderte Elastizität des Gelenkknorpels führt im Alter häufig zu einer Verschleißerscheinung der Gelenke (Arthrose), die sich in Bewegungseinschränkungen und chronischen Schmerzen äußern kann.

2.2.2 Gelenkkapsel, Bänder und Schleimbeutel

Die bindgewebige Gelenkkapsel begrenzt und schützt die Gelenke. Sie ist oft durch derbe Bandzüge verstärkt, die ein Auskugeln (Luxation) des Gelenks verhindern.

ALTERSPHYSIOLOGIE

Bei längerer Immobilität (z. B. bei Bettlägerigkeit oder nach Ruhigstellung durch eine Gipsschiene) kann es zu Schrumpfungen der Gelenkkapsel mit Bewegungseinschränkungen bis hin zur Gelenksversteifung kommen.

2.2.3 Einteilung der Gelenke

Nach der Form der Gelenkflächen und den sich daraus ergebenden Bewegungsmöglichkeiten werden folgende Gelenktypen (➤ Abb. 2.8) unterschieden:

- **Kugelgelenk:** Bewegung um alle drei Bewegungsachsen möglich und somit das beweglichste aller Gelenke. Beispiel: Schultergelenk

- **Eigelenk:** ähnlich dem Kugelgelenk, aber nur zwei Hauptbewegungsrichtungen, keine Rotation (z. B. proximales Handgelenk)
- **Radgelenk:** walzenförmiger Gelenkkopf, zangenförmige Gelenkpfanne (z. B. proximales Elle-Speiche-Gelenk)
- **Scharniergelenk:** lässt nur Bewegungen in einer Achsenrichtung zu. Beispiel: Radioulnargelenk des Ellenbogengelenks.
- **Sattelgelenk:** sattelförmige Gelenkfläche. Beispiel: Daumensattelgelenk.

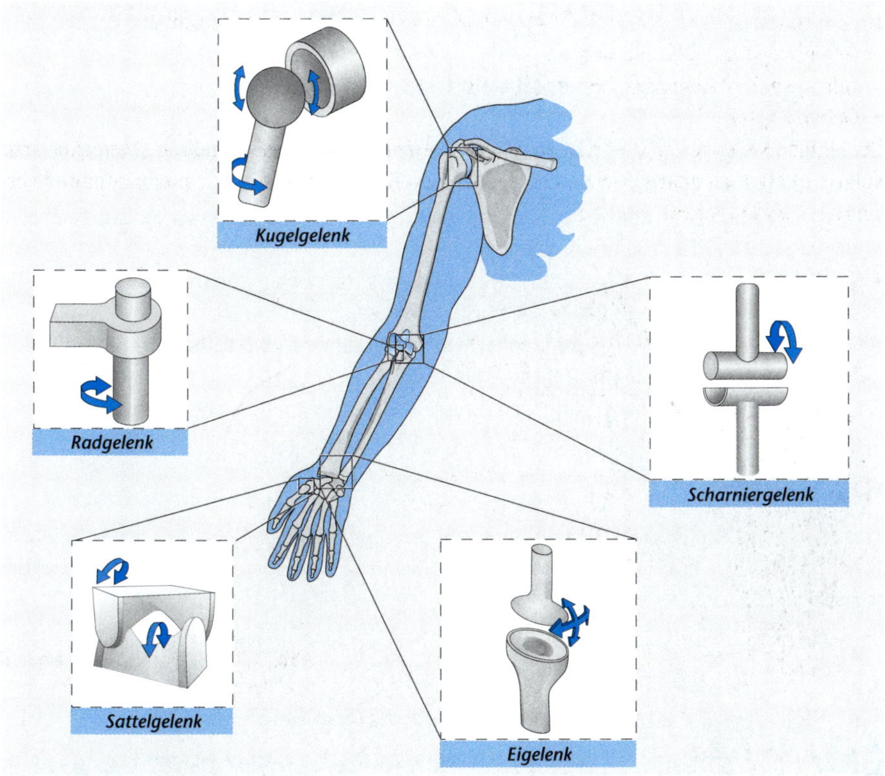

Abb. 2.8 Unterschiedliche Gelenkformen im Bereich der oberen Extremität.

2.3 Wirbelsäule

Die Wirbelsäule bildet die Achse des menschlichen Körpers. Sie wird von ca. 33 knöchernen **Wirbeln** und faserknorpeligen **Zwischenwirbelscheiben** (Bandscheiben) gebildet.

2.3.1 Bau der Wirbelkörper

Alle Wirbel (➤ Abb. 2.9) leiten sich von einer einheitlichen Grundform ab, die aber in den verschiedenen Wirbelsäulenabschnitten unterschiedlich ausgeprägt ist:

Der eigentliche **Wirbelkörper** ist als tragendes Element der Wirbelsäule auf Ober- und Unterfläche durch die Zwischenwirbelscheiben mit benachbarten Wirbeln verbunden. Nach dorsal geht der **Wirbelbogen** ab, der das Wirbelloch (Foramen vertebrale) umschließt.

Die Wirbellöcher bilden in ihrer Gesamtheit den **Wirbelkanal (Canalis vertebralis),** der das Rückenmark enthält.

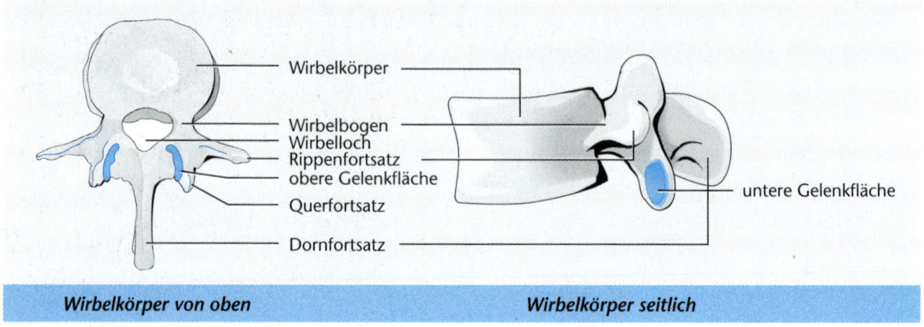

Abb. 2.9 Bau der Wirbelkörper, hier am Beispiel eines Lendenwirbels.

Von den Wirbelbögen gehen Knochenfortsätze für Muskelansatz und -ursprung aus:

- **Dornfortsatz:** nach hinten gerichteter Knochenfortsatz
- **Querfortsatz:** paarig angelegter Knochenfortsatz, besonders ausgeprägt im Brustwirbelbereich zur Artikulation mit den Rippen
- **Gelenkfortsatz:** paarig angelegter Knochenfortsatz mit oberen und unteren Gelenkflächen zur Verbindung mit den benachbarten Wirbeln
- **Rippenfortsatz:** nur bei den Lendenwirbeln vorhandener Knochenfortsatz, der entwicklungsgeschichtlich einer Rippenanlage entspricht.

Der 1. und 2. Halswirbel haben aufgrund ihrer besonderen Funktion eine abweichende Form:

Atlas (1. Halswirbel)

Der Atlas trägt den Schädel. Er ist ringförmig und besitzt weder Wirbelkörper noch Dornfortsatz. Der Atlas bildet mit der Schädelbasis das obere Kopfgelenk, das eine Kopf-Nickbewegung ermöglicht.

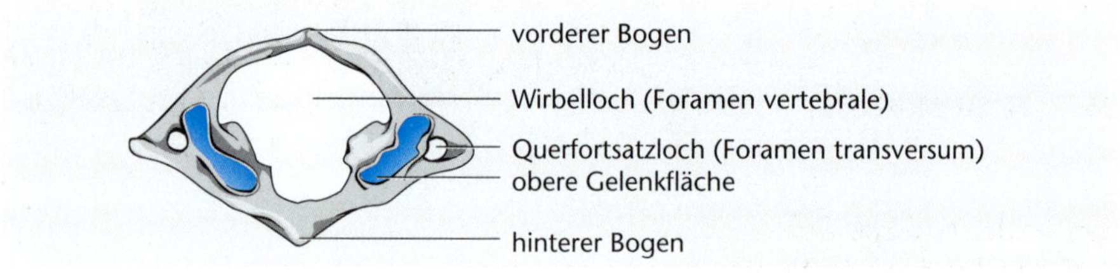

Abb. 2.10 Atlas (1. Halswirbel).

Axis (2. Halswirbelkörper)

Der Axis trägt einen zahnförmigen Fortsatz (Dens axis), der sich in den Atlas einfügt. Atlas und Axis bilden das untere Kopfgelenk, durch das Drehbewegung des Kopfes möglich werden.

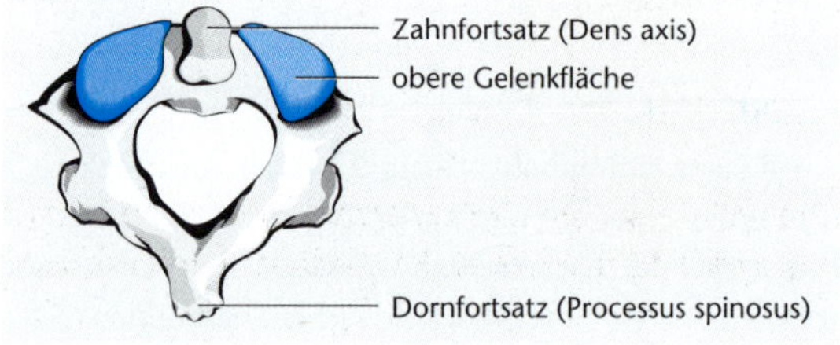

Abb. 2.11 Axis (2. Halswirbel).

2.3.2 Bau und Funktion der Wirbelsäule

Die Wirbelsäule (➤ Abb. 2.12) besteht aus ca. 33 Wirbelkörpern. Sie wird in fünf Abschnitte unterteilt.

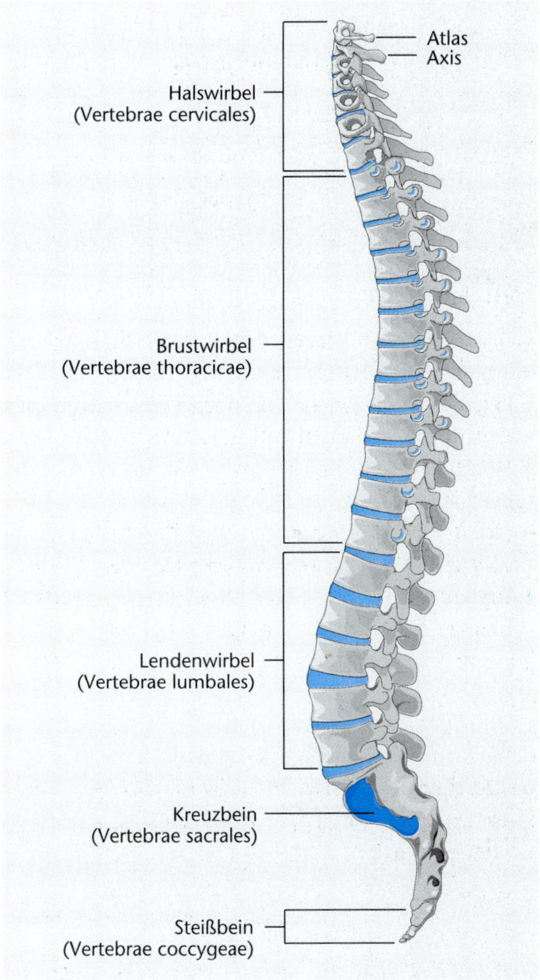

Abb. 2.12 Bau der Wirbelsäule.

Abschnitte der Wirbelsäule

- **Halswirbelsäule (HWS)** mit sieben Wirbelkörpern
- **Brustwirbelsäule (BWS)** mit zwölf Wirbelkörpern
- **Lendenwirbelsäule (LWS)** mit fünf Wirbelkörpern
- **Kreuzwirbelsäule (Kreuzbein)** mit fünf Wirbelkörpern
- **Steißwirbelsäule (Steißbein)** mit ca. vier Wirbelkörpern. Zahl kann variieren.

Die Wirbelkörper der Kreuz- und Steißwirbelsäule sind zu jeweils einem Knochen (Kreuzbein bzw. Steißbein) verschmolzen.

Baumerkmale der Wirbelsäulenabschnitte

Alle Wirbel besitzen den gleichen Grundaufbau, zeigen aber aufgrund der von kranial nach kaudal zunehmenden Belastungen in den jeweiligen Wirbelsäulenabschnitten unterschiedliche Ausprägungen.

Besondere Merkmale der Halswirbelsäule

- Großes Wirbelloch, kleiner Wirbelkörper
- Querfortsatzloch zur Aufnahme der Wirbelarterie (A. vertebralis)
- Großer Bewegungsumfang.

Den 7. Halswirbel bezeichnet man als **Vertebra prominens,** da er einen besonders weit vorspringenden Dornfortsatz hat, der gut zu tasten ist.

Besondere Merkmale der Brustwirbelsäule

- Dachziegelartig übereinander liegende Dornfortsätze
- Zwei Gelenkflächen zur Artikulation mit den Rippen
- Eingeschränkte Beweglichkeit: überwiegend Rotationsbewegungen.

Besondere Merkmale der Lendenwirbelsäule

- Große Wirbelkörper mit kleinem Wirbelloch
- Rippenfortsatz entspricht zurückgebildeten Rippenanlagen
- Eingeschränkte Beweglichkeit: überwiegend Beugung und Streckung.

Besondere Merkmale der Kreuzwirbelsäule

- Fünf Wirbelkörper zum Kreuzbein (Os sacrum) verschmolzen.

Besondere Merkmale der Steißwirbelsäule

- Wirbelkörper zum Steißbein (Os coccygis) verschmolzen.

Funktion der Wirbelsäule

- Stütze des Rumpfes und Kopfes
- Schutzfunktion für das Rückenmark
- Ansatzpunkt für Muskeln.

Physiologische Krümmungen der Wirbelsäule

Die Wirbelsäule ist nicht gerade, sondern zeigt typische physiologische Krümmungen in der Medianebene:

- **Lordose** (nach hinten konkave Krümmungen) im HWS- und LWS-Bereich
- **Kyphose** (nach vorne konkave Krümmungen) im BWS- und Sakralbereich.

KLINISCHER HINWEIS

Skoliosen sind krankhafte seitliche Krümmungen der Wirbelsäule.

2.3.3 Verbindungen der Wirbel

Die Wirbel sind auf zwei Arten miteinander verbunden:

- Zwischenwirbelscheiben
- Wirbelbogengelenke.

Zwischenwirbelscheiben

Zwischenwirbelscheiben (Disci intervertebrales; ➤ Abb. 2.13) sind aus Faserknorpel bestehende, etwa 3–8 mm dicke Scheiben zwischen den Wirbelkörpern. Sie bilden mit den benachbarten Wirbeln ein unechtes Gelenk (Synarthorse) ohne Gelenkspalt. Ihre Funktion ist die Abfederung statischer Belastungen der Wirbelsäule.

Aufbau der Zwischenwirbelscheibe

- Äußerer Ring aus Faserknorpel (Anulus fibrosus)
- Innerer Gallertkern (Nucleus pulposus).

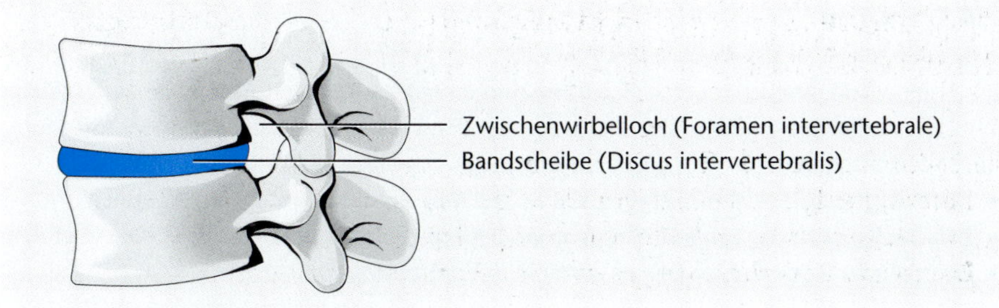

Abb. 2.13 Wirbelsegment und Bandscheibe.

KLINISCHER HINWEIS

Bei Überbeanspruchung oder Degeneration kann der Nucleus pulposus durch den Faserknorpel treten und dadurch den Spinalnerv komprimieren **(Bandscheibenprolaps).**

Wirbelbogengelenke

Wirbelbogengelenke sind echte Gelenke mit Gelenkspalt und Gelenkkapsel, welche die Gelenkfortsätze der Wirbelbögen miteinander verbinden.

ALTERSPHYSIOLOGIE

Die altersabhängige Abnahme der Körpergröße ist zum Teil auf das reduzierte Wasserbindungsvermögen und auf die Schrumpfung der Zwischenwirbelscheiben zurückzuführen.

2.4 Knöcherner Brustkorb

Der Brustkorb (Thorax; ➤ Abb. 2.14) wird von der Brustwirbelsäule, den zwölf Rippenpaaren und dem Brustbein (Sternum) gebildet. Er umschließt schützend die Brustorgane (Lunge, Herz) und einen Teil der Oberbauchorgane (Leber, Milz).

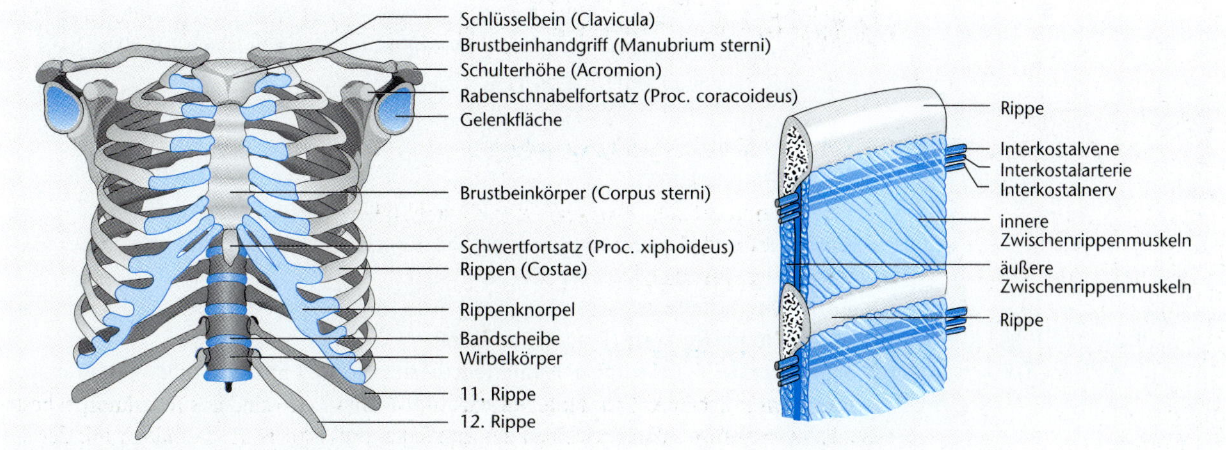

Abb. 2.14 Brustkorb (Thorax) und Zwischenrippenraum.

2.4.1 Rippen

Jede Rippe besteht aus einem knöchernen und einem knorpeligen Anteil. Sie sind mit der Wirbelsäule gelenkig verbunden. Nach der Art der Verbindung zum Brustbein (Sternum) unterscheidet man:

- **Echte Rippen:** das 1. bis 7. Rippenpaar ist gelenkig mit dem Brustbein verbunden
- **Falsche Rippen:** das 8. bis 10. Rippenpaar steht nur indirekt mit dem Brustbein über den knorpeligen Rippenbogen (Arcus costalis) in Verbindung.

Die 11. und 12. Rippe haben keine Verbindung zum Brustbein und enden frei in der Rumpfmuskulatur.

Die zwischen den Rippen gelegenen Zwischenrippenräume (Interkostalräume; ➤ Abb. 2.14) enthalten die Zwischenrippenmuskulatur (Mm. intercostales) mit den dazugehörigen Gefäßen und Nerven.

2.4.2 Brustbein

Das Brustbein (Sternum) ist ein schwertförmiger, platter Knochen. Er besteht aus:

- Handgriff (Manubrium)
- Körper (Corpus)
- Schwertfortsatz (Xiphoid).

Xiphoid und die beiden Rippenbögen bilden den **epigastrischen Winkel.**

KLINISCHER HINWEIS

Das Brustbein ist beim Erwachsenen ein Ort der Blutbildung. Aufgrund seiner gut zugänglichen Lage wird es zur Entnahme von Knochenmark **(Sternalpunktion)** verwendet.

2.5 Schultergürtel

Der Schultergürtel verbindet die obere Extremität mit dem Körperstamm. Er besteht aus Schulterblatt (Scapula) und Schlüsselbein (Clavicula).

2.5.1 Schulterblatt

Das Schulterblatt (Scapula) ist eine dreieckige Knochenplatte, die dem dorsalen Brustkorb direkt aufliegt. Wichtige Knochenstrukturen sind:

- **Akromion** (Schultereck)
- **Rabenschnabelfortsatz** (Proc. coracoideus)
- **Schultergräte** (Spina scapulae): unterteilt die dorsale Seite in zwei Gruben (Fossa supra- und Fossa infraspinata) für die Schulterblattmuskulatur.

Das Schulterblatt geht zwei gelenkige Verbindungen ein:

- **Schultergelenk** (Articulatio humeri): mit dem Oberarmknochen (Humerus)
- **Acromioclaviculargelenk:** zwischen Akromion und Schlüsselbein (Clavicula).

2.5.2 Schlüsselbein

Das Schlüsselbein (Clavicula) ist ein S-förmiger, fingerdicker Knochen. Er ist durch zwei Gelenke mit dem Schultergürtel verbunden:

- **Sternoclaviculargelenk:** Verbindung zum Brustbein
- **Acromioclaviculargelenk (Schultereckgelenk):** Verbindung zum Akromion des Schulterblattes.

2.5.3 Schultergelenk

Das Schultergelenk (Articulatio humeri; ➤ Abb. 2.15) ist ein typisches Kugelgelenk, das das Schulterblatt (Scapula) mit dem Oberarmknochen (Humerus) verbindet.

Das Schultergelenk wird vor allem durch die Muskulatur des Schultergürtels stabilisiert. Die Muskeln, die dem Gelenk direkt anliegen, werden als **Rotatorenmanschette** bezeichnet.

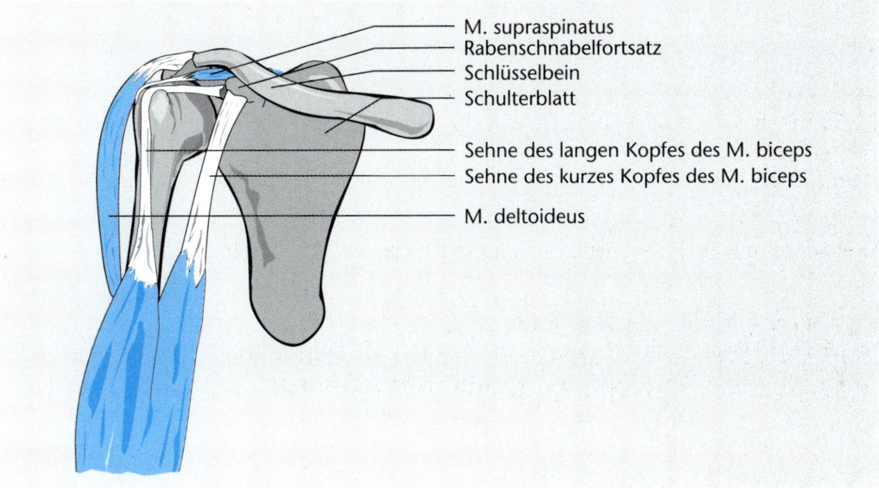

Abb. 2.15 Schultergelenk mit den dort verlaufenden und stabilisierenden Muskeln.

2.6 Knochen der oberen Extremität

Zu den Knochen der oberen Extremität (➤ Abb. 2.16) zählen Oberarmknochen (Humerus), Elle (Ulna), Speiche (Radius) und Handskelett.

2.6.1 Oberarmknochen

Der Oberarmknochen (Humerus) ist ein typischer Röhrenknochen. Er steht mit Schulterblatt, Elle und Speiche in gelenkiger Verbindung.

Wichtige Abschnitte

- **Oberarmkopf (Caput humeri):** Gelenkkopf des Schultergelenks
- **Tuberculum majus und minus:** Knochenhöcker für den Ansatz von Muskulatur
- **Oberarmschaft (Corpus humeri):** Mittelstück des Humerus
- **Köpfchen (Capitulum) und Rolle (Trochlea):** distale Gelenkflächen zur gelenkigen Verbindung mit den Unterarmknochen Elle und Speiche
- **Epicondylus medialis und lateralis (Obergelenkknochen):** am distalen Ende gelegene seitliche Knochenvorsprünge zum Ansatz von Muskeln.

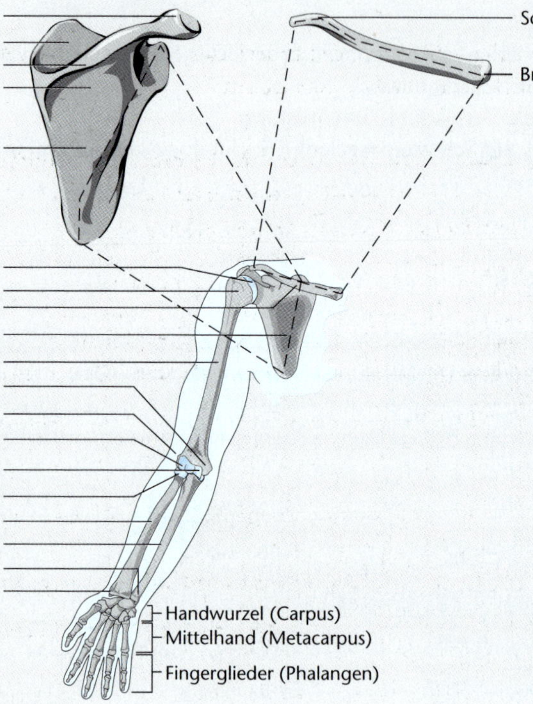

Abb. 2.16 Knochen der oberen Extremität.

KLINISCHER HINWEIS

Als **Collum chirurgicum** bezeichnet man eine distal der Tuberculum majus und minus gelegene Stelle des Schaftes, die häufig bei Knochenbrüchen betroffen ist.

2.6.2 Unterarmknochen

Das Skelett des Unterarms besteht aus zwei Röhrenknochen: Elle (Ulna) und Speiche (Radius).

Elle

Die Elle (Ulna) ist ein dreiseitiger Knochen an der Kleinfingerseite des Armes. Sie hat ein verdicktes proximales Ende und ein schmaleres distales Ende. Die proximale Ellenbogenspitze **(Olekranon)** ist ebenso wie der distale **Griffelfortsatz** gut durch die Haut tastbar.

Speiche

Die Speiche (Radius) ist der an der Daumenseite gelegene Unterarmknochen. Sie stellt die Hauptverbindung zur Hand im oberen Handgelenk (Articulatio radiocarpalis) dar.

Proximal befindet sich der scheibenförmige **Radiuskopf (Caput radii)** für die gelenkige Verbindung mit Oberarmknochen (Humerus) und Elle (Ulna). Nach distal wird der Speichenschaft breiter und endet in der eiförmigen Gelenkpfanne für das obere Handgelenk (Articulatio radiocarpalis).

Die Speiche zählt zu den am häufigsten frakturierten Knochen. Ein typischer Verletzungsmechanismus ist der Sturz auf die ausgestreckte Hand (Colles-Fraktur).

2.6.3 Knochen der Hand

Das Skelett der Hand (➤ Abb. 2.17) setzt sich aus drei Knochengruppen zusammen: Handwurzelknochen, Mittelhandknochen und Fingerknochen.

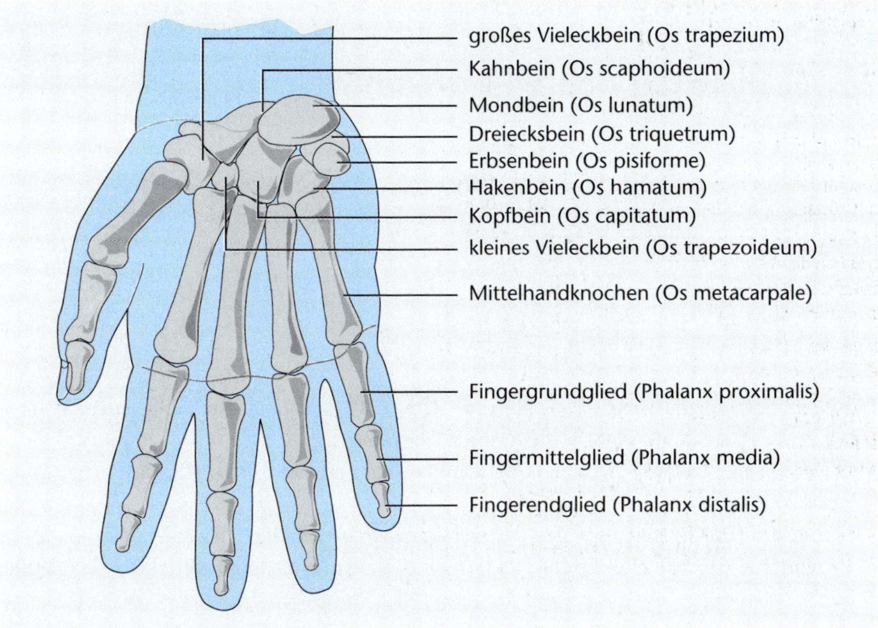

Abb. 2.17 Handskelett mit Handwurzelknochen, Mittelhandknochen und Fingergliedern.

Handwurzelknochen

Die Handwurzel wird von acht würfelförmigen Knochen gebildet, die in zwei Reihen angeordnet sind:

- **Kahnbein** (Os scaphoideum)
- **Mondbein** (Os lunatum)
- **Dreieckbein** (Os triquetrum)
- **Erbsenbein** (Os pisiforme)
- **Großes Vieleckbein** (Os trapezium)
- **Kleines Vieleckbein** (Os trapezoideum)
- **Kopfbein** (Os capitatum)
- **Hakenbein** (Os hamatum).

Merkspruch: Fährt ein Kahn im Mondenschein im Dreieck um das Erbsenbein, Vieleck groß und Vieleck klein, der Kopf muss stets am Haken sein.

Die Handwurzelknochen sind durch einen straffen Bandapparat verbunden und in ihrer Bewegung eingeschränkt. Die proximalen Handwurzelknochen bilden den Gelenkkopf für das obere Handgelenk, die distalen Handwurzelknochen stehen mit den Mittelhandknochen in Verbindung (unteres Handgelenk).

2.6.4 Mittelhandknochen

Die Mittelhandknochen sind dünne Röhrenknochen mit Gelenkflächen an den beiden Enden. Der 1. Mittelhandknochen ist als Teil des Daumens mit dem Trapezbein durch ein gut bewegliches Sattelgelenk verbunden.

2.6.5 Finger

Die Finger setzen sich aus den drei röhrenförmigen Grund-, Mittel- und Endgliedern (Phalanges) zusammen. Der Daumen besitzt als Ausnahme nur ein Grund- und Endglied.

2.7 Gelenke der oberen Extremität

Der aufrechte Gang ermöglicht es dem Menschen, die obere Extremität für vielfältige Funktionen zu nutzen. Dies spiegelt sich in der großen Bewegungsfreiheit der Gelenke wider. Für die Gelenke der Schulter ➤ Kap. 2.5.3.

2.7.1 Ellenbogengelenk

Das Ellenbogengelenk (Articulatio cubiti; ➤ Abb. 2.18) ist ein aus drei Teilgelenken zusammengesetztes Gelenk mit einer gemeinsamen Gelenkkapsel:

- **Humeroulnar-Gelenk:** zwischen Oberarmknochen und Ulna; erlaubt Scharnierbewegungen des Unterarms
- **Humeroradial-Gelenk:** zwischen Oberarmknochen und Radius
- **Proximales Elle-Speiche-Gelenk:** Radgelenk zwischen Radiusköpfchen und Elle; erlaubt Drehbewegungen (Supination und Pronation) des Radius um die Ulna.

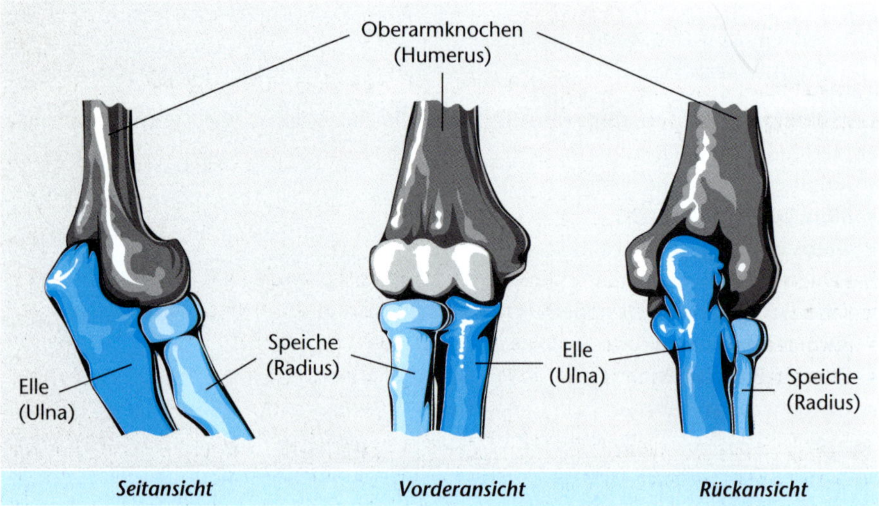

Abb. 2.18 Ellenbogengelenk mit den drei Einzelgelenken.

2.7.2 Distales Elle-Speiche-Gelenk

Radgelenk zwischen distalem Radius und Ulna. Im Zusammenspiel mit dem proximalen Elle-Speiche-Gelenk erfolgt die Pro- und Supinationsbewegung des Unterarms (➤ Abb. 2.19).

Bei Pronation liegen Radius und Ulna überkreuzt, bei Supination parallel.

2.7.3 Handgelenke

Die Verbindung von Unterarm zur Hand erfolgt durch zwei Handgelenke:

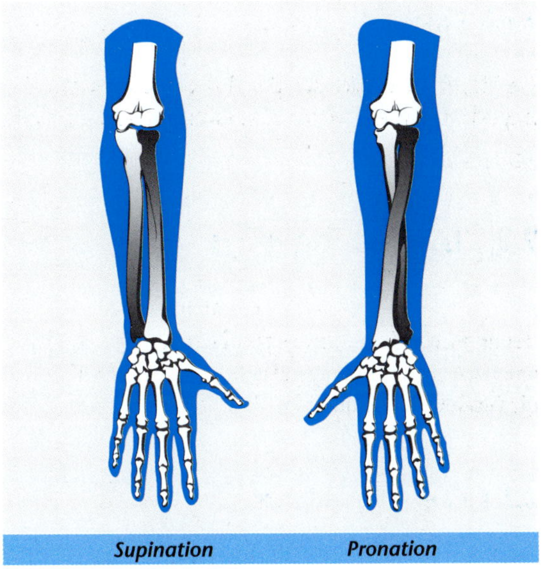

Abb. 2.19 Radius und Ulna. Links die Normalstellung des linken Armes von vorne (Handfläche sichtbar), rechts der gleiche Arm von vorne nach Pronation (Handrücken sichtbar).

Proximales Handgelenk

Articulatio radiocarpalis: Eigelenk mit Radius und einer der Ulna aufliegenden Knorpelscheibe (Discus) als Gelenkpfanne und der proximalen Handwurzelreihe als Gelenkkopf; erlaubt Flexions- und Abduktionsbewegungen.

Distales Handwurzelgelenk

Articulatio mediocarpalis: Scharniergelenk zwischen der proximalen und distalen Handwurzelknochenreihe mit geringem Bewegungsumfang.

2.7.4 Fingergelenke

Die Fingergelenke sind anatomische Kugelgelenke, die aber aufgrund des straffen Bandapparats nur Flexions- und Extensionsbewegungen zulassen. Man unterscheidet:

- **Fingergrundgelenke:** zwischen Mittelhandknochen und Grundgliedern der Finger
- **Interphalangealgelenke:** zwischen den Fingergliedern.

Ein Sonderfall stellt das Gelenk zwischen dem Großes Vieleckbein (Os trapezium) und dem 1. Mittelhandknochen dar. Als **Daumensattelgelenk** ermöglicht es die Oppositionsstellung des Daumens und damit die Greiffunktion der Hand. **Daumengrundgelenk** heißt das Gelenk zwischen dem 1. Mittelhandknochen und dem Daumengrundglied. Aufgrund der starken Bändersicherung ist es ein funktionelles Scharniergelenk.

2.8 Becken

Das Becken (Pelvis; ➤ Abb. 2.20) ist das Bindeglied zwischen Rumpf und Beinen. Das knöcherne Skelett des Beckens besteht aus dem **Kreuzbein (Os sacrum)** und den beiden **Hüftbeinen (Ossa coxae),** die durch bindegewebige und knorpelige Synarthrosen zum ringförmigen **Beckengürtel** verbunden sind.

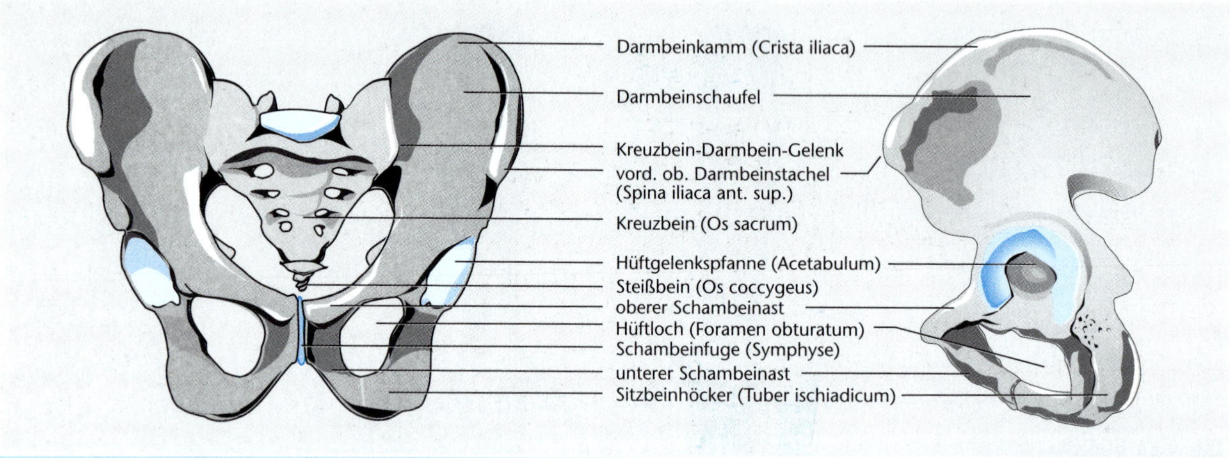

Abb. 2.20 Becken und Hüftbein.

Hüftbein

Das **Hüftbein** (Os coxae; ➤ Abb. 2.20) ist ein verknöcherter Zusammenschluss (Synostose) dreier Einzelknochen:

- **Darmbein** (Os ilium): Hauptmerkmal sind die großen Darmbeinschaufeln, deren tastbare Oberkante als Darmbeinkamm (Crista iliaca) bezeichnet wird. Das Darmbein verankert über die straffe Amphiarthrose mit dem Kreuzbein die Wirbelsäule im Becken
- **Schambein** (Os pubis): unterer vorderer Teil des Hüfbeins. Die Schambeine beider Beckenhälften vereinigen sich schiffbugartig in der **Symphyse**
- **Sitzbein** (Os ischium): unterer hinterer Anteil des Os coxae, trägt den Sitzbeinhöcker (Tuber ischiadicum).

Alle drei Anteile des Hüftbeins sind am Aufbau der Gelenkpfanne des Hüfgelenks beteiligt.

Der Winkel, den die beiden Schambeine einschließen **(Schambeinwinkel),** ist bei der Frau größer (> 90°) als beim Mann (< 90°), um den Geburtsvorgang zu erleichtern.

2.9 Knochen der unteren Extremität

2.9.1 Großer Oberschenkelknochen

Der große Oberschenkelknochen (Femur) ist der längste und kräftigste Röhrenknochen des Körpers.

Bauteile

- **Oberschenkelkopf (Caput femoris):** Gelenkkopf des Hüftgelenks
- **Oberschenkelhals (Collum femoris):** Teilstück zwischen Kopf und Schaft; enthält Knochenvorsprünge (Trochanter major und minor) am Übergang von Hals zu Schaft für den Ansatz von Muskeln
- **Oberschenkelschaft (Corpus femoris)**
- **Distale Epiphyse** mit den beiden **Gelenkhöckern (Kondylen)** für die gelenkige Verbindung mit dem Schienbein.

KLINISCHER HINWEIS

Oberschenkelhalsbrüche sind bei älteren Menschen häufig.

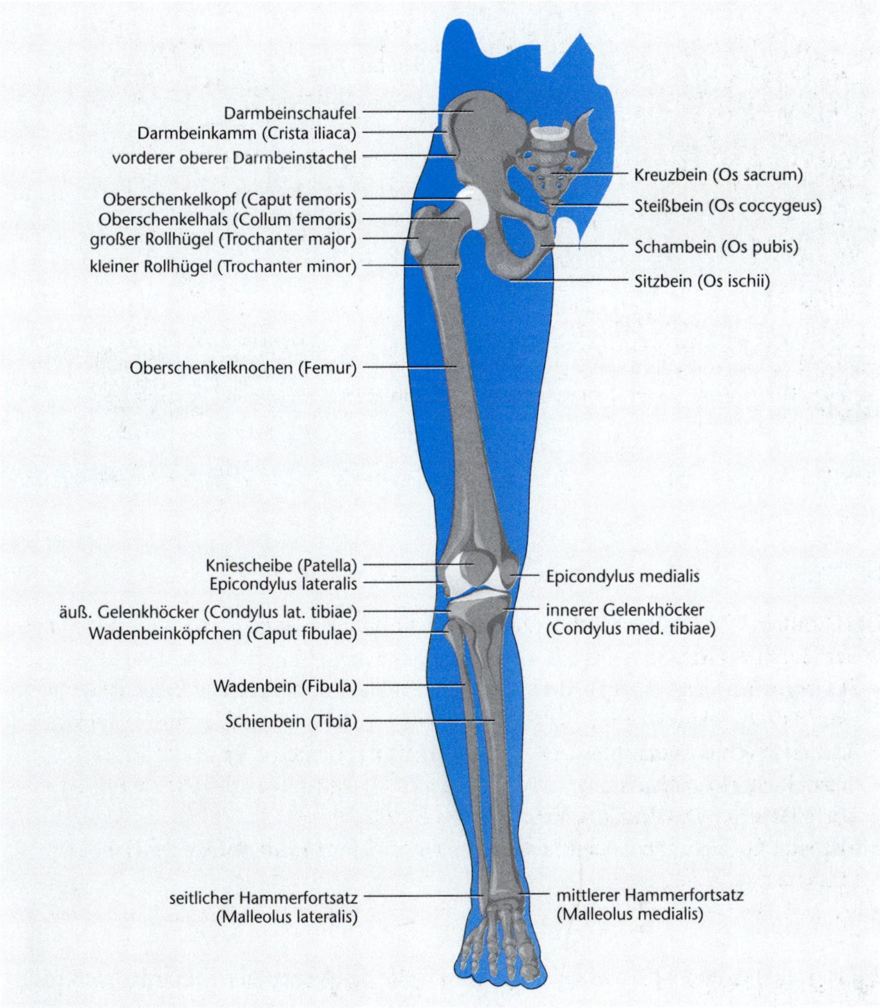

Abb. 2.21 Knochen der unteren Extremität.

2.9.2 Schienbein

Das Schienbein (Tibia) ist der medial gelegene, größere Knochen des Unterschenkels. Der proximale Teil des Schienbeins ist Teil des Kniegelenks, während der distale innere Schienbeinknöchel (Malleolus medialis) am Aufbau des oberen Sprunggelenks beteiligt ist.

2.9.3 Wadenbein

Das Wadenbein (Fibula) ist der lateral gelegene, kleinere Knochen des Unterschenkels. Proximal legt es sich als dünner Knochen dem Schienbein an und ist nicht Teil des Kniegelenks. Distal bildet der **äußere Fibulaknöchel (Malleolus lateralis)** mit der Tibia die **Malleolengabel** und somit die Gelenkpfanne des oberen Sprunggelenks.

2.9.4 Fuß

In Analogie zur Hand, besteht das Fußskelett (> Abb. 2.22) aus Fußwurzel, Mittelfuß und den Zehen. Aufgrund der hohen Kräftebelastung beim Gehen und Stehen ist es robust aufgebaut und lässt im Vergleich zur Hand nur einen geringen Bewegungsspielraum zu.

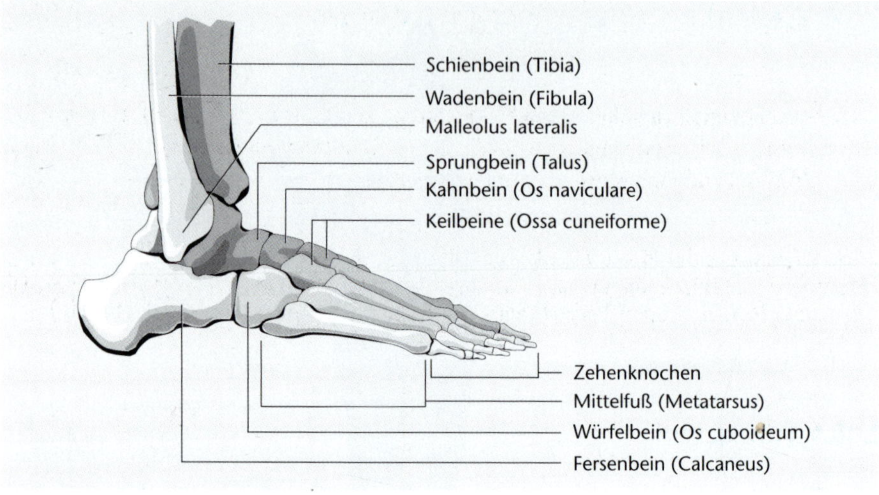

Abb. 2.22 Fußskelett mit Sprunggelenk.

Fußwurzel

Die Fußwurzel (Tarsus) besteht aus sieben würfelförmigen Knochen:

- **Fersenbein (Calcaneus):** größter Fußwurzelknochen, hintere Stütze des Fußgewölbes
- **Sprungbein (Talus):** sitzt auf dem Fersenbein, bildet mit Schien- und Wadenbein das obere Sprunggelenk
- **Kahnbein (Os naviculare)**
- **Würfelbein (Os cuboideum)**
- Drei **Keilbeine (Ossa cuneiforme).**

Mittel- und Vorfuß mit den Zehen entsprechen im anatomischen Aufbau der Hand.

Fußgewölbe

Fußwurzel und Mittelfußknochen sind mit kräftigen Bandzügen zu einem federnden Längs- und Quergewölbe (➤ Abb. 2.23) verspannt, das die Körperlast auffängt.

Hauptauflagepunkte des Fußgewölbes sind das Fersenbein (Calcaneus) und der Vorfuß.

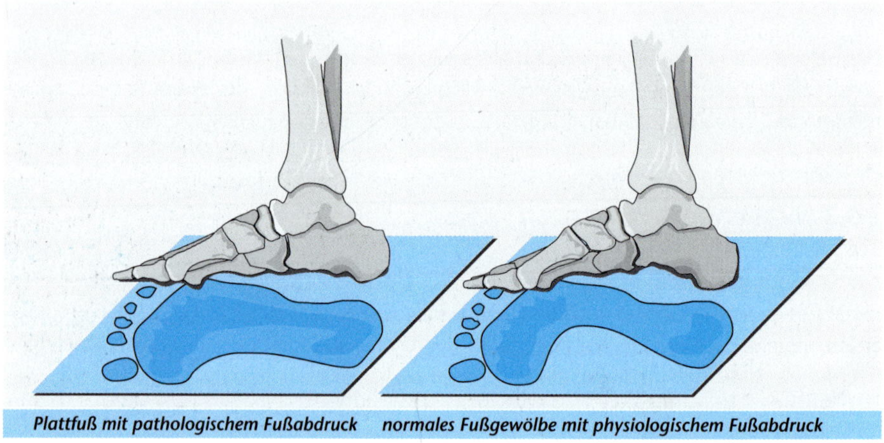

Abb. 2.23 Normales und pathologisches Fußgewölbe. Man erkennt bereits am Fußabdruck grobe Abweichungen der Architektur des Fußgewölbes.

2.10 Gelenke der unteren Extremität

Die untere Extremität ist hohen statischen Belastungen ausgesetzt. Um dennoch einen stabilen Stand und sichere Bewegung zu ermöglichen, sind Gelenke der unteren Extremität durch einen kräftigen Band- und Muskelapparat verstärkt.

KLINISCHER HINWEIS

Verletzungen des Stützapparats der unteren Extremität, wie z. B. Band- und Meniskenrupturen, sind insbesondere bei Sportunfällen häufig und haben Instabilitäten zur Folge.

2.10.1 Hüftgelenk

Im Hüftgelenk (Articulatio coxae) artikuliert die Gelenkpfanne des Hüftbeins (Os coxae) mit dem ca. 5 cm breiten Femurkopf. Eine durch Bänder verstärkte Gelenkkapsel sichert das Gelenk während des Stehens und verhindert ein Abkippen des Beckens.

Im aufrechten Stand verdreht sich der Bandapparat des Hüftgelenks und versteift dadurch das Gelenk. Diesen Mechanismus bezeichnet man als **Bänderschraube.**

2.10.2 Kniegelenk

Das Kniegelenk (> Abb. 2.24) ist das größte Gelenk des menschlichen Körpers. Es verbindet die beiden größten Röhrenknochen des Körpers, den Oberschenkelknochen (Femur) und das Schienbein (Tibia). Die Inkongruenz (= fehlende Übereinstimmung) beider Gelenkflächen wird durch halbmondförmige faserknorpelige Gelenkscheiben (Meniscus medialis und lateralis) ausgeglichen.

Das Kniegelenk ist durch eine kräftige Gelenkkapsel und einen intra- und extraartikulären Bandapparat gesichert, der nur Scharnier- und geringfügige Rotationsbewegungen zulässt.

Bandapparat des Kniegelenks

- **Vorderes und hinteres Kreuzband:** Intraartikuläre Bänder, d. h. sie befinden sich innerhalb des Gelenkraums. Die Kreuzbänder dienen vor allem der Gelenksicherung bei Beugung des Kniegelenks und wirken einer Überstreckung und Überdrehung des Kniegelenks entgegen

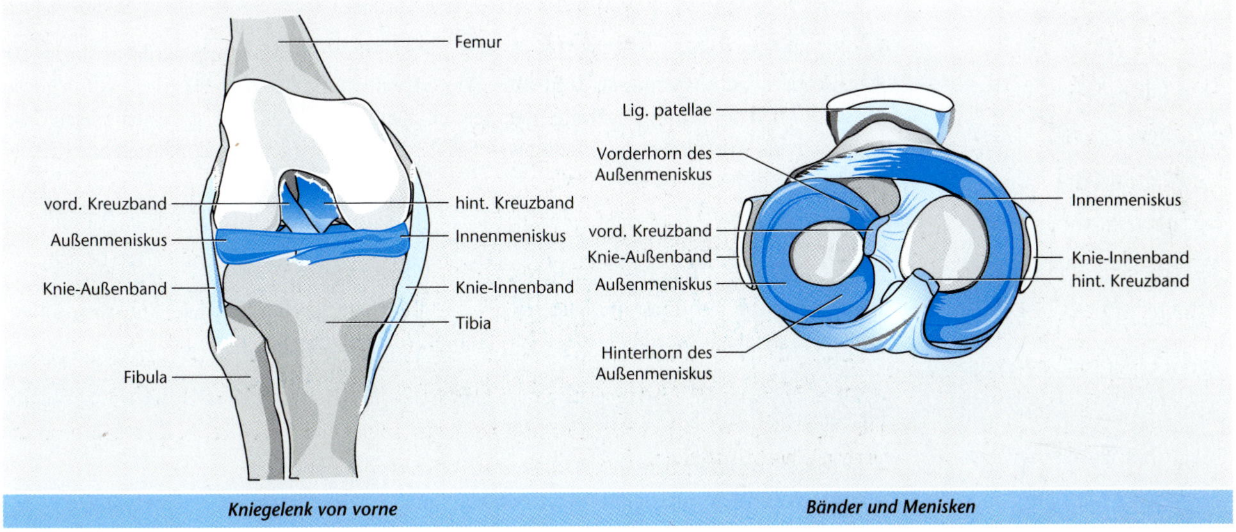

Abb. 2.24 Kniegelenk von vorne und in der Aufsicht mit den beiden Menisken.

- **Mediales und laterales Seitenband:** Das mediale Seitenband („Innenband") verläuft an der Innenseite des Kniegelenks vom Femur zur Tibia. Das laterale Seitenband („Außenband") verläuft an der Außenseite des Kniegelenks vom Femur zur Fibula. Die Seitenbänder sind wesentlich für die Stabilisierung des Kniegelenks in der Streckstellung, z. B. beim aufrechten Stand
- **Kniescheibenband (Ligamentum patellae):** Endstück der Sehne des großen Oberschenkelmuskels, zwischen Kniescheibe und Tibia.

KLINISCHER HINWEIS

Neben den relativ schwerwiegenden Verletzungen der Kreuzbänder sind Verletzungen der Menisken häufig; betroffen ist besonders der mediale Meniskus, da er weniger verschiebbar ist.

2.10.3 Sprunggelenke

Oberes Sprunggelenk

Im **oberen Sprunggelenk (Articulatio talocruralis)** artikuliert die Malleolengabel, bestehend aus den distalen Enden von Schien- und Wadenbein, mit dem Sprungbein (Talus).

Kräftige Bänder auf beiden Seiten des Gelenks stabilisieren das Gelenk und erlauben nur eine Dorsal- und Plantarflexion (Fußheben und -senken).

KLINISCHER HINWEIS

Seitliches Abknicken des Fußes resultiert häufig in Dehnung oder Ruptur des Bandapparats.

Unteres Sprunggelenk

Das **untere Sprunggelenk (Articulatio talotarsalis)** ermöglicht die Pronation und Supination des Fußes. Als Kugelgelenk dreht sich der Taluskopf in einer Gelenkpfanne, die aus dem Kahnbein (Os naviculare) und Teilen des Fersenbeins (Calcaneus) bestehen.

Darüber hinaus sind alle anderen Fußwurzelknochen miteinander durch Gelenke und Bänder verbunden, die in ihrer Gesamtheit die Stellung und Stabilität des Fußgewölbes beeinflussen.

2.11 Allgemeine Muskellehre

Für die aktiven Bewegungen des Körpers ist die quergestreifte **Skelettmuskulatur** durch ihr Wechselspiel von Anspannung (Kontraktion) und Erschlaffung (Relaxation) verantwortlich. Die Muskeln übertragen ihre Zugkräfte über Sehnen auf die Knochen. Der zwischen Ansatz und Ursprung des Muskels liegende „fleischige" Teil des Muskels wird als **Muskelbauch** bezeichnet.

2.11.1 Einteilung der Muskulatur

Der Mensch besitzt über 400 Skelettmuskeln, die hinsichtlich Form und Funktion unterschiedlich eingeteilt werden können (➤ Abb. 2.25).

Einteilung nach Muskelform

- **Spindelförmiger Muskel:** z. B. die meisten Extremitätenmuskeln
- **Einfach- und doppelt gefiederter Muskel:** kurze Muskelfasern, die an einer langen, durchgehenden Sehne ansetzen. Beispiel: M. semitendinosus
- **Mehrbäuchiger Muskel:** durch Zwischensehnen unterbrochen, z. B. M. rectus abdominis.

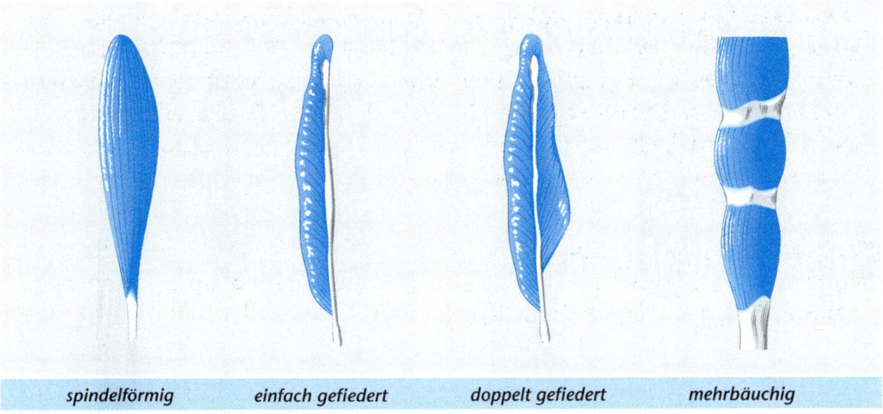

Abb. 2.25 Auswahl verschiedener Muskelarten.

Einteilung nach Muskelfunktion

- **Strecker** (Extensoren)
- **Beuger** (Flexoren)
- **Schließmuskel** (Sphinkter).

2.11.2 Muskelmechanik

Die einzelnen flüssigen Bewegungsabläufe kommen durch ein feines Zusammenspiel mehrerer gegensätzlich wirkender Muskeln zustande (Muskelkette): Ein **Agonist** bewirkt die Bewegung in eine Richtung, während ein **Antagonist** die Gegenbewegung ausführt (➤ Abb. 2.26). Beispiel sind die Streck- und Beugemuskeln der Extremitäten. **Synergisten** sind hingegen Muskeln, die in die gleiche Richtung wirken, d. h. sich unterstützen.

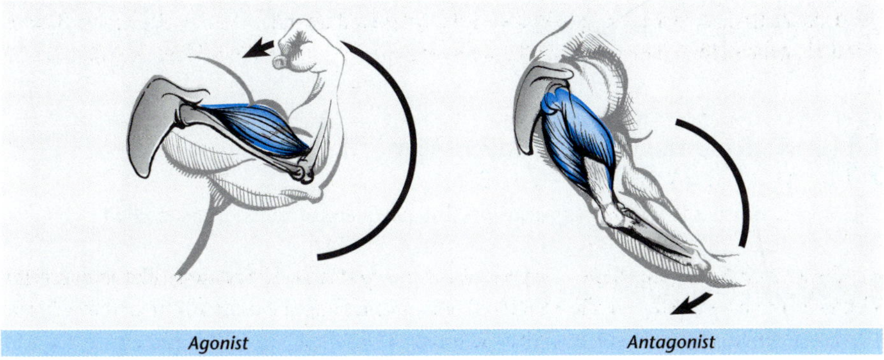

Abb. 2.26 Wechselspiel zwischen Agonist und Antagonist am Beispiel der Oberarmmuskulatur.

Beuger und Strecker wirken antagonistisch.

Muskeltonus

Auch unbewegt befinden sich Muskeln in einem gewissen Spannungszustand, der als Muskeltonus oder Ruhetonus bezeichnet und unwillkürlich kontrolliert wird. Die Rumpfmuskeln sichern so z. B. die Stabilität des Skeletts während des Stehens (Haltemuskulatur).

Kontraktionsformen

Man unterscheidet zwei Kontraktionsformen der Skelettmuskulatur (➤ Abb. 2.27):

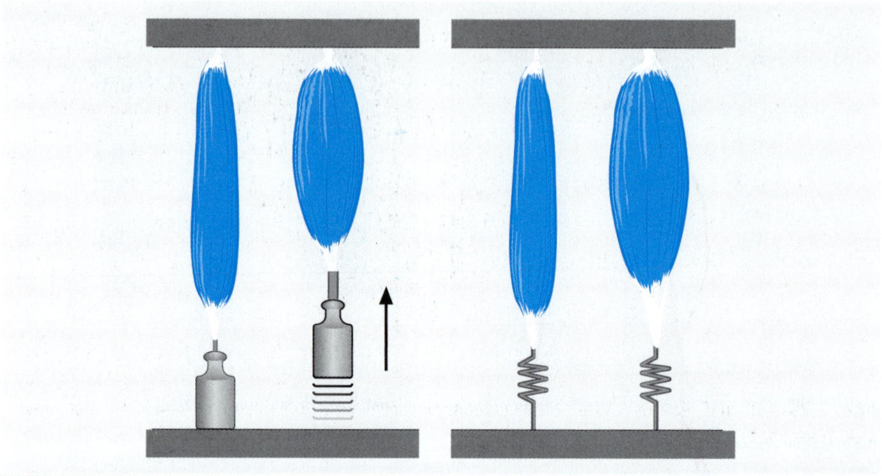

Abb. 2.27 Die zwei Kontraktionsformen der Skelettmuskulatur.

- **Isotonische Kontraktion:** bei nicht fixierten Gliedmaßen erfolgt die Muskelkontraktion ohne Erhöhung des Muskeltonus (= isotonisch), da sich Ursprungs- und Ansatzpunkt des Muskels aufeinander zubewegen können; Beispiel: Anheben eines Gewichts
- **Isometrische Kontraktion:** bei fixierten Gliedmaßen mit somit gleich bleibender Länge des Muskels (= isometrisch) führt die Muskelkontraktion zur Erhöhung der Muskelspannung; Beispiel: Halten eines Gewichts.

Bei den meisten Bewegungsvorgängen handelt es sich um eine Kombination von isometrischer und isotonischer Kontraktion.

KLINISCHER HINWEIS

Isometrisches Muskeltraining eignet sich für Patienten, bei denen ein Gelenk, nicht aber der entsprechende Muskel, ruhig gestellt werden soll.

2.11.3 Aufbau der Skelettmuskulatur

Die Muskulatur des Bewegungsapparats besteht aus quergestreiften Muskelzellen.

Myofibrillen und Sarkomere

Die **Muskelzelle** (auch **Muskelfaser;** ➤ Abb. 2.28) ist die kleinste Baueinheit der Skelettmuskulatur. Ihr Zytoplasma wird von **Myofibrillen** ausgefüllt, die in kleinen funktionellen Einheiten **(Sarkomere)** organisiert sind. Die typische Anordnung von Myosin- und Aktinfilamenten innerhalb eines Sarkomers ist für die charakteristische Querstreifung der Skelettmuskulatur verantwortlich (➤ Abb. 2.29).

Die energieabhängige Verschiebung der Myosin- und Aktinfilamente bewirkt die Kontraktion des Sarkomers und damit des Muskels.

Motorische Einheit

Als **motorische Einheit** bezeichnet man alle Muskelfasern, die von einer Nervenfaser innerviert (erregt) werden. Je kleiner die motorische Einheit, desto feiner kann ein Muskel reguliert werden.

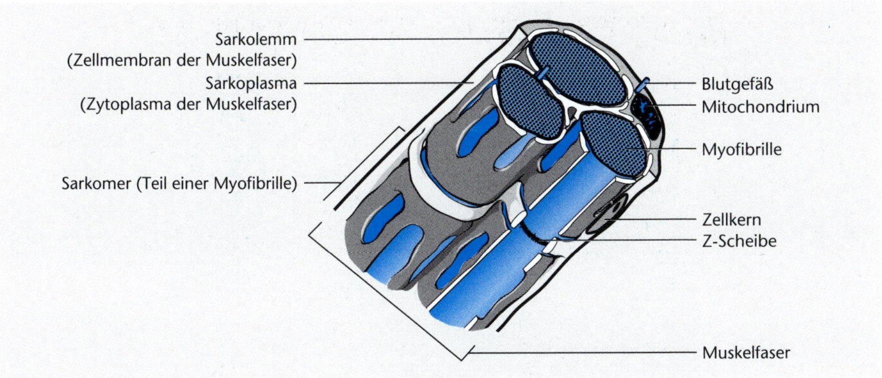

Abb. 2.28 Aufbau einer Muskelfaser – man erkennt die einzelnen Myofibrillen, aus denen sich eine Muskelfaser zusammensetzt.

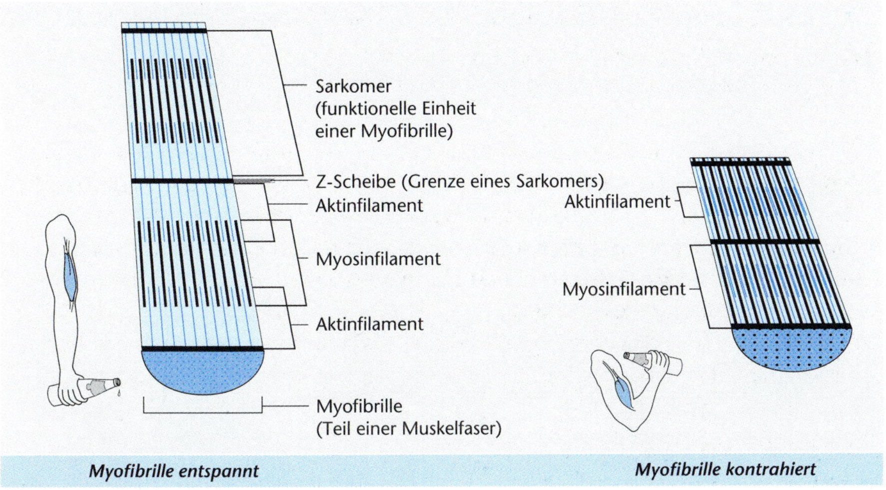

Abb. 2.29 Aktin- und Myosinfilamente (Sarkomere). In kontrahiertem Zustand verkürzt sich die Myofibrille durch die Verzahnung von Aktin und Myosin.

2.11.4 Motorische Endplatte und Muskelkontraktion

Die Erregungsübertragung von Nerven auf die Muskelfaser erfolgt an der **motorischen Endplatte (Synapse;** ➤ Abb. 2.30). Der Nervenimpuls führt zur Freisetzung des Transmitters (= Überträgersubstanz) **Acetylcholin** aus den Nervenendigungen. Dieser bindet an Rezeptoren (Bindungsstellen) des Muskels und öffnet spezielle Ionenkanäle. Dies führt zur Auslösung eines elektrischen Potenzials **(Aktionspotenzial)** an der Muskelmembran und zur Kontraktion des Muskels. Bleiben weitere Nervenimpulse aus, wird Acetylcholin durch Enyzme (Esterasen) inaktiviert und damit die Muskelkontraktion beendet. Nach der Auslösung einer Kontraktion ist der Muskel kurzzeitig (1 Millisekunde) **refraktär,** d. h. nicht erregbar.

Acetylcholin ist die Überträgersubstanz an der motorischen Endplatte.

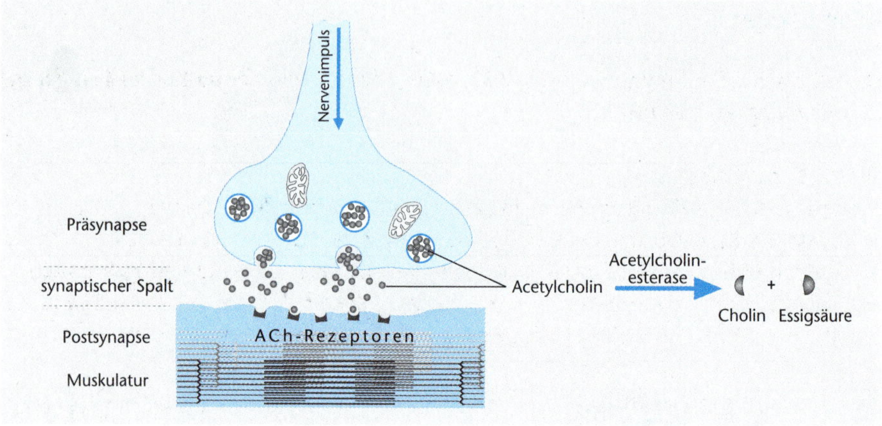

Abb. 2.30 Motorische Endplatte (Synapse) am Übergang Nerv – Muskulatur.

2.12 Muskulatur von Kopf und Hals

2.12.1 Kopfmuskulatur

Wichtige Muskelgruppen des Kopfes sind die mimische Muskulatur des Gesichts und die Kaumuskulatur (➤ Abb. 2.31).

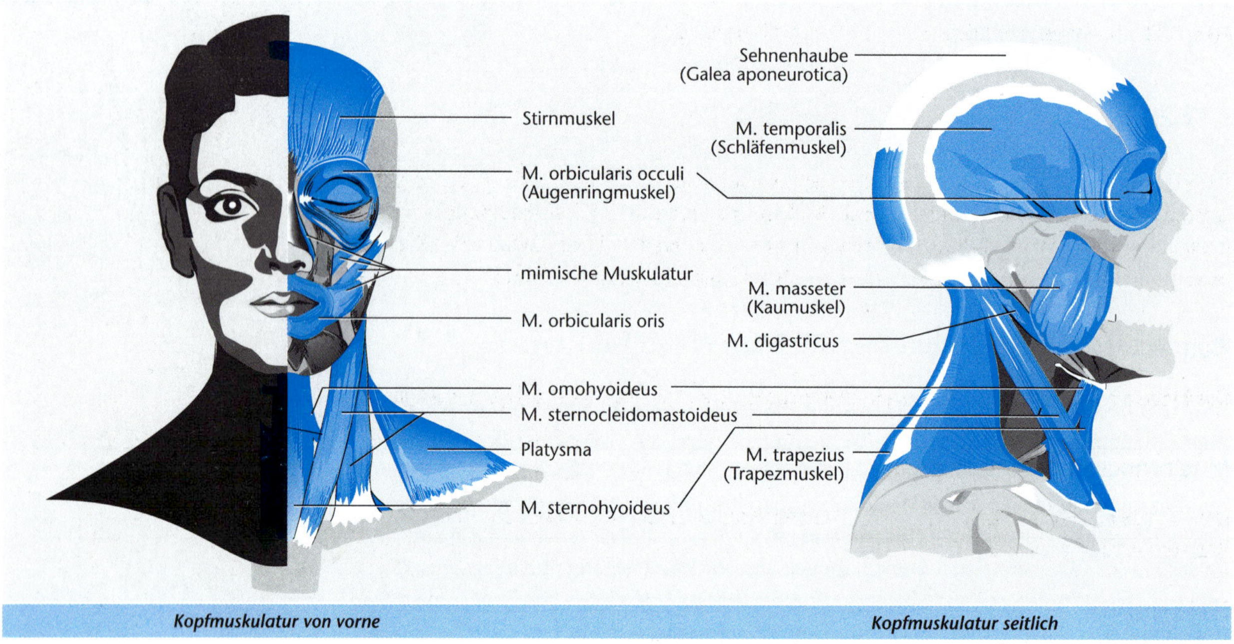

Abb. 2.31 Mimische Muskulatur und Kopfmuskulatur.

Mimische Muskulatur

Die mimische Muskulatur setzt in der Gesichtshaut an und kann damit den Gesichtsausdruck (Mimik) verändern. Darüber hinaus umgibt die mimische Muskulatur die wichtigsten Kopföffnungen wie Augen, Mund und Nase und hat daher auch wichtige Schutz- und Kontrollfunktionen.

Kaumuskulatur

Die kräftige Kaumuskulatur (➤ Abb. 2.32) bewegt den Unterkiefer im Kiefergelenk für die Zerkleinerung der Nahrung.

Wichtige Kaumuskeln
- **M. masseter:** entspringt am Jochbein und setzt außen am Kieferwinkel an
- **M. temporalis:** entspringt in der Schläfengrube und setzt am Unterkiefer an
- **M. pterygoideus medialis und lateralis (innerer und äußerer Gaumenflügelmuskel).**

Die meisten Kaumuskeln heben den Unterkiefer (Mandibula) und schließen damit den Mund. Der äußere Gaumenflügelmuskel kann als Einziger den Kiefer öffnen.

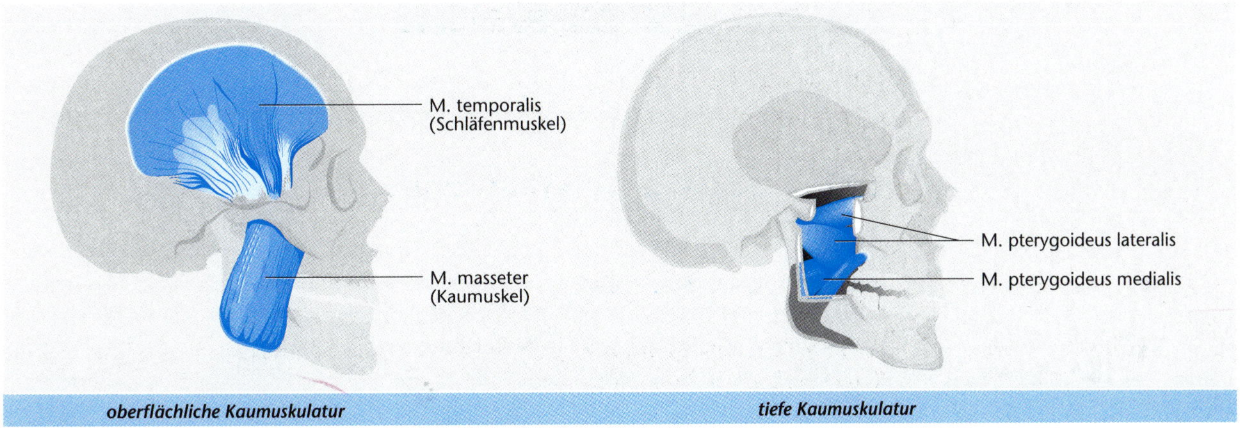

Abb. 2.32 Oberflächliche und tiefe Schicht der kräftigen Kaumuskulatur.

2.12.2 Halsmuskulatur

Die Halsmuskulatur bewirkt die Kopfbewegung und spielt als Atemhilfsmuskulatur durch Anheben des Thorax eine unterstützende Rolle bei der Einatmung. Die Anatomie der Halsmuskulatur ist komplex und in mehreren Schichten organisiert. Die Muskulatur des Nackens wird der Rückenmuskulatur zugerechnet. Wichtige Muskeln des Halses sind:

Platysma

Das Platysma ist eine dünne Muskelplatte, welche die Haut der vorderen Halspartie anspannt.

M. sternocleidomastoideus

Der M. sternocleidomastoideus entspringt von Brustbein und Schlüsselbein und setzt am Warzenfortsatz des Kopfes an.

Funktionen
- Bei beidseitiger Kontraktion: Rückwärtsneigung des Kopfes
- Bei einseitiger Kontraktion: Kopfdrehung.

Zungenbeinmuskulatur

Das Zungenbein (Os hyoideum) ist ein U-förmiger Knochen im vorderen Halsbereich. Er dient als Ursprung mehrerer Muskeln, die vor allem den Kehlkopf und die Zunge bewegen.

Funktionen
- Unterstützung des Schluckaktes
- Mithilfe bei Kaubewegungen.

Skalenusmuskulatur

Die Skalenusmuskulatur (von lateinisch scale = Treppe) ist eine „treppenartige" Anordnung von Muskeln in der seitlichen Halspartie, die zwischen Halswirbelsäule und kranialen Rippen verläuft.

Funktionen
- Hebung des Thorax (Atemhilfsmuskulatur)
- Seitwärtsneigung der HWS.

2.13 Muskulatur des Stammes

Als Körperstamm bezeichnet man die Gesamtheit von Wirbelsäule, Brustkorb und Becken.

2.13.1 Rückenmuskulatur

Die Rückenmuskulatur (➤ Abb. 2.33) besteht aus einer Vielzahl von Muskeln unterschiedlicher Länge und Größe, die von der Wirbelsäule entspringt und am Stamm ansetzt. Die Hauptfunktion ist die Stabilisierung des Stammes.

Oberflächliche Schicht

Die oberflächliche Schicht der Rückenmuskulatur besteht aus flachen Muskeln:
- **M. latissimus dorsi (breiter Rückenmuskel):** entspringt am Becken und setzt an Thorax und Oberarm an. Funktion: senkt und innenrotiert den Arm
- **M. trapezius (Kapuzenmuskel):** entspringt vom Schultergürtel und setzt „kapuzenartig" am Hinterkopf an. Funktion: fixiert Schulterblatt und Schultergürtel.

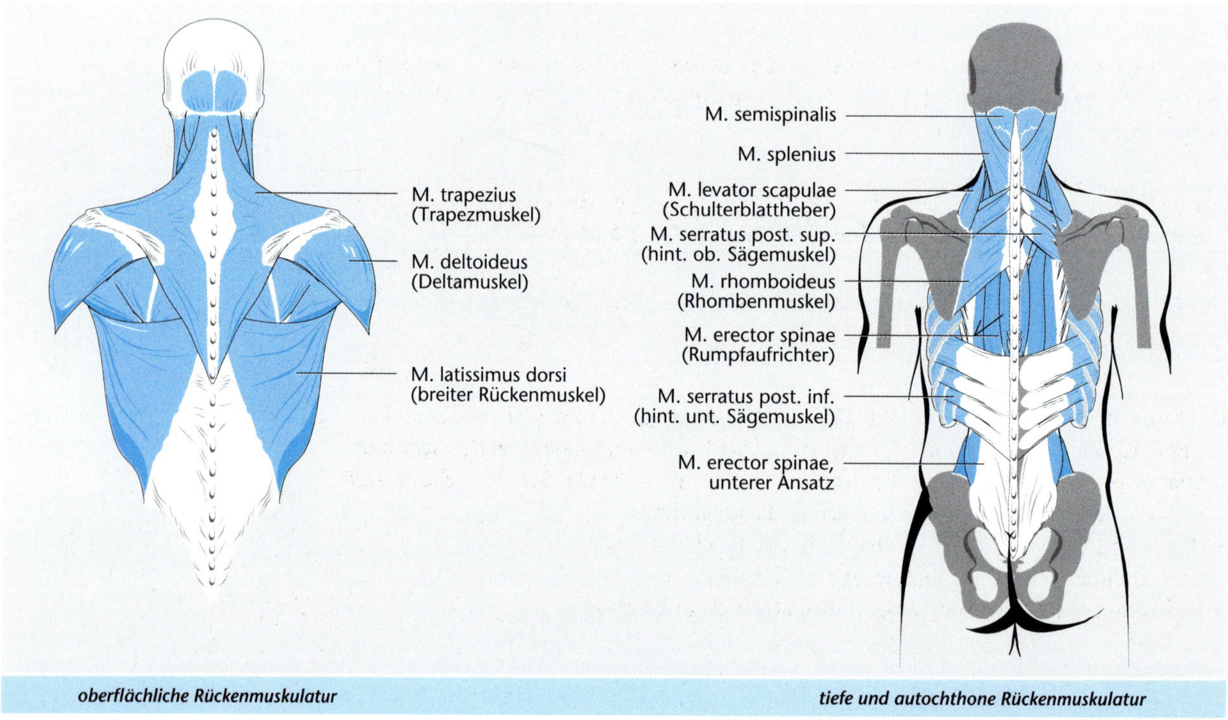

Abb. 2.33 Oberflächliche und tiefe Rückenmuskulatur.

Primäre Rückenmuskulatur

Die primäre Rückenmuskulatur (M. erector spinae) liegt der Wirbelsäule direkt an und bildet ein komplexes Flechtwerk aus Muskeln verschiedener Länge. Sie verspannen das Achsenskelett des Stammes wie die Seile eines Segelschiffs.

Ihre Hauptfunktion liegt in der Streckung, d. h. Aufrichten des Rumpfes und damit der Körperhaltung. Die primäre Rückenmuskulatur ist von einer derben Bindegewebshülle umgeben, die sie wie ein Köcher umschließt.

2.13.2 Muskulatur des Brustkorbs

Zur Muskulatur des Brustkorbs (Thorax) werden die Brustmuskeln (M. pectoralis major und minor) sowie die Zwischenrippenmuskeln gezählt (➤ Abb. 2.34).

- **M. pectoralis major (großer Brustmuskel):** entspringt vom Brustkorb und setzt am Oberarmknochen an. Er zieht den Arm an den Körper und innenrotiert ihn („Schwimmuskel")
- **M. pectoralis minor (kleiner Brustmuskel):** entspringt der 2.–5. Rippe und setzt am Schulterblatt an.

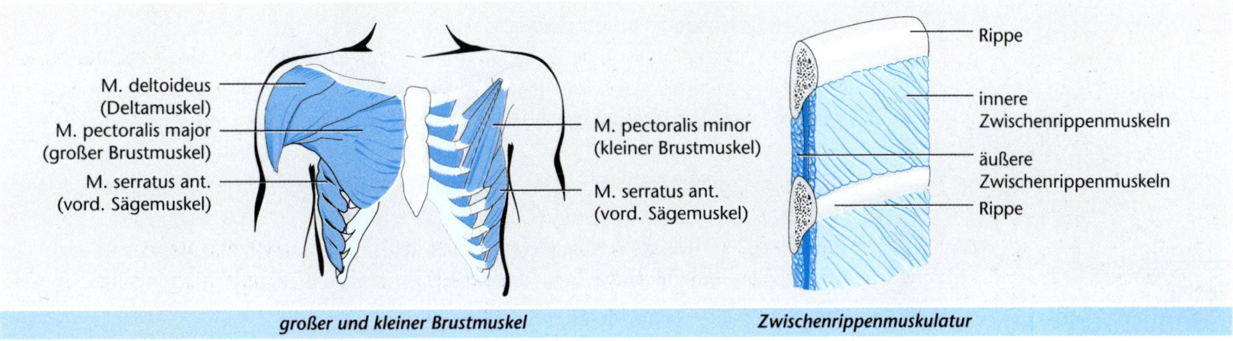

Abb. 2.34 Brustmuskulatur und Zwischenrippenraum.

Tiefe Schicht

Die **Zwischenrippenmuskeln (Mm. intercostales externi und interni)** verspannen jeweils zwei benachbarte Rippen. Durch Veränderung der Rippenstellung und damit der Thoraxgröße spielen sie eine wichtige Rolle als Atemhilfsmuskeln.

Die äußeren Zwischenrippenmuskeln erweitern den Thorax (Mithilfe bei der Inspiration), die inneren Zwischenrippenmuskeln verkleinern den Thorax (Mithilfe bei der Exspiration).

2.13.3 Zwerchfell

Das Zwerchfell (Diaphragma; ➤ Abb. 2.35) ist der wichtigste Atemmuskel für die Inspiration. Es entspringt vom Unterrand des Thorax und der Wirbelsäule und trennt als flache Muskelplatte die Brusthöhle vom Bauchraum. Der zentrale Teil ist sehnig (Centrum tendineum). Das Zwerchfell enthält mehrere Öffnungen für Leitungbahnen:

- Aortenschlitz (Hiatus aorticus): Durchtritt der Aorta
- Speiseröhrenschlitz: Durchtritt der Speiseröhre
- Mehrere kleine Lücken zum Durchtritt von Gefäßen und Nerven.

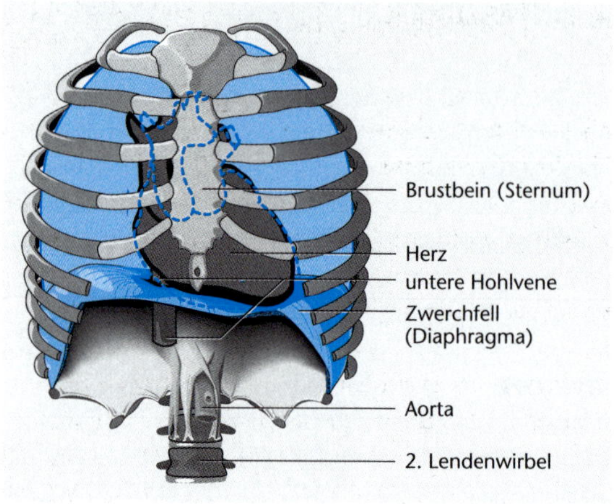

Abb. 2.35 Das Zwerchfell trennt Brust- von Bauchraum. Das Herz sitzt dem Zwerchfell auf.

Funktion

Bei der Inspiration (Einatmung) erweitert sich der Brustraum durch die Abflachung des Zwerchfells und das Heben der Rippen. Bei der Exspiration (Ausatmung) wird das Zwerchfell durch die elastischen Rückstellkräfte der Lunge wieder nach oben gezogen. Die Innervation erfolgt durch den N. phrenicus.

2.13.4 Bauchmuskulatur

Die Bauchmuskulatur (➤ Abb. 2.36) umschließt die Bauchhöhle (Cavitas abdominalis) mit den Bauchorganen. Ihre Kontraktion wirkt unterstützend bei Exspiration und Defäkation („Bauchpresse"), sowie als Gegenspieler der Rückenmuskulatur zur Balance des Rumpfes. Es werden mediale, laterale sowie tiefe Bauchmuskeln unterschieden:

Mediale Bauchmuskeln

Die paarigen geraden Bauchmuskeln **(M. rectus abdominis)** verlaufen von den Rippenbögen zum Schambein und sind durch Zwischensehnen unterbrochen. Sie verlaufen jeweils in einer fibrösen Führungsrinne (Rektusscheide), die sich in der Medianlinie zur **Linea alba** durchflicht. Ihre Funktion sind Rumpfbeugung und Bauchpresse.

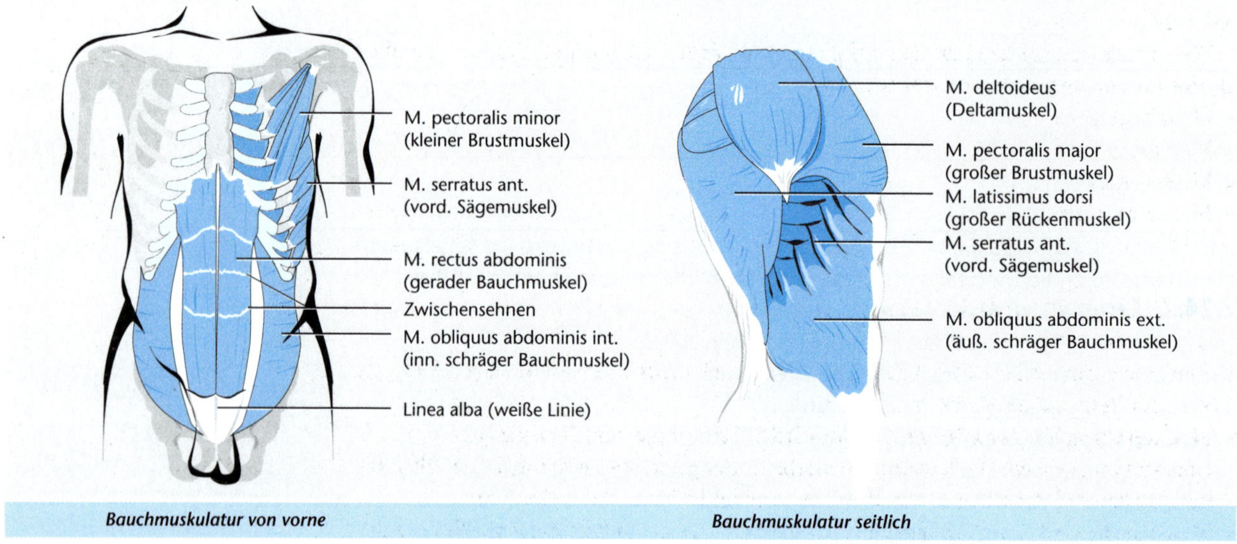

Abb. 2.36 Bauch- und Brustmuskulatur von vorne und in der Seitansicht.

Durchtrennung der Linea alba ist ein in der Chirurgie angewandter Zugangsweg zum Bauchraum.

Laterale Bauchmuskeln

Die seitlich gelagerten Bauchmuskeln bestehen aus folgenden Anteilen:

- **Schräge äußere Bauchmuskeln (M. obliquus externus):** verlaufen zwischen den kaudalen Rippen und dem Darmbeinkamm
- **Schräge innere Bauchmuskeln (M. obliquus internus):** verlaufen im rechten Winkel zum M. obliquus externus
- **Quere Bauchmuskeln (M. transversus):** verlaufen horizontal zwischen Rippen und Darmbeinkamm zur Rektusscheide.

Der Unterrand der Sehnenplatte des M. obliquus externus bildet das Leistenband (Lig. inguinale), eine Lücke in der Sehnenplatte den äußeren Leistenring (Anulus inguinalis superficalis).

Kaudal des Leistenbandes verlaufen die Gefäße und Nerven zur Versorgung des Beines. Sie sind tastbar. Merkspruch für Reihenfolge der Gefäße: Innen-Vene-Arterie-Nerv = IVAN.

Tiefe Bauchmuskeln

Der wichtigste tiefe Bauchmuskel ist der **M. psoas major (großer Lendenmuskel).** Er entspringt von Brust- und Lendenwirbelsäule und setzt am Trochanter minor des Oberschenkelknochens an. Seine Funktion ist die Beugung im Hüftgelenk.

2.14 Muskulatur der oberen Extremität

Für die große Beweglichkeit der oberen Extremität sind das Zusammenwirken von Schulter- und Schlüsselbeingelenken, die Verschiebbarkeit des Schulterblatts sowie ein kompliziertes Muskelsystem verantwortlich.

2.14.1 Schultermuskulatur

Die Muskeln der Schulter entspringen vom Schulterblatt (Scapula) und setzen am Oberarmknochen (Humerus) an. Wichtigster Vertreter ist der **Deltamuskel (M. deltoideus),** der für fast alle Bewegungen im Schultergelenk, insbesondere für die laterale Armhebung (Abduktion), verantwortlich ist.

Weitere Schultermuskeln, die dem Schultergelenk direkt anliegen und in ihrer Gesamtheit als **Rotatorenmanschette** bezeichnet werden, sind:

- M. infraspinatus
- M. supraspinatus
- M. teres minor
- M. subscapularis.

2.14.2 Oberarmmuskulatur

Die vier Oberarmmuskeln (➤ Abb. 2.37) beugen und strecken das Ellenbogengelenk und sind an der Rotation des Unterarms beteiligt.

- **M. triceps brachii (dreiköpfiger Armmuskel):** Zwei Muskelköpfe entspringen vom Oberarmknochen, ein Dritter vom Schulterblatt. Der gemeinsame Ansatz ist der Ellenhaken (Olekranon) der Ulna; streckt den Unterarm und adduziert den Oberarm
- **M. biceps brachii (zweiköpfiger Armmuskel):** entspringt am Rabenschnabelfortsatz des Schlüsselbeins und der Schultergelenkspfanne und setzt am Radiusknochen des Unterarms an; beugt und supiniert den Unterarm

- **M. brachialis (Armbeuger):** entspringt vom Oberarmknochen und setzt an der Ulna an; beugt den Unterarm
- **M. brachioradialis (Oberarmspeichenmuskel):** entspringt vom Oberarmknochen und setzt am Radiusknochen an; beugt den Unterarm.

Der M. triceps ist der Hauptstrecker im Ellenbogengelenk, der M. biceps wirkt antagonistisch (= gegensinnig) als Hauptbeuger im Ellenbogengelenk.

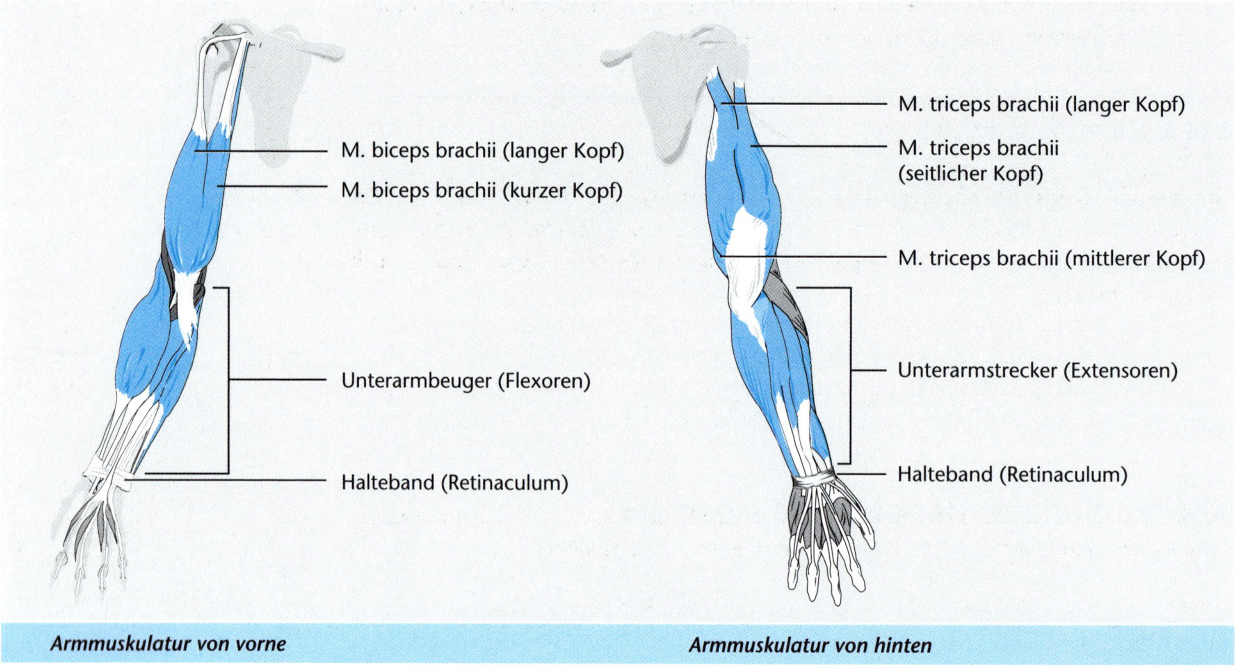

Abb. 2.37 Armmuskulatur.

2.14.3 Unterarmmuskulatur

Die Unterarmmuskeln entspringen von den Unterarmknochen und setzen über lange Sehnen an den Knochen von Handwurzel und Fingern an. Die Unterarmmuskeln dienen in erster Linie der Bewegung der Hand. Nach funktionellen Aspekten werden unterschieden:

Beuger

Die Beuger (Flexoren) entspringen vom Epicondylus medialis des Oberarmknochens und der Vorderfläche von Radius und Ulna. Ihre langen Sehnen ziehen zu Handwurzel und Fingern. Ihre Funktion ist die Beugung von Hand und Fingern.
Wichtige Vertreter:

- Oberflächliche Fingerbeuger (M. flexor digitorum superficialis)
- Tiefer Fingerbeuger (M. flexor digitorum profundus).

Die Flexoren verlaufen auf der Ventralseite des Unterarms.

Strecker

Die Strecker (Extensoren) entspringen vom Epicondylus lateralis des Oberarmknochens und verlaufen zu Handwurzel- und Fingerknochen. Ihre Funktion ist die Streckung von Hand und Fingern.

Wichtige Vertreter:
- Fingerstrecker (M. extensor digitorum)
- Daumenstrecker (M. extensor pollicis longus).

Die Extensoren verlaufen auf der Dorsalseite des Unterarms.

Pronatoren und Supinatoren

Diese Muskelgruppen bewirken Pronation (Einwärtsdrehung) und Supination (Auswärtsdrehung) der Hand in den Gelenken zwischen Radius und Ulna.

2.14.4 Handmuskulatur

Eine Vielzahl kleinerer Muskeln im Bereich der Hand ermöglicht in Koordination mit den Unterarmmuskeln die Feinmotorik der Finger. Die Handfläche (Hohlhand) wird von einer Sehnenplatte (Palmaraponeurose) bedeckt, die Nerven und Gefäße der Hand gegen Druck beim Greifen schützt.

2.15 Muskulatur der unteren Extremität

Die Muskulatur der unteren Extremität besteht aus kräftigen Muskeln, um dem Körpergewicht sowie Belastungen bei Gehen und Stehen entgegenwirken zu können.

2.15.1 Hüftmuskulatur

Die Hüftmuskulatur liegt als fester Muskelmantel um das Hüftgelenk. Sie entspringt dem knöchernen Becken und setzt am Oberschenkelknochen an. Im Stehen stabilisiert die Hüftmuskulatur das Becken in der Horizontalen, während es beim Gehen die Beine im Hüftgelenk fortbewegt.

Durch feste Muskel- und Bandzüge wird das Hüftgelenk, funktionell ein Kugelgelenk, einerseits stabilisiert, andererseits aber in seinem Bewegungsausmaß eingeschränkt. Die Hüftmuskulatur unterteilt sich in eine vordere, hintere und seitliche Gruppe.

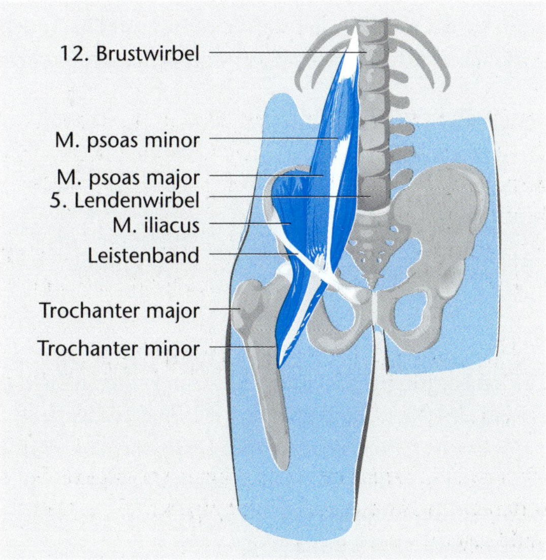

Abb. 2.38 Der M. iliopsoas setzt sich aus M. psoas major und minor sowie M. iliacus zusammen.

Innere Hüftmuskeln

Diese Gruppe entspringt „innerhalb“ des Beckens von Darmbeinschaufel und Wirbelsäule und zieht zum Trochanter minor des Femur. Dazu gehören die beiden Psoasmuskeln sowie der M. iliacus, die in der Klinik oft als **M. iliopsoas** zusammengefasst werden (➤ Abb. 2.38). Ihre Hauptfunktion ist die Beugung im Hüftgelenk.

> Der M. iliopsoas ist der kräftigste Beuger im Hüftgelenk. Da er beim Laufen das Bein nach vorn zieht, wird er auch als „Laufmuskel" bezeichnet.

Äußere Hüftmuskeln

Die auch als „Gesäßmuskulatur“ bezeichneten äußeren Hüftmuskeln entspringen von der Außenseite der Darmbeinschaufeln. Ihre Funktion sind die Streckung, d. h. Rückführung des Beines, und die Innenrotation.

- **M. glutaeus maximus (äußerer, großer Gesäßmuskel)**
- **M. glutaeus medius (mittlerer Gesäßmuskel)**
- **M. glutaeus minimus (kleiner Gesäßmuskel).**

Kleine Außenrotatoren

Diese Muskelgruppe zieht von der Innenseite des Beckens horizontal zum Trochanter major des Femurs. Ihre Aufgabe ist die Außenrotation des Oberschenkels.

2.15.2 Oberschenkelmuskulatur

Die kräftige Oberschenkelmuskulatur (➤ Abb. 2.39, ➤ Abb. 2.41) wird nach ihrer Funktion in Strecker und Beuger für das Kniegelenk, sowie Adduktoren des Beines im Hüftgelenk, unterteilt.

Streckergruppe

Die Streckmuskulatur (Extensoren) besteht aus dem vierköpfigen Oberschenkelmuskel **M. quadriceps femoris,** der sich aus folgenden Anteilen zusammensetzt:

- **M. rectus femoris (gerader Oberschenkelmuskel):** entspringt am Becken und zieht über Hüft- und Kniegelenk hinweg zum Schienbein
- **M. vastus medialis, lateralis und intermedius (mittlerer, seitlicher und innerer Bauch):** entspringt dem Oberschenkelknochen und setzt am Schienbein an.

Funktion

Streckung im Kniegelenk.

> Die vier Muskelbäuche des M. quadriceps vereinigen sich zu einer gemeinsamen Sehne, die an der Vorderkante der Tibia ansetzt. In diese Sehne ist die Kniescheibe (Patella) eingelagert.

Beugergruppe

Die Beugergruppe (Flexoren) entspringt vom Sitzbein des Beckens und verläuft an der Dorsalseite des Oberschenkels zu Schien- und Wadenbein.

- **M. biceps femoris (zweiköpfiger Oberschenkelmuskel):** entspringt mit einem langen Kopf vom Sitzbein und mit einem kurzen Kopf vom Femur und setzt am Wadenbein an
- **M. semitendinosus**
- **M. semimembranosus.**

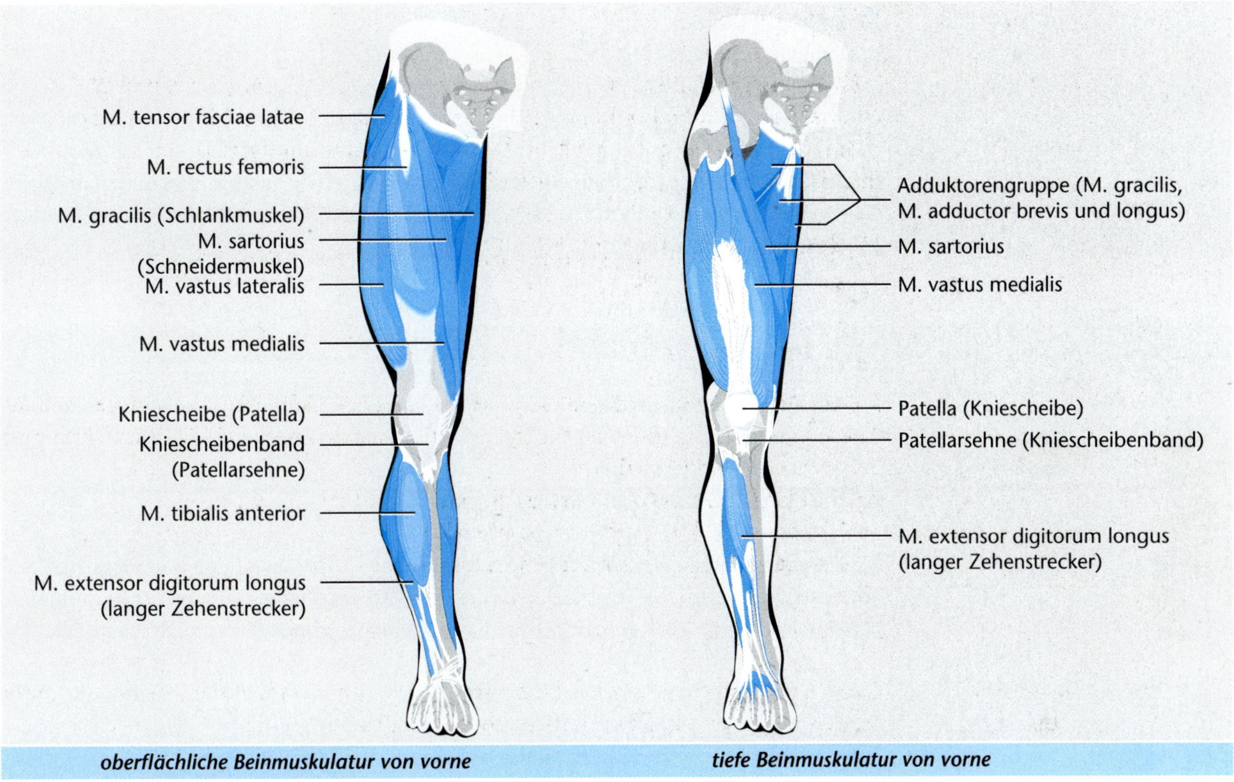

Abb. 2.39 Oberflächliche und tiefe Beinmuskulatur von vorne.

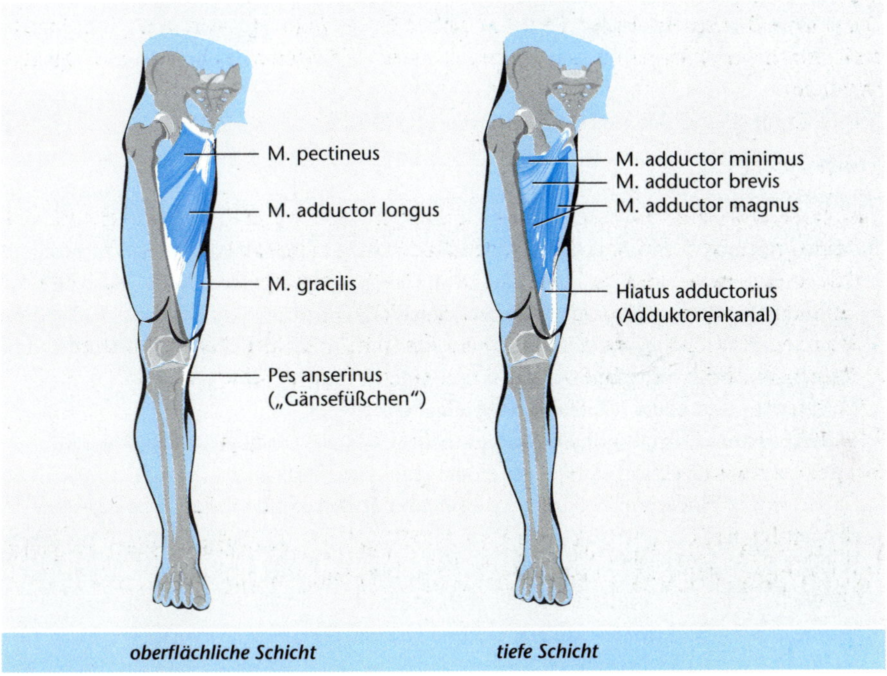

Abb. 2.40 Adduktoren des Oberschenkels.

Funktion

Beugung im Kniegelenk.

Adduktorengruppe

Die Adduktoren (= Heranzieher; ➤ Abb. 2.40) verhindern ein Auseinanderspreizen der Beine durch das Körpergewicht. Sie verlaufen vom Schambein des Beckens zum Oberschenkelknochen.

- **M. gracilis**
- **M. pectineus**
- **M. adductor** mit vier Anteilen (brevis, minimus, longus und magnus).

Funktion

Adduktion des Oberschenkels.

2.15.3 Unterschenkelmuskulatur

Die Unterschenkelmuskulatur (➤ Abb. 2.39, ➤ Abb. 2.41) bewegt den Fuß im oberen und unteren Sprunggelenk. Sie wird in eine vordere **Streckermuskulatur** (Extensoren), eine hintere **Beugermuskulatur** (Flexoren) und die seitliche **Peroneusgruppe** (Pronatoren) eingeteilt.

Streckergruppe

Die Streckergruppe (Extensorengruppe) besteht aus drei Muskeln:

- **M. tibialis anterior (vorderer Schienbeinmuskel):** entspringt von der Vorderfläche der Tibia und setzt am Mittelfuß an
- **Zehen- und Großzehenstrecker (M. extensor digitorum):** entspringen von der Fibula und setzen an den Zehen an.

Funktion

Dorsalflexion (Heben des Fußes) und Anheben der Zehen.

Beugergruppe

Die Beugergruppe (Flexorengruppe) bildet die „Wade" an der Dorsalseite des Unterschenkels. Sie trägt den Großteil der Belastung beim Gehen und ist daher stärker entwickelt.

- **M. tibialis posterior (hinterer Schienbeinmuskel):** entspringt von der Hinterfläche des Schien- und Wadenbeins, zieht mit seiner Sehne unter dem medialen Knöchel vorbei und setzt dann auf der Unterseite des Fußes am Mittelfuß an
- **M. extensor digitorum (Zehen- und Großzehenbeuger)**
- **M. triceps surae (dreiköpfiger Wadenmuskel):** besteht aus dem zweiköpfigen M. gastrocnemius (Zwillingsmuskel) und dem einköpfigen M. soleus (Schollenmuskel). Er ist der größte Wadenmuskel und setzt mit einer gemeinsamen Sehne (Achillessehne) am Fersenbein (Calcaneus) an.

Funktionen

- Plantarflexion (Senken des Fußes) und Absenken der Zehen
- Supination des Fußes im unteren Sprunggelenk.

Peroneusgruppe

Die Peroneusgruppe liegt seitlich am Wadenbein und besteht aus den **M. peroneus longus und brevis (langer und kurzer Wadenbeinmuskel).** Sie entspringen beide lateral am Wadenbein, ziehen unter dem seitlichen Knöchel (Malleolus lateralis) vorbei und setzen an der Unterseite des Fußes an.

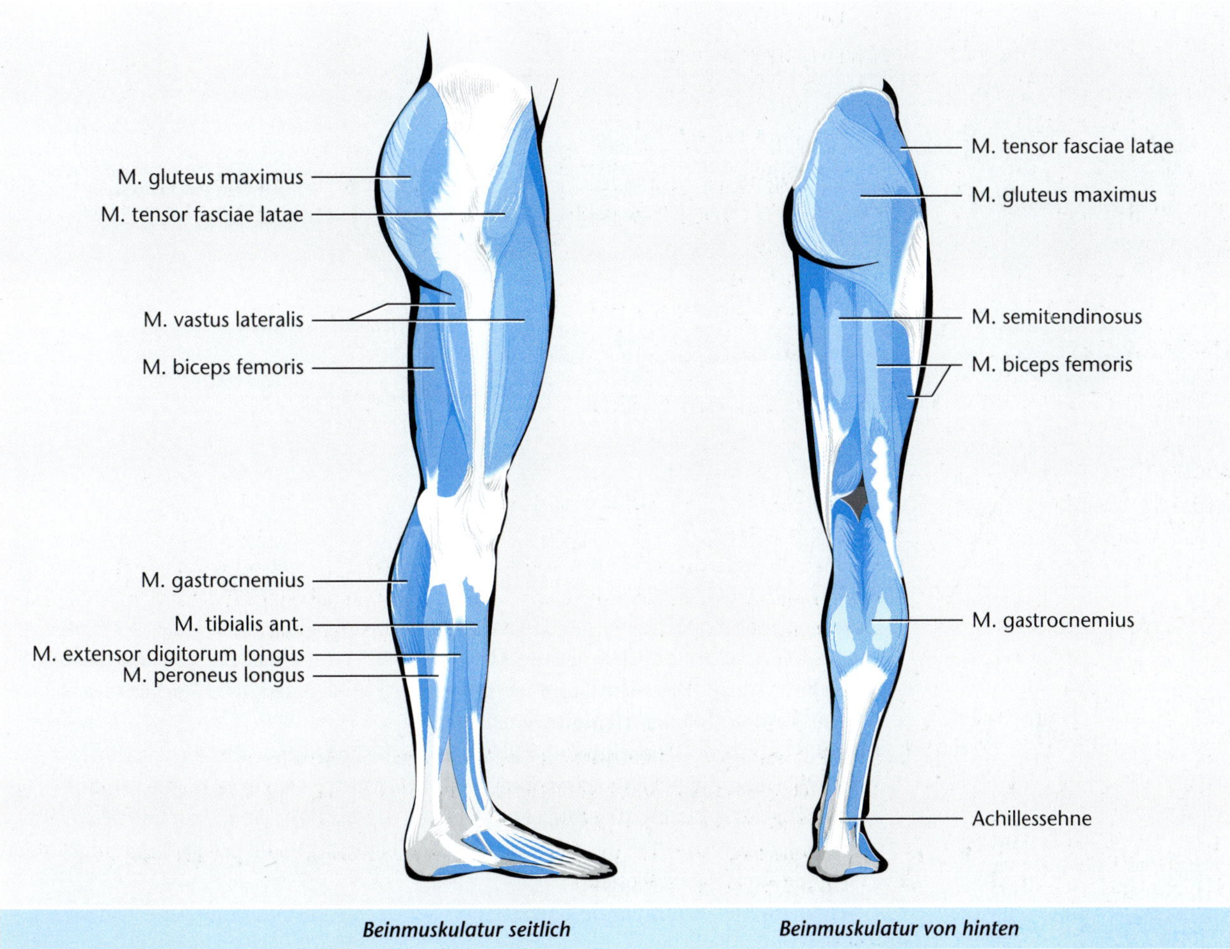

Abb. 2.41 Seitliche und hintere Beinmuskulatur.

Funktionen

- Pronation des Fußes
- Verspannung des Fußgewölbes.

2.15.4 Fußmuskulatur

Der Fuß besitzt wie die Hand eine Vielzahl kleiner Muskeln. Aufgrund des reduzierten Bewegungsumfangs des Fußes ist ihre Funktion jedoch auf die Stabilisierung des Fußgewölbes und auf die Bewegung der Zehen beschränkt.

2.16 Schädel

Der Schädel (➤ Abb. 2.42) ist das knöcherne Grundgerüst des Kopfes. Er schützt Gehirn und Sinnesorgane, ist Form gebend für das Gesicht und enthält den Beginn des Verdauungs- und Atmungstrakts. Der Schädel gliedert sich in Hirn- und Gesichtsschädel.

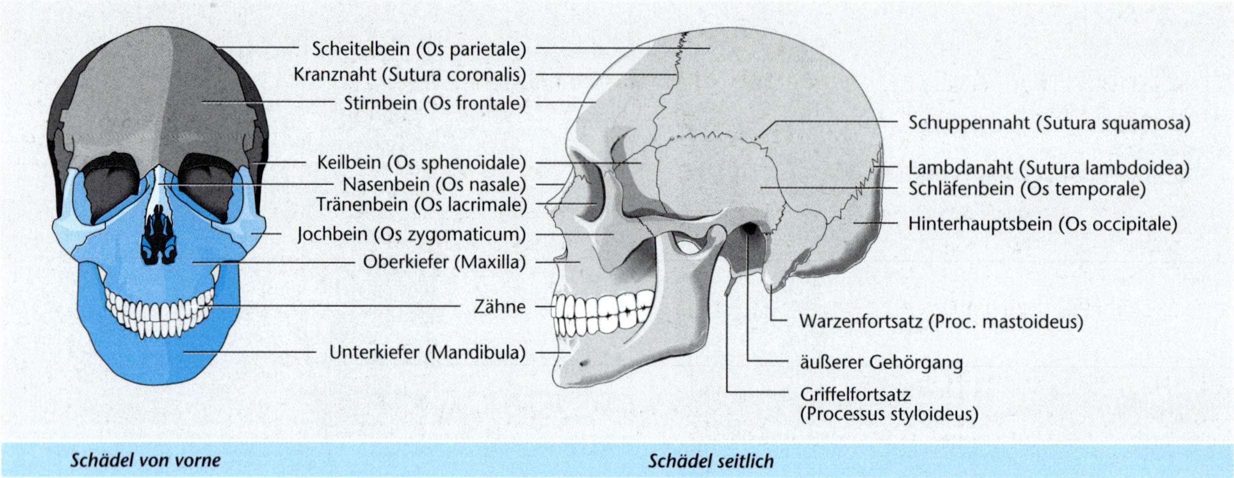

Abb. 2.42 Schädel in der Vorder- und Seitenansicht.

2.16.1 Hirnschädel

Die platten Knochen des Hirnschädels (Neurocranium) umschließen die **Schädelhöhle,** die das Gehirn enthält. Das Gehirn liegt hierbei auf der **Schädelbasis,** die Knochen oberhalb des Gehirns werden als **Schädelkalotte** bezeichnet.

- Hinterhauptbein **(Os occipitale):** stabiler Großknochen, dessen Anteile das Hinterhauptsloch umschließen und mit dem 1. Wirbel (Atlas) gelenkig verbunden sind
- **Keilbein (Os sphenoidale):** schließt sich an der Schädelbasis dem Os occipitale an und bildet den mittleren Teil der Schädelbasis. Die Keilbeinflügel dienen als Ursprungsort der Schlund- und Kaumuskulatur
- **Schläfenbein (Os temporale):** bildet einen Teil der Schädelbasis und der Schädelseitenwand; umschließt Innen- und Mittelohr und bildet einen Teil des äußeren Gehörgangs
- **Scheitelbein (Os parietale):** flächenmäßig größter Knochen des Schädeldachs
- **Stirnbein (Os frontale):** bildet die vordere Wand der Schädelhöhle und Teil der Augenhöhle.

Die Knochenplatten des Schädels sind durch **Schädelnähte (Suturen)** verbunden, die eine Verformbarkeit des kindlichen Kopfes während des Geburtvorgangs und eine flexible Anpassung an das schnell wachsende Gehirn erlauben. Sie verknöchern im Laufe des Lebens.

2.16.2 Gesichtsschädel

Der Gesichtsschädel (Viscerocranium) besteht aus dem Nasenskelett und den Knochen des Kieferskeletts:

- **Siebbein (Os ethmoidale):** Teil der Nasenhöhle
- **Nasenbein (Os nasale):** Teil der äußeren Nase
- **Tränenbein (Os lacrimale):** Teil der Augenhöhle
- **Pflugscharbein (Vomer):** unpaarer Knochen, der das untere Teilstück der knöchernen Nasenscheidewand bildet
- **Jochbein (Os zygomaticum):** paarig angelegter Knochen zwischen Oberkiefer, Schläfen- und Stirnbein
- **Oberkieferbein (Maxilla):** zentrales Bauelement des Gesichtsschädels, das den Hauptteil des Mundhöhlendaches bildet und Oberkieferzähne verankert
- **Unterkiefer (Mandibula):** einziger frei beweglicher Schädelknochen; nimmt die Unterkieferzähne auf.

2.16.3 Augenhöhle

Die Augenhöhle (Orbita) hat die Form einer vierseitigen Pyramide und enthält den Augapfel. Dorsal befindet sich die Durchtrittsstelle für den Sehnerv. Die Orbita wird von folgenden Knochen begrenzt:

- Dach: Stirnbein (Os frontale) und Keilbein (Os sphenoidale)
- Seitenwand: Jochbein (Os zygomaticum) und Keilbein
- Innenwand: Siebbein (Os ethmoidale), Tränenbein (Os lacrimale), Keilbein und Oberkieferbein (Maxilla)
- Boden: Maxilla, Jochbein, Gaumenbein (Os palatinum).

KLINISCHER HINWEIS

Die Wand der Orbita ist stellenweise papierdünn. Schläge auf den Augapfel können daher zum Einbrechen des Augapfels in benachbarte Hohlräume führen (Blow-out-Fraktur).

2.16.4 Schädelbasis

Betrachtet man die Schädelbasis (➤ Abb. 2.43) von oben, so erkennt man drei Schädelgruben, die treppenförmig von vorne nach hinten (rostral) angeordnet sind:

- **Vordere Schädelgrube:** nimmt die Stirnanteile des Großhirns auf und wird von Stirnbein und Keilbein gebildet
- **Mittlere Schädelgrube:** enthält Teile des Mittelhirns und nimmt mit dem „Türkensattel" die Hypophyse auf; enthält Durchtrittsstellen für Hirnnerven und die Halsschlagader
- **Hintere Schädelgrube:** wird vom Hinterhauptsbein gebildet und umschließt das große Hinterhauptsloch (Foramen magnum) für den Durchtritt des Rückenmarks.

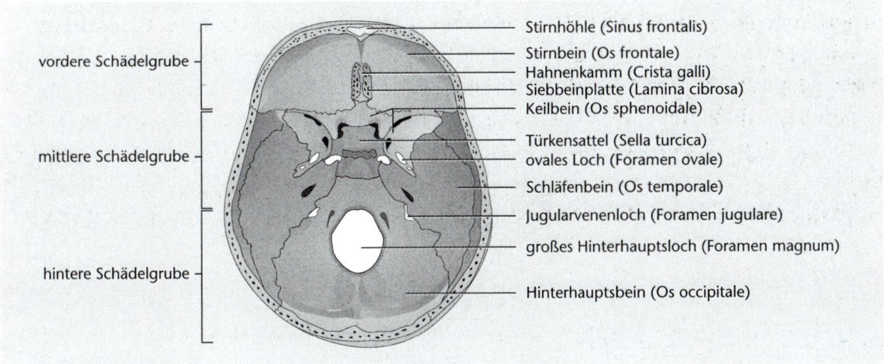

Abb. 2.43 Schädelbasis von innen. Die drei Schädelgruben, in denen das Gehirn liegt, sind deutlich sichtbar.

2.16.5 Nasennebenhöhlen

Die Nasennebenhöhlen (➤ Abb. 2.44) sind Hohlräume des Gesichtsschädels, die mit der Nasenhöhle in Verbindung stehen.

- **Kieferhöhle (Sinus maxillaris)**
- **Stirnhöhle (Sinus frontalis)**
- **Siebbeinhöhle (Sinus ethmoidales)**
- **Keilbeinhöhle (Sinus sphenoidalis).**

KLINISCHER HINWEIS

Die Nebenhöhlen sind häufig Sitz von Infektionen (Sinusitis).

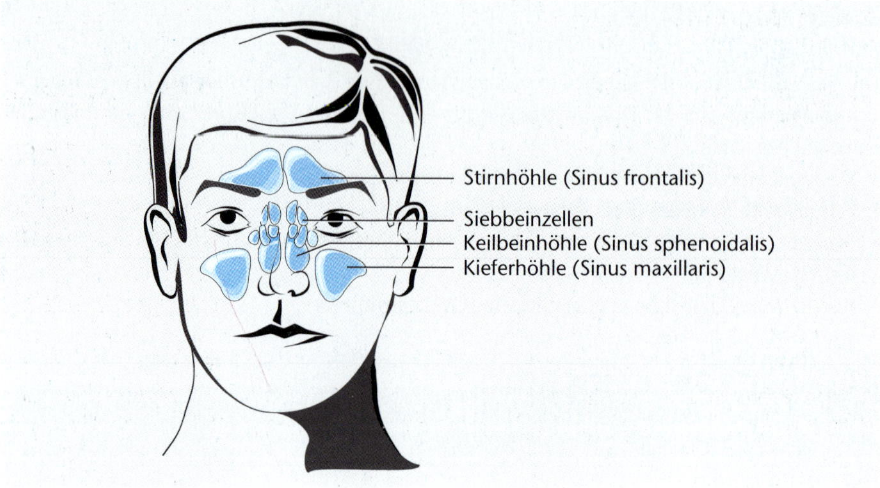

Abb. 2.44 Nasennebenhöhlen.

2.16.6 Kiefergelenk

Das Kiefergelenk verbindet den Unterkiefer (Mandibula) mit dem Schläfenbein (Os temporale). Die Beweglichkeit des Unterkiefers ermöglicht die Zerkleinerung der Nahrung beim Kauen und ist Grundlage des Sprechens.

Tab. 2.1 Wichtige Muskeln.

Muskel	Ursprung	Ansatz	Funktion
M. masseter (Kaumuskel)	Jochbogen	Unterkieferwinkel	Kaumuskel
M. temporalis (Schläfenmuskel)	Schläfe	Kronenfortsatz Unterkiefer	Kaumuskel
Platysma (Halshautmuskel)	Unterkieferrand	Hals- und Brusthaut	Dünne Muskelplatte ohne motorische Funktion
M. sternocleidomastoideus (Kopfwender)	Brustbein, innerer Teil des Schlüsselbeins (Sternum, Clavicula)	Warzenfortsatz am Schläfenbein (Proc. mastoideus)	Dreht den Kopf zur Gegenseite, neigt den Kopf zur gleichen Seite
M. pectoralis major (großer Brustmuskel)	Schlüsselbein, Brustbein, Sehnenscheide des Bauchmuskels	Innen am oberen Teil des Oberarmknochens (Humerus)	Innenrotiert, adduziert und bewegt den Arm nach vorne
M. pectoralis minor (kleiner Brustmuskel)	3.–5. Rippe	Rabenschnabelfortsatz des Schulterblattes (Proc. coracoideus)	Zieht das Schulterblatt nach vorne
M. obliquus externus abdominis (äußerer schräger Bauchmuskel)	5.–12. Rippe	Darmbeinkamm (Spina iliaca), Leistenband, Linea alba	Bewegungen des Stammes (Beugung, Drehung), Bauchpresse
M. obliquus internus abdominis (innerer schräger Bauchmuskel)	Darmbeinkamm, Leistenband, Aponeurose	9.–12. Rippe, Linea alba	Bewegungen des Stammes (Beugung, Drehung), Bauchpresse
M. transversus abdominis (querer Bauchmuskel)	7.–12. Rippenknorpel, Darmbeinkamm	Linea alba	Bauchpresse
M. rectus abdominis (gerader Bauchmuskel)	5.–7. Rippenknorpel	Schambein (Os pubicum), Symphyse	Vorbeugen des Rumpfes, Bauchpresse

Tab. 2.1 Wichtige Muskeln. *(Forts.)*

Muskel	Ursprung	Ansatz	Funktion
M. erector spinae (gerade Rückenmuskulatur)	Rippen, Wirbelkörper, Hinterhaupt, Kreuzbein, Beckenkamm	Rippen, Wirbelkörper, Hinterhaupt, Kreuzbein, Beckenkamm	Große Muskelgruppe aus vielen Einzelmuskeln zur Stabilisierung und Bewegung der Wirbelsäule
M. trapezius (Kapuzenmuskel)	Hinterhauptsbein, Dornfortsätze 7. Hals- bis 12. Brustwirbel	Schlüsselbein, Schulterhöhe, Schultergräte	Hält das Schulterblatt, fixiert den Schultergürtel
M. serratus anterior (vorderer Sägemuskel)	1.–9. Rippe	Schulterblatt	Zieht das Schulterblatt nach vorne, Atemhilfsmuskel
M. deltoideus (Deltamuskel)	Schlüsselbein, Schulterhöhe, Schulterblattgräte	Mitte des Oberarmknochens (Humerus)	Wichtigster Abduktor im Schultergelenk (bis 90°)
M. latissimus dorsi (breiter Rückenmuskel)	Dornfortsätze 7.–12. Brustwirbel, Darmbeinkamm	Oberarmknochen (Humerus)	Senkt den erhobenen Arm, adduziert ihn, zieht Schulter nach hinten unten
M. teres major (großer Rundmuskel)	Unteres Schulterblatt (Scapula)	Oberarmknochen (Humerus)	Zurückziehen und Innenrotation des Armes
M. teres minor (kleiner Rundmuskel)	Seitliches Schulterblatt (Scapula)	Oberarmknochen (Humerus)	Rotiert den Arm nach außen
M. biceps brachii (zweiköpfiger Armmuskel)	Rabenschnabelfortsatz (kurzer Kopf), oberhalb der Gelenkfläche des Schulterblattes (langer Kopf)	Vorderer oberer Anteil der Speiche (Radius)	Abduziert und rotiert den Oberarm nach innen, beugt im Ellenbogengelenk
M. triceps brachii (dreiköpfiger Armstrecker)	Unterhalb der Gelenkfläche des Schulterblattes, oberer hinterer Oberarmknochen, unterer hinterer Oberarmknochen	Ellenbogen (Olekranon)	Wichtigster Strecker im Ellenbogengelenk, Adduktion im Schultergelenk
M. brachialis (Armbeuger)	Vorderseite untere Hälfte des Oberarmknochens	Elle (Ulna)	Wichtigster Beuger im Ellenbogengelenk
M. brachioradialis (Oberarmspeichenmuskel)	Seitlicher Oberarmknochen	Griffelfortsatz Speiche (Proc. styloideus, Radius)	Beugt wenig im Ellenbogen, proniert Unterarm
Flexoren im Handgelenk (Beuger)	Vorderseite von Oberarmknochen, Elle oder Speiche (Humerus, Radius, Ulna)	Vorderseite der Handwurzelknochen und Mittelhandknochen	Muskelgruppe mehrerer Muskeln, die im Handgelenk beugt
Extensoren im Handgelenk (Strecker)	Rückseite von Oberarmknochen, Elle oder Speiche (Humerus, Radius, Ulna)	Rückseite der Handwurzelknochen und Mittelhandknochen	Muskelgruppe mehrerer Muskeln, die im Handgelenk streckt
M. iliopsoas (Hüftlendenmuskel)	1. M. psoas major: 12. Brust- bis 4. Lendenwirbel 2. M. iliacus: innere Darmbeinschaufel, unterer Darmbeinstachel	1. Kleiner Rollhügel (Trochanter minor) des Oberschenkelknochens (Femur) 2. Kleiner Rollhügel (Trochanter minor) des Oberschenkelknochens (Femur)	Beugt das Bein vor, ermöglicht das Gehen, beugt den Rumpf, rotiert das Bein im Hüftgelenk nach außen
M. gluteus maximus (großer Gesäßmuskel)	Außenfläche Darmbein, Kreuzbein, Steißbein	Unterhalb großer Rollhügel (Trochanter major) des Oberschenkelknochen	Streckt und außenrotiert im Hüftgelenk

Tab. 2.1 Wichtige Muskeln. *(Forts.)*

Muskel	Ursprung	Ansatz	Funktion
M. gluteus medius (mittlerer Gesäßmuskel)	Außenfläche Darmbeinschaufel	Großer Rollhügel (Trochanter major) des Oberschenkelknochens (Femur)	Abduziert im Hüftgelenk
M. gluteus minimus (kleiner Gesäßmuskel)	Außenfläche Darmbeinschaufel	Großer Rollhügel (Trochanter major) des Oberschenkelknochens (Femur)	Abduziert im Hüftgelenk
M. quadriceps femoris (vierköpfiger Oberschenkelmuskel)	1. M. rectus femoris: vorderer oberer Darmbeinstachel (spina liliaca ant. superior) 2. M. vastus medialis: innerer Rand des Oberschenkelknochen (Femur) 3. M. vastus lateralis: äußerer Rand des Oberschenkelknochen (Femur) 4. M. vastus intermedius: vorderer Oberschenkelknochen	1. Vorderes Schienbein (Tibia) 2. Vorderes Schienbein (Tibia) 3. Vorderes Schienbein (Tibia) 4. Vorderes Schienbein (Tibia)	Streckt kräftig im Kniegelenk und beugt im Hüftgelenk (rectus femoris)
M. adductor longus (langer Schenkelanzieher)	Schambein (Os pubis)	Innerer Rand des Oberschenkelknochens	Adduziert das Bein, außenrotiert im Hüftgelenk
M. adductor brevis (kurzer Schenkelanzieher)	Unterer Schambeinast	Innerer Rand des Oberschenkelknochens	Adduziert das Bein
M. adductor magnus (großer Schenkelanzieher)	Sitzbein (Os ischium)	Innerer Rand des Oberschenkelknochens	Wichtigster Adduktor des Beines (Überkreuzen der Beine)
M. gracilis (Schlankmuskel)	Unterer Schambeinast	Schienbein (Pes anserinus, „Gänsefüßchen")	Adduziert das Bein, beugt im Hüft- und Kniegelenk
M. tensor fasciae latae (Spanner der Oberschenkelfaszie)	Vorderer oberer Darmbeinstachel (Spina iliaca ant. superior)	Seitliches Schienbein (Tibia)	Presst den Oberschenkelkopf in die Hüftpfanne, beugt, innenrotiert und abduziert im Hüftgelenk
M. sartorius (Schneidermuskel)	Vorderer oberer Darmbeinstachel (Spina iliaca ant. superior)	Schienbein (Pes anserinus, „Gänsefüßchen")	Beugt im Hüftgelenk, Abduktion, Außenrotation
M. biceps femoris (zweiköpfiger Schenkelmuskel)	1. Langer Kopf: Sitzbein 2. Kurzer Kopf: Außenseite Oberschenkelknochen	Wadenbein (Fibula)	Beugt und außenrotiert im Kniegelenk, Streckung im Hüftgelenk
M. semitendinosus (Halbsehnenmuskel)	Sitzbein (Os ischium)	Schienbein (Pes anserinus, „Gänsefüßchen")	Beugt im Kniegelenk, Streckung im Hüftgelenk
M. semimembranosus (Plattensehnenmuskel)	Sitzbein (Os ischium)	Innenseite Schienbein	Beugt im Kniegelenk, retrovertiert im Hüftgelenk

Tab. 2.1 Wichtige Muskeln. *(Forts.)*

Muskel	Ursprung	Ansatz	Funktion
M. triceps surae (dreiköpfiger Wadenmuskel) 1. M. gastrocnemius (Zwillingswadenmuskel) 2. M. plantaris (Sohlenspanner) 3. M. soleus (Schollenmuskel)	1. Oberer Oberschenkelknochen (Femur) 2. Oberer Oberschenkelknochen (Femur) 3. Rückseite von Schien- und Wadenbein (Tibia und Fibula)	Mit einer gemeinsamen Sehne (Achillessehne) am Fersenbein (Calcaneus)	Hebt den Körper im Stehen und beim Gehen durch Plantarflexion im Fuß, typischer Muskel für den Spitzentanz, supiniert im unteren Sprunggelenk
M. tibialis anterior (vorderer Schienbeinmuskel)	Außenseite des Schienbeins, Zwischenmembran zwischen Schien- und Wadenbein	Fußwurzel- und Mittelfußknochen	Beugt den Fuß nach dorsal, supiniert den Fuß
M. tibialis posterior (hinterer Schienbeinmuskel)	Hinterfläche der Zwischenmembran zwischen Schien- und Wadenbein	Fußwurzelknochen	Plantarflexion, nähert den Unterschenkel der Ferse
M. peroneus (Wadenbeinmuskel)	Schienbein, vorderes äußeres Wadenbein	Fußwurzel- und Mittelfußknochen	Verspannt die Querwölbung des Fußes, proniert den Fuß

Fragen

1. Nennen Sie die Begrenzungen der Orbita. (➤ Kap. 2.16.3)
2. Was ist eine Skoliose? (➤ Kap. 2.3.2)
3. Welche Muskeln können als Atemhilfsmuskeln wirken? (➤ Kap. 2.13)
4. Welche Unterschenkelmuskeln kennen Sie? (➤ Kap. 2.15.3)
5. Welche Unterschiede bestehen zwischen einem Hals- und einem Lendenwirbel? (➤ Kap. 2.3.2)
6. Welche Aufgaben hat die Wirbelsäule beim Menschen? (➤ Kap. 2.3.2)
7. Beschreiben Sie die physiologischen Krümmungen der Wirbelsäule. (➤ Kap. 2.3.2)
8. Welche Muskeln sind an den Atembewegungen des Thorax beteiligt? (➤ Kap. 2.13)
9. Was ist die Rektusscheide, von welchen Strukturen wird sie gebildet? (➤ Kap. 2.13.4)
10. Welche Funktionen hat das Zwerchfell? (➤ Kap. 2.13.3)
11. Wie liegen die Unterarmknochen in Pronationsstellung zueinander? (➤ Kap. 2.6.2)
12. Aus welchen Anteilen setzt sich das Hüftbein zusammen? (➤ Kap. 2.8)
13. Warum ist der mediale Meniskus häufiger von Verletzungen betroffen als der laterale? (➤ Kap. 2.10.2)
14. Welche Muskeln beteiligen sich an der Außenrotation des Armes? (➤ Kap. 2.14)
15. Erläutern Sie Ursprung, Ansatz und Funktion des M. quadriceps femoris. (➤ Kap. 2.15.2)
16. Zu welchem Muskel gehört die Achillessehne? (➤ Kap. 2.15.3)
17. Wie viele Rippenpaare sind in der Regel nicht mit dem Brustbein verwachsen? (➤ Kap. 2.4)
18. Welche Möglichkeiten der Knochenbildung kennen Sie? (➤ Kap. 2.1.3)

KAPITEL

3 Herz- und Gefäßsystem

Herz und Blutgefäße bilden ein in sich geschlossenes System, das Blut vom Herzen in die Körperperipherie und zurück transportiert. Das Herz sorgt als zentrale Druck-Saug-Pumpe für eine kontinuierliche Blutströmung zur Versorgung des Körpers mit Nähr- und Sauerstoff.

3.1 Bau des Herzens

Das Herz befindet sich in einem zwischen den Pleurahöhlen gelegenen Bindegewebsraum (Mediastinum) des Thorax (➤ Abb. 3.1). Es liegt dem Zwerchfell (Diaphragma) auf und ist vom Herzbeutel umhüllt. Das Herz ist etwa faustgroß und 250–400 g schwer (0,5 % vom Gesamtkörpergewicht).

Projiziert man den Herzumriss auf die Brustwand, so liegen ⅔ des Herzens in der linken und ⅓ in der rechten Thoraxhälfte.

3.1.1 Gliederung des Herzens

Das Herz besteht funktionell aus zwei hintereinander geschalteten Pumpen: Das rechte Herz dient dem Lungenkreislauf, das linken Herz dem Körperkreislauf. Beide Herzhälften bestehen jeweils aus einem **Vorhof (Atrium)** und einer **Kammer (Ventrikel),** die durch Herzklappen voneinander getrennt sind. Zwischen rechtem und linkem Herzen befindet sich die **Herzscheidewand (Septum;** ➤ Abb. 3.2, ➤ Abb. 3.3**).**

Das Herz besteht insgesamt aus vier Innenräumen: zwei Vorhöfe und zwei Herzkammern.

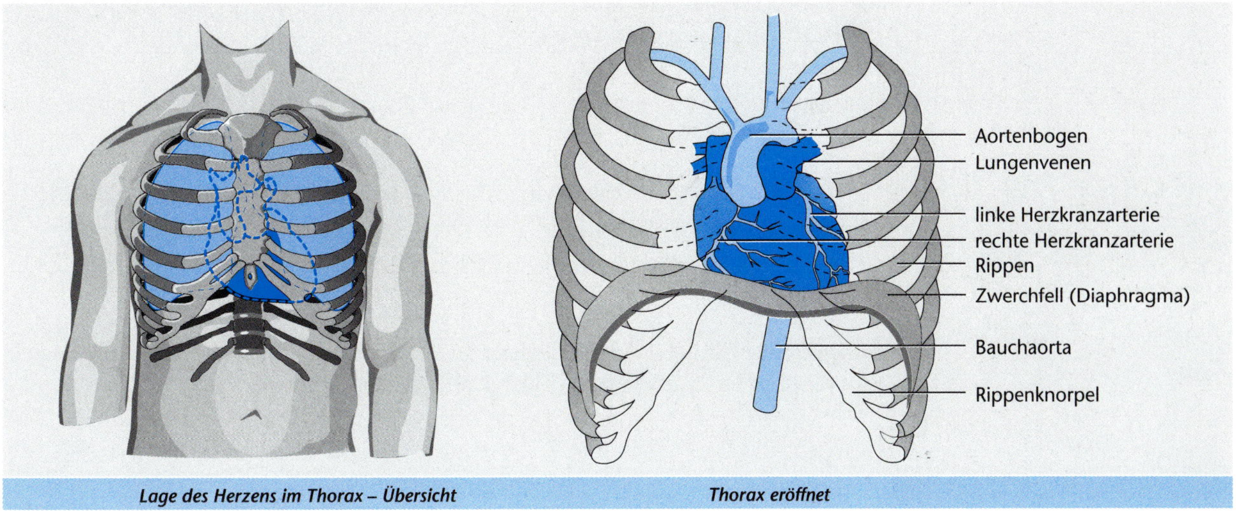

Abb. 3.1 Lage des Herzens im Thorax.

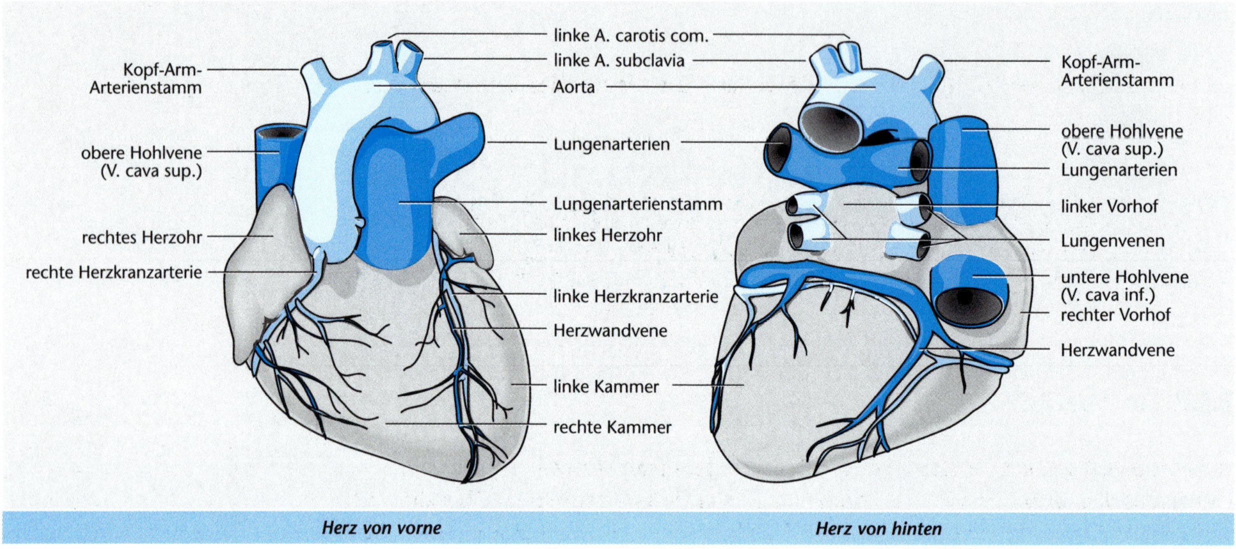

Abb. 3.2 Außenansichten des Herzens.

Rechter Vorhof

Der rechte Vorhof empfängt das venöse, d. h. sauerstoffarme Blut aus oberer und unterer Hohlvene (Vena cava superior und inferior).

Rechte Kammer

Nach Öffnen der Trikuspidalklappe strömt das Blut aus dem rechten Vorhof in die rechte Kammer. Von dort gelangt das Blut durch die Pulmonalklappe in den Lungenkreislauf.

Linker Vorhof

Der linke Vorhof empfängt das mit Sauerstoff angereicherte (oxygenierte) Blut der Lunge. Die Mitralklappe trennt den linken Vorhof von der linken Kammer.

Linke Kammer

Nach Öffnen der Mitralklappe gelangt das Blut in die linke Kammer (Ventrikel). Die Kontraktion der Kammerwand presst das Blut durch die Aortenklappe in die große Körperschlagader (Aorta) des Körperkreislaufs.

3.1.2 Herzwand

Die Wand des Herzens besteht aus drei Schichten, von denen nur das Myokard für die Herzkontraktion verantwortlich ist.

Endokard

Dünne Epithelschicht für die Auskleidung der Herzinnenräume des Herzens. Aus dem Endokard gehen in der Embryonalentwicklung die Herzklappen hervor.

Myokard

Etwa 1 cm (in den Vorhöfen 0,1 cm) dicke Schicht aus quergestreiftem Herzmuskelgewebe. Das Myokard ist für die Kontraktion von Herzkammern und -vorhöfen verantwortlich.

Epikard

Dünne Außenhaut des Herzens, die an der Herzbasis in das Perikard des Herzbeutels übergeht.

ALTERSPHYSIOLOGIE

Im Alter nimmt die Zahl der Kardiomyozyten ab, während der Bindegewebeanteil des Herzens zunimmt. Daraus resultiert eine verminderte Dehnbarkeit und Kontraktionskraft des Herzmuskels mit Abnahme der körperlichen Leistungsfähigkeit.

3.1.3 Herzbeutel

Der Herzbeutel umhüllt das Herz und dient ihm als Gleitraum während der Herzaktion. Er besteht aus dem direkt dem Herzen anliegendem, dünnen **Epikard (innerer Herzbeutel)** und dem dickwandigem **Perikard (äußerer Herzbeutel).** Beide Abschnitte gehen an der Herzbasis im Bereich der großen Gefäße ineinander über. Der Spaltraum zwischen Epi- und Perikard ist zur Verbesserung der Gleitfähigkeit mit ca. 5 ml Flüssigkeit gefüllt.

Bei Infektionen kann es zu Flüssigkeitsansammlungen im Herzbeutel kommen **(Perikarderguss),** die zur Beeinträchtigung der Herzaktion führen.

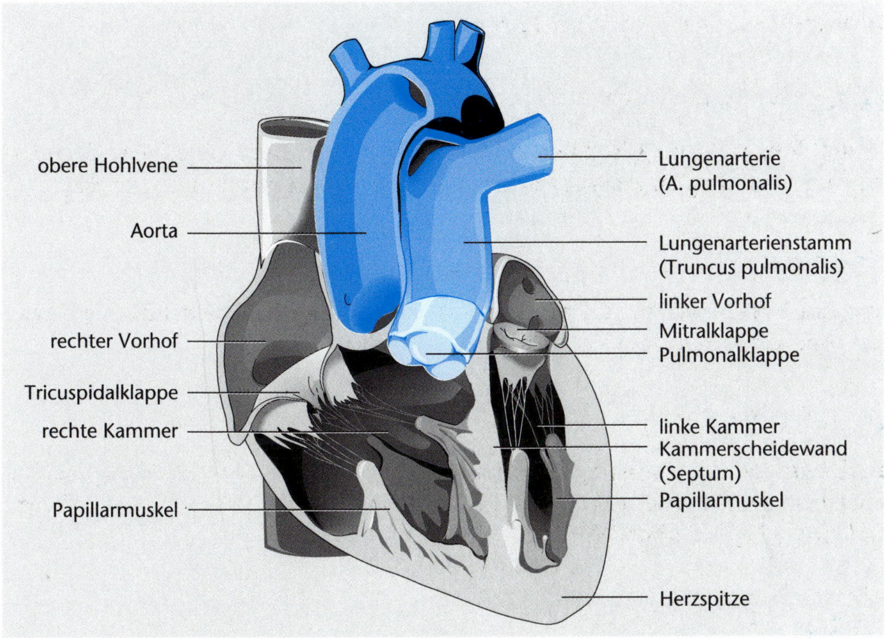

Abb. 3.3 Querschnitt durch das Herz mit Blick in die beiden Kammern und die beiden Vorhöfe.

3.1.4 Herzklappen

Herzklappen (➤ Abb. 3.4, ➤ Abb. 3.5) sorgen für eine einheitliche Strömungsrichtung des Blutes. Als Ventile öffnen sie nur, wenn ein Mindestdruck vom Herzen erzeugt wird. Es werden zwei Klappentypen unterschieden:

Segelklappen

Die Segelklappen befinden sich zwischen Vorhof und Kammer. Sie werden wie die Segel eines Schiffes von Sehnenfäden und **Papillarmuskeln** verspannt.

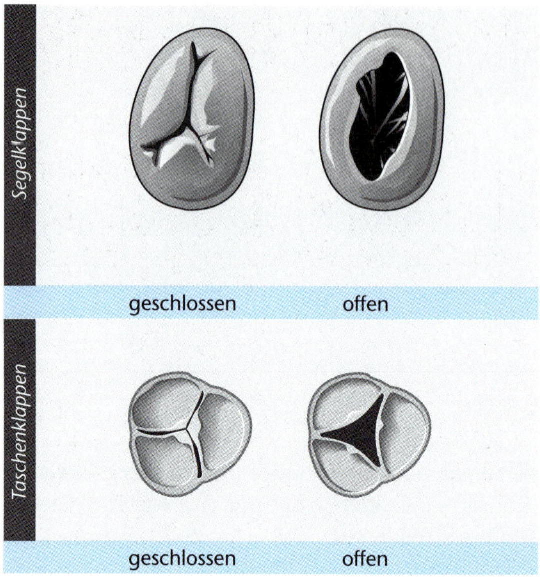

Abb. 3.4 Herzklappen. Man erkennt deutlich die an Sehnenfäden aufgehängten Segel der Segelklappen.

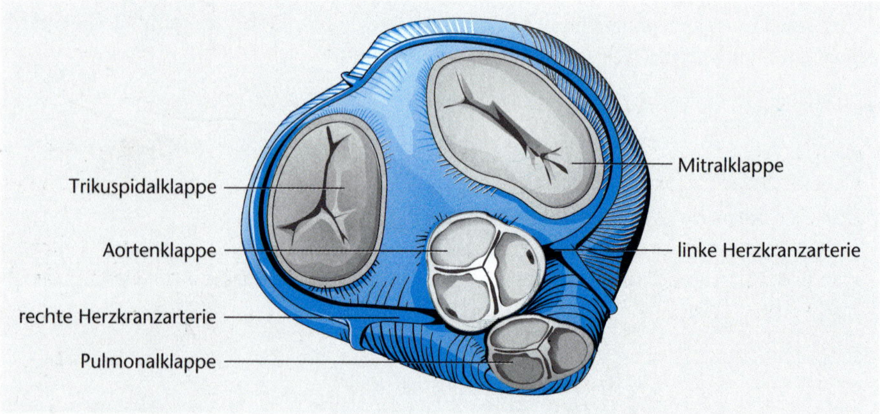

Abb. 3.5 Ventilebene. Die vier Herzklappen liegen in einer Ebene.

Trikuspidalklappe

- Zwischen rechtem Vorhof der rechten Kammer
- Besteht aus drei Einzelsegeln.

Mitralklappe

- Zwischen linkem Vorhof der linken Kammer
- Besteht aus zwei Einzelsegeln.

Taschenklappen

Die Taschenklappen befinden sich am Abgang der großen Gefäße aus den Kammern. Sie besitzen keine Sehnenfäden.

Pulmonalklappe

Am Übergang zwischen rechten Kammer und dem Stamm der Lungenarterie.

Aortenklappe

Am Übergang zwischen linker Kammer und großer Körperschlagader (Aorta). Oberhalb der Aortenklappe gehen die Koronargefäße für die Versorgung des Herzens aus der Aorta ab.

Bei Kontraktion der Kammern schließen sich die Segelklappen, während die Taschenklappen durch das ausströmende Blut geöffnet werden.

KLINISCHER HINWEIS

Erkrankungen oder angeborene Fehlbildungen der Herzklappen können in Verengungen **(Herzklappenstenose)** oder Funktionsstörungen **(Klappeninsuffizienz)** resultieren. Dies führt zu einer Abwandlung des normalen Herztons zu dem pathologischen **Herzgeräusch,** was durch Abhören **(Auskultation)** mit einem Stethoskop vom Arzt diagnostiziert werden kann.

3.1.5 Herzkranzgefäße

Herzkranzgefäße (Koronararterien) sind Blutgefäße zur Eigenversorgung des Herzens. Sie entspringen in Höhe der Aortenklappe aus der Aorta und umgeben kranzartig das Herz.

Rechte Koronararterie

Die rechte Koronararterie (A. coronaria dextra) versorgt das rechte Herz und den Sinusknoten.

Linke Koronararterie

Die linke Koronararterie (A. coronaria sinistra) dient der Versorgung des linken Herzens und eines Großteils der Kammerscheidewand. Sie teilt sich in einen vorderen (Ramus interventricularis anterior, RIVA) und hinteren Ast (Ramus circumflexus).

Das Herz benötigt zur Deckung des Eigenbedarfs etwa 5 bis 10 % des gesamten Schlagvolumens. Während der Diastole füllen sich die Koronararterien, während sie bei der systolischen Kammerkontraktion leer gepresst werden.

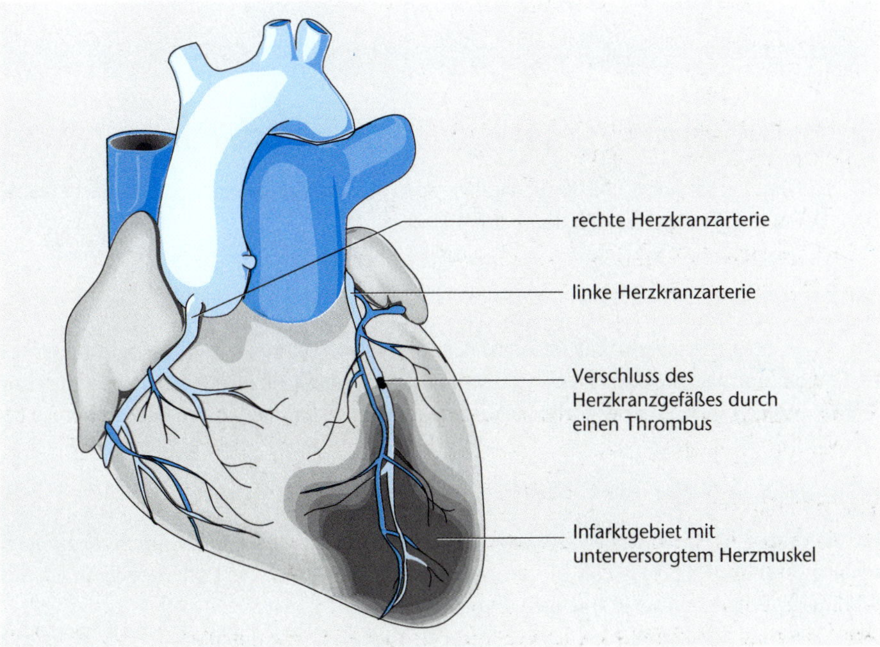

Abb. 3.6 Herzinfarkt. Durch den Verschluss der Herzkranzarterie ist ein Teil des Herzmuskels unterversorgt und stirbt ab.

KLINISCHER HINWEIS

Arteriosklerotische Ablagerungen können zur Verengung der Koronararterien führen, was in einer unzureichenden Sauerstoffversorgung des Herzmuskels resultiert. Die Folge ist eine nachlassende Pumpleistung des Herzens und belastungsabhängige Schmerzen **(Koronare Herzkrankheit, KHK).** Das akute Absterben des Herzmuskels führt zum **Herzinfarkt** (➤ Abb. 3.6).

3.1.6 Reizleitungssystem

Die rhythmische Herzaktion beruht auf der regelmäßigen Erregung des Herzmuskels, die ihren Ausgang vom primären Schrittmacherzentrum, dem Sinusknoten im Bereich des rechten Vorhofs nimmt. Das Reizleitungssystem (RLS; ➤ Abb. 3.7) verteilt die Erregungsimpulse und ermöglicht den koordinierten Kontraktionsablauf von Vorhöfen und Kammern. Das vegetative Nervensystems (➤ Kap. 10.10) kann Schlagfrequenz und Kontraktionsstärke des Herzens beeinflussen und dem jeweiligen Bedarf anpassen.

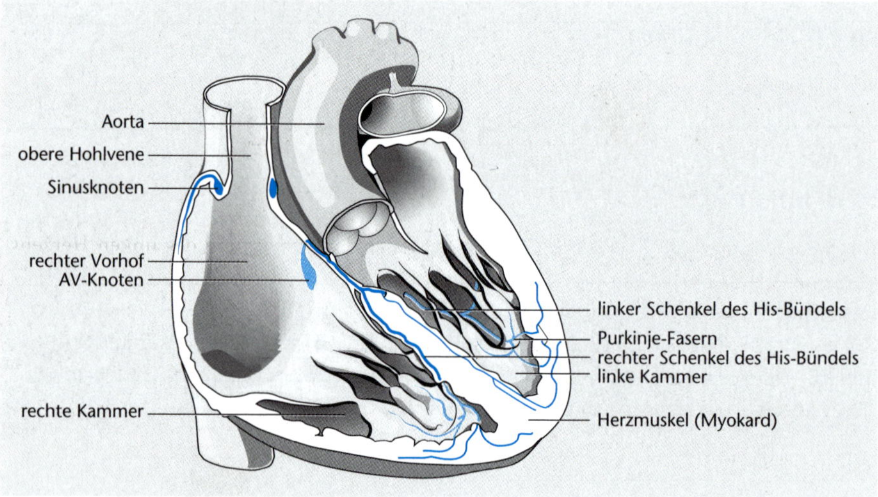

Abb. 3.7 Reizleitungssystem des Herzens.

Das Herz besitzt eine eigene, unabhängige Erregungsbildung (Automatie des Herzens).

Sinusknoten

Der Sinusknoten ist mit 60 bis 80 Erregungen pro Minute das primäre Schrittmacherzentrum. Er befindet sich im Bereich des rechten Vorhofs.

AV-Knoten

Der AV-Knoten (Atrioventrikularknoten) befindet sich an der rechten Vorhofkammergrenze. Er dient normalerweise nur der Impulsweiterleitung, kann aber bei Ausfall des Sinusknoten einspringen (sekundäres Schrittmacherzentrum).

His-Bündel und Purkinje-Fasern

Das RLS setzt sich distal des AV-Knotens als His-Bündel fort und teilt sich in der Kammerscheidewand in zwei Schenkel für linke und rechte Kammer auf. Die Endverzweigungen des RLS im Myokard nennt man **Purkinje-Fasern.**

ALTERSPHYSIOLOGIE

Im Alter kommt es durch Umbauprozesse im Herzen gehäuft zu Rhythmusstörungen wie Vorhofflimmern.

3.1.7 Elektrokardiogramm (EKG)

Die Erregungsausbreitung im Herzen kann mittels Elektroden von der Brustwand als Elektrokardiogramm (EKG) abgeleitet werden. Die Wellen und Strecken des EKG entsprechen den Phasen der Erregungsausbreitung und Rückbildung (➤ Abb. 3.8):

- **P-Welle:** Erregungsausbreitung der Vorhöfe
- **PQ-Strecke:** Erregungsleitung von Vorhof zur Kammer
- **QRS-Komplex:** Erregungsausbreitung in den Kammern
- **T-Welle:** Erregungsrückbildung in den Kammern.

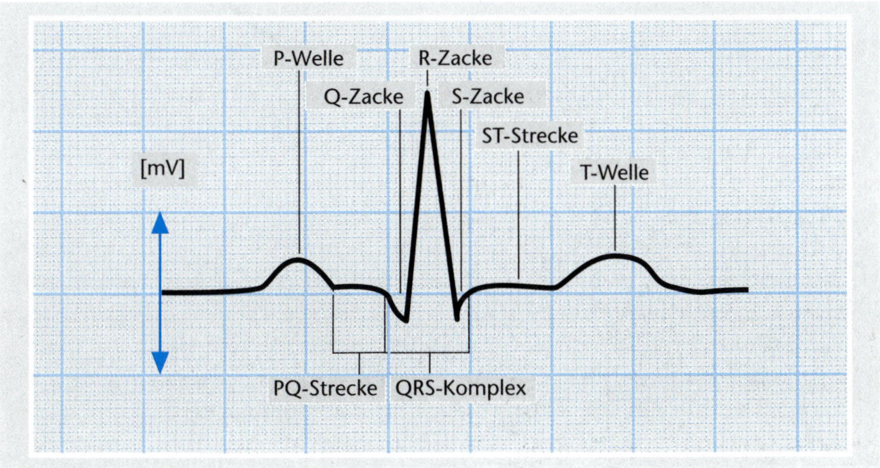

Abb. 3.8 Normales EKG.

KLINISCHER HINWEIS

Anhand der Beurteilung des EKG lassen sich viele Herzerkrankungen wie z. B. Herzinfarkt oder Herzrhythmusstörungen, diagnostizieren.

3.2 Phasen der Herzaktion

Ein Herzzyklus (➤ Abb. 3.9) besteht aus einer Kontraktionsphase (Systole) und einer Erschlaffungs- bzw. Füllungsphase (Diastole). In Ruhe beträgt die normale Herzfrequenz 70 Schläge pro Minute, d. h. ein Herzzyklus dauert etwa eine Sekunde.

Tab. 3.1 Öffnungsverhältnisse der Herzklappen.

	Segelklappen	Taschenklappen
Systole		
Anspannungszeit	Geschlossen	Geschlossen
Austreibungszeit	Geschlossen	Offen
Diastole		
Entspannungszeit	Geschlossen	Geschlossen
Füllungszeit	Offen	Geschlossen

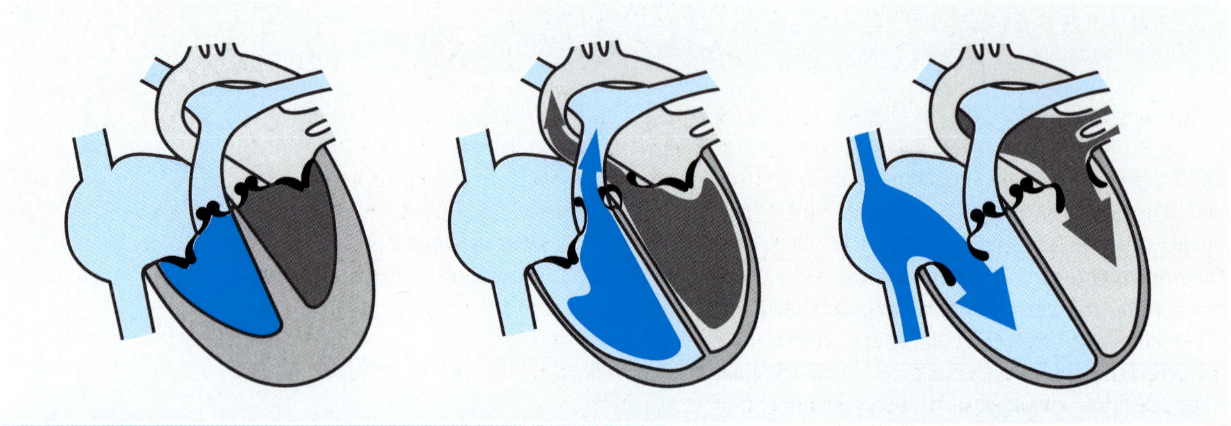

Abb. 3.9 Schematischer Ablauf des Herzzyklus mit Öffnungsverhältnissen der Herzklappen; die Entspannungszeit der Diastole, in der alle Klappen geschlossen sind, ist hier nicht dargestellt.

3.2.1 Systole

Die Systole ist die Kontraktionsphase des Herzens. Sie wird in zwei Phasen unterteilt:

- **Isovolumetrische Anspannungszeit:** Der Herzmuskel kontrahiert und erhöht den Druck in der Kammer, zunächst ohne das Volumen des Ventrikels zu verkleinern
- **Austreibungszeit:** Übertrifft der Kammerdruck den Blutdruck im jeweiligen Kreislauf, öffnet sich die Taschenklappe und das Blut wird aus der Kammer ausgetrieben.

3.2.2 Diastole

In der Diastole füllt sich das Herzen mit Blut. Man unterscheidet zwei Phasen:

- **Isovolumetrische Entspannungszeit:** Der Herzmuskel erschlafft, zunächst ohne das Kammervolumen zu erhöhen.
- **Füllungszeit:** Die Segelklappen (Mitral- und Trikuspidalklappe) öffnen sich und Blut strömt aus den Vorhöfen in die Kammern.

In der Systole kommt es zum Auswurf des Blutes aus den Kammern, in der Diastole zur Füllung der Kammern.

3.2.3 Herztöne und Herzgeräusche

Die Phasen der Herzaktion verursachen zwei charakteristische Herztöne, die an der Brustwand mit Hilfe eines Stethoskops abgehört werden können **(Auskultation):**

- **Erster Herzton:** dumpfer, längerer Ton zu Beginn der Systole, wird durch Anspannung der Herzmuskulatur und Schluss der Segelklappen verursacht
- **Zweiter Herzton:** heller, kurzer Ton zu Beginn der Diastole, der vom Schluss der Taschenklappen verursacht wird.

Pathologische Herztöne bezeichnet man als **Herzgeräusche.**

3.3 Funktionelle Gliederung des Gefäßsystems

Blutgefäße transportieren das Blut vom Herzen in den Körper und zurück (Blutkreislauf; ➤ Abb. 3.10). Aufgrund der Strömungsrichtung werden **Arterien (= vom Herzen weg führend)** und **Venen (= zum Herzen hinführend)** unterschieden. Aufgrund der Höhe des vorherrschenden Blutdrucks wird ein Hoch- und Niederdrucksystem unterschieden. Im **Hochdrucksystem** herrscht ein Blutdruck von ca. 130 mmHg während der Systole. Dazu zählen alle Arterien des großen Körperkreislaufs wie z. B. die A. brachialis, die zur Blutdruckmessung verwendet wird. Im **Niederdrucksystem** herrschen Drücke von 0 bis 35 mmHg. Hierzu zählen die Venen, das Kapillarbett, der Lungenkreislauf sowie das rechte Herz.

Das Herz-Kreislaufsystem besteht aus zwei hintereinander geschalteten Hauptabschnitten:

- **„Großer" Körperkreislauf** mit der linken Herzkammer als Pumpe
- **„Kleiner" Lungenkreislauf** mit der rechten Herzkammer als Pumpe.

Die Blutgefäße teilen sich zur Peripherie in immer feinere Verästelungen auf. Nach dem Gefäßdurchmesser werden unterschieden: **Arterien** > **Arteriolen** > **Kapillaren.**

Die Kapillaren bilden ein feines Netzwerk **(Kapillarbett),** in dem der Hauptteil des Gas- und Nährstoffaustausches stattfindet.

Die Venen sammeln das Blut aus dem Kapillaren und werden in Richtung Herz immer größer: **Kapillaren** < **Venolen** < **Venen** (➤ Abb. 3.23).

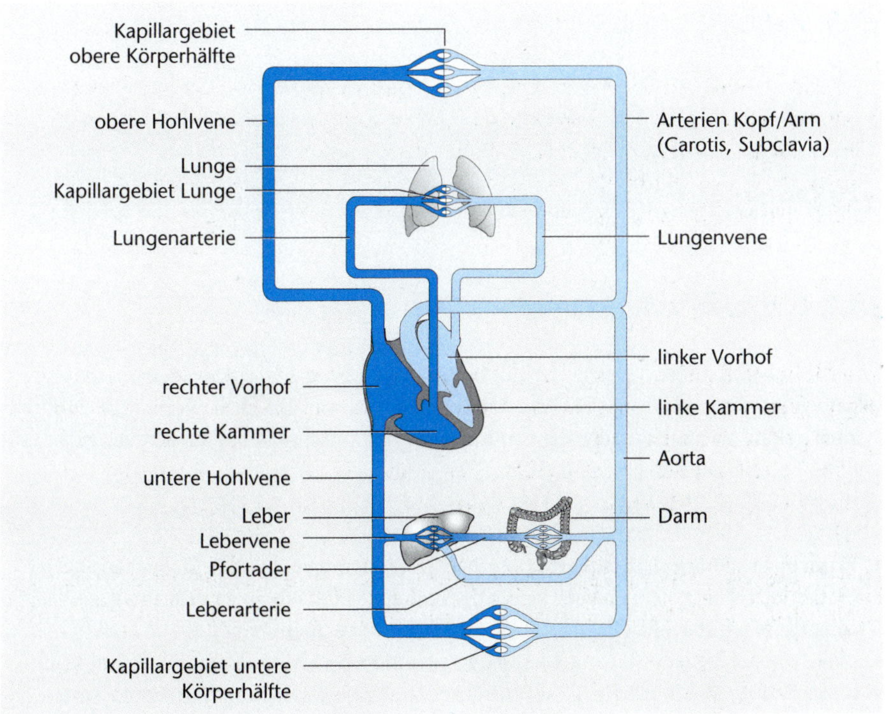

Abb. 3.10 Schematischer Aufbau des Gefäßsystems.

3.3.1 Wandbau der Blutgefäße

Die Wand der Blutgefäße besteht aus drei Schichten (➤ Abb. 3.11):

- **Intima:** innerste Schicht aus einschichtigem Epithel (Endothel)
- **Media:** mittlere Schicht aus glatten Muskelzellen und elastischen Fasernetzen; dient der Kontrolle des Gefäßwandspannung und damit des Blutdrucks
- **Adventitia:** äußerste Schicht aus lockerem Bindegewebe.

3

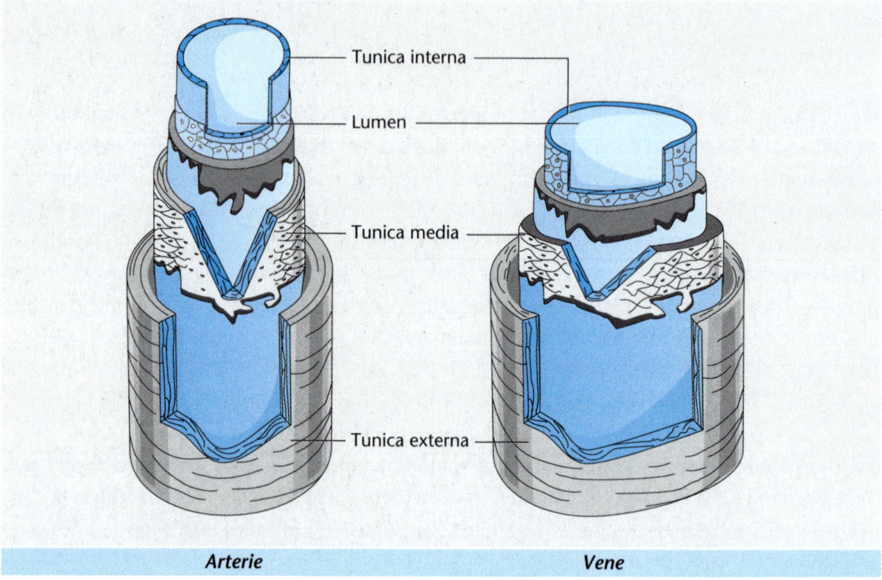

Abb. 3.11 Wandbau der Blutgefäße. Die Arterien haben einen kräftigeren Wandbau; besonders die Media mit der Muskelschicht ist stärker ausgeprägt.

Venen sind aufgrund des geringeren Blutdrucks dünnwandiger als Arterien.

ALTERSPHYSIOLOGIE

Mit zunehmendem Alter kommt es zu einer fortschreitenden Verdickung der Gefäßwand durch Bindegewebe und glatte Muskelzellen. Als Folge nimmt die Elastizität der Gefäße ab, der periphere Gefäßwiderstand steigt.

3.3.2 Große Arterienstämme

Von der linken Kammer gelangt das Blut in die große Körperschlagader **(Aorta),** die wie ein Gehstock gekrümmt vor der Wirbelsäule durch Brust- und Bauchraum verläuft. In ihrem Verlauf gehen Äste zur Versorgung von Kopf, oberen Extremitäten, Baucheingeweiden und unteren Extremitäten ab (➤ Abb. 3.12).

Abgänge des Aortenbogens

- **Truncus brachiocephalicus:** gemeinsamer Gefäßstamm von rechter Halsschlagader (A. carotis communis) zur Versorgung der rechten Kopfhälfte und der rechten Schlüsselbeinarterie (A. subclavia dextra) zur Versorgung des rechten Armes
- **Linke Halsschlagader** (A. carotis communis sinistra) zur Versorgung der linken Kopfhälfte
- **Linke Schlüsselbeinarterie** (A. subclavia sinistra) zur Versorgung des linken Armes.

Die Halsschlagader (A. carotis communis) teilt sich auf Höhe des Kieferwinkels in eine **innere Halsschlagader** (A. carotis interna) zur Versorgung des Gehirns und eine **äußere Halsschlagader** (A. carotis externa) zur Versorgung des Gesichts auf.

Abgänge der Brustaorta

- **Interkostalarterien:** Versorgung der Zwischenrippenmuskulatur.

Abgänge der Bauchaorta

- **Truncus coeliacus:** Versorgung von Leber, Magen, Milz und Duodenum
- **A. mesenterica superior:** Versorgung von Dünn- und Dickdarm, sowie des Pankreas

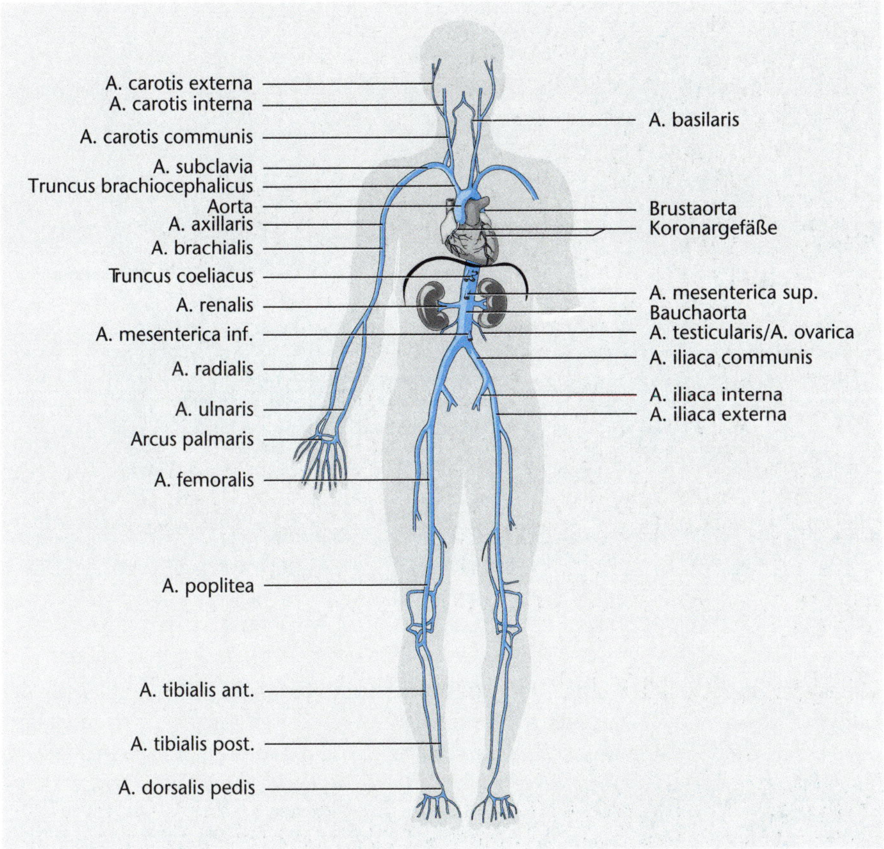

Abb. 3.12 Große Arterienstämme des Menschen.

- **A. mesenterica inferior:** Versorgung des Dickdarms
- **A. renalis (Nierenarterie):** Versorgung der Nieren
- **A. suprarenalis (Nebennierenarterie):** Versorgung der Nebennieren.

Die Bauchaorta teilt sich in Höhe des 4. Lendenwirbels in die beiden **Beckenarterien (Aa. iliacae communae),** aus der die **A. iliaca interna** zur Versorgung der Beckeneingeweide und die **A. iliaca externa** zur Versorgung des Beines hervorgeht.

3.3.3 Arterien der Körperabschnitte

Die Kenntnis der Blutversorgung des Körpers ist von großer Wichtigkeit für das Verständnis pathophysiologischer Zusammenhänge bei Erkrankungen und Verletzungen.

Arterien des Kopfes

Der Kopf wird von den beiden Halsschlagadern (A. carotis interna und externa) sowie den Vertebralarterien (A. vertebralis) versorgt. Von der **A. carotis externa** geht die Gesichtsarterie **(A. facialis)** für die Versorgung der Gesichtsweichteile ab. Die **A. carotis interna** zieht weiter durch die Schädelbasis und versorgt Gehirn und Auge. Die aus der A. subclavia (Schlüsselbeinarterie) entspringende **A. vertebralis** verläuft durch die Querfortsatzlöcher der Halswirbel und bildet zusammen mit der A. carotis interna einen arteriellen „Kreisverkehr" **(Circulus arteriosus Willisi)** zur Versorgung des Gehirns (➤ Abb. 3.13).

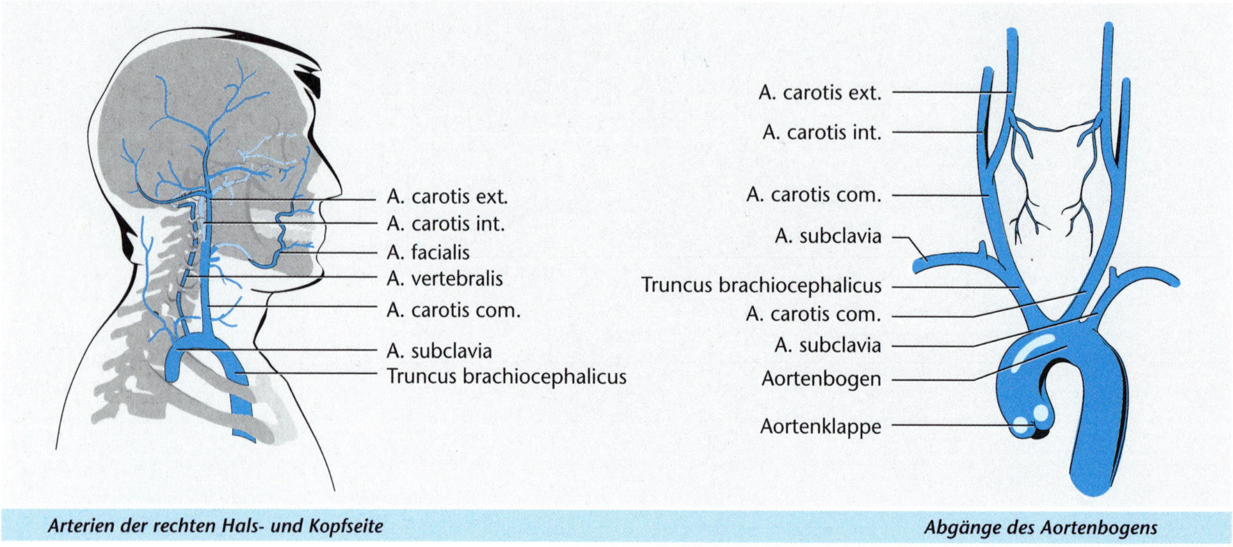

Abb. 3.13 Arterien des Kopfes.

Arterien des Armes

Die Arterien des Armes (➤ Abb. 3.14) sind Fortsetzungen der **A. subclavia:** Innerhalb der Achselhöhle wird sie als **A. axillaris** (Achselarterie) bezeichnet, danach als **A. brachialis** (Armschlagader). In der Ellenbeuge teilt sie sich weiter in die **A. radialis** (Speichenarterie) und die **A. ulnaris** (Ellenarterie) auf.

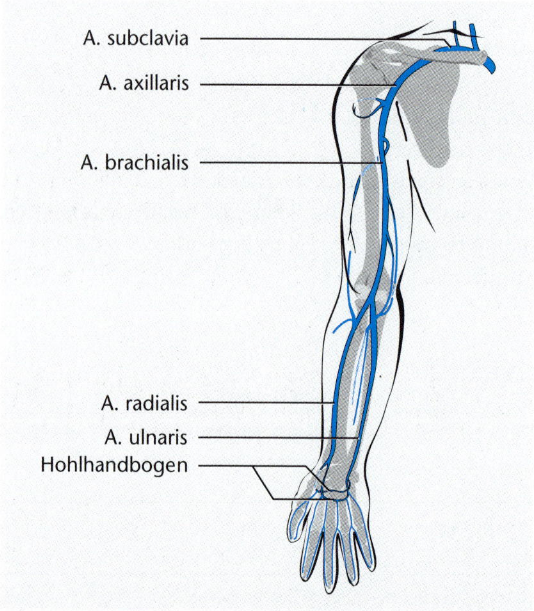

Abb. 3.14 Arterien des Armes. Die A. brachialis teilt sich in der Ellenbeuge in die A. radialis und A. ulnaris.

KLINISCHER HINWEIS

Die A. radialis ist am Unterarm gut tastbar und dient der Pulsmessung.

Arterien des Beines

Während die **A. iliaca interna** (innere Beckenarterie) vor allem die Beckenorgane versorgt, dient die **A. iliaca externa** (äußere Beckenarterie) der Versorgung der Beine (➤ Abb. 3.15).

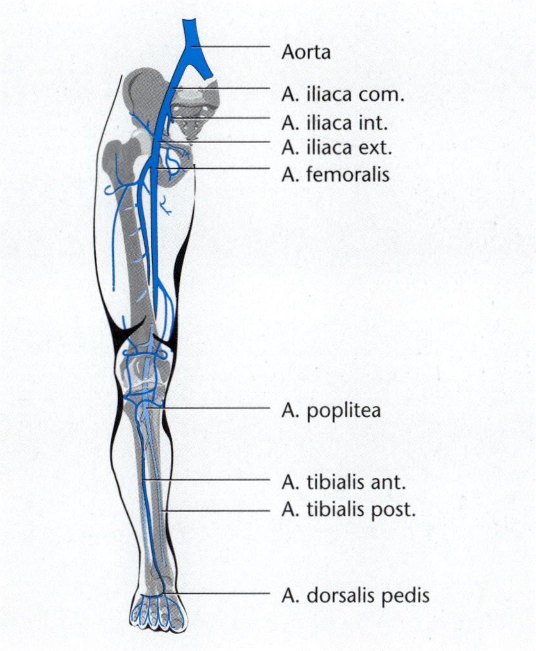

Abb. 3.15 Arterien des Beines.

Sie geht am Leistenband in die **A. femoralis** (Oberschenkelarterie) über, die sich unterhalb der Kniekehle in die **A. tibialis posterior** (hintere Schienbeinarterie) und in die **A. tibialis anterior** (vordere Schienbeinarterie) teilt. Letztere endet in der **A. dorsalis pedis** (Fußrückenarterie).

3.3.4 Große Venenstämme und venöses System

Das venöse Blut aus dem Kopf und den oberen Extremitäten erreicht den rechten Vorhof über die **Vena cava superior** (obere Hohlvene), das Blut der unteren Körperhälfte fließt über die **Vena cava inferior** (untere Hohlvene) zum rechten Vorhof (➤ Abb. 3.16).

Die größeren Venen verlaufen meist in Nachbarschaft von Arterien und werden daher auch gleich bezeichnet (z. B. A. brachialis und V. brachialis).

Die **V. portae (Pfortader)** sammelt Blut aus den Teilen des Darmes und der Milz und transportiert es zur Leber. Die Pfortader führt sauerstoffarmes, aber sehr nährstoffreiches Blut aus dem Darm.

3.3.5 Venen der Körperabschnitte

Venen des Kopfes

Das venöse Blut des Kopfes fließt über die **V. jugularis interna** und **externa** (innere und äußere Drosselvene) in die **V. brachiocephalica** und weiter zur **V. cava superior** (obere Hohlvene; ➤ Abb. 3.17).

Venen des Armes

Das venöse Blut des Armes wird über die **V. brachialis** (Armvene) und die **V. cephalica** abtransportiert, die sich zur **V. axillaris** (Achselvene) vereinen. Als **V. subclavia** verläuft sie weiter in den Thorax und vereint sich im **Venenwinkel** mit der V. jugularis (➤ Abb. 3.18).

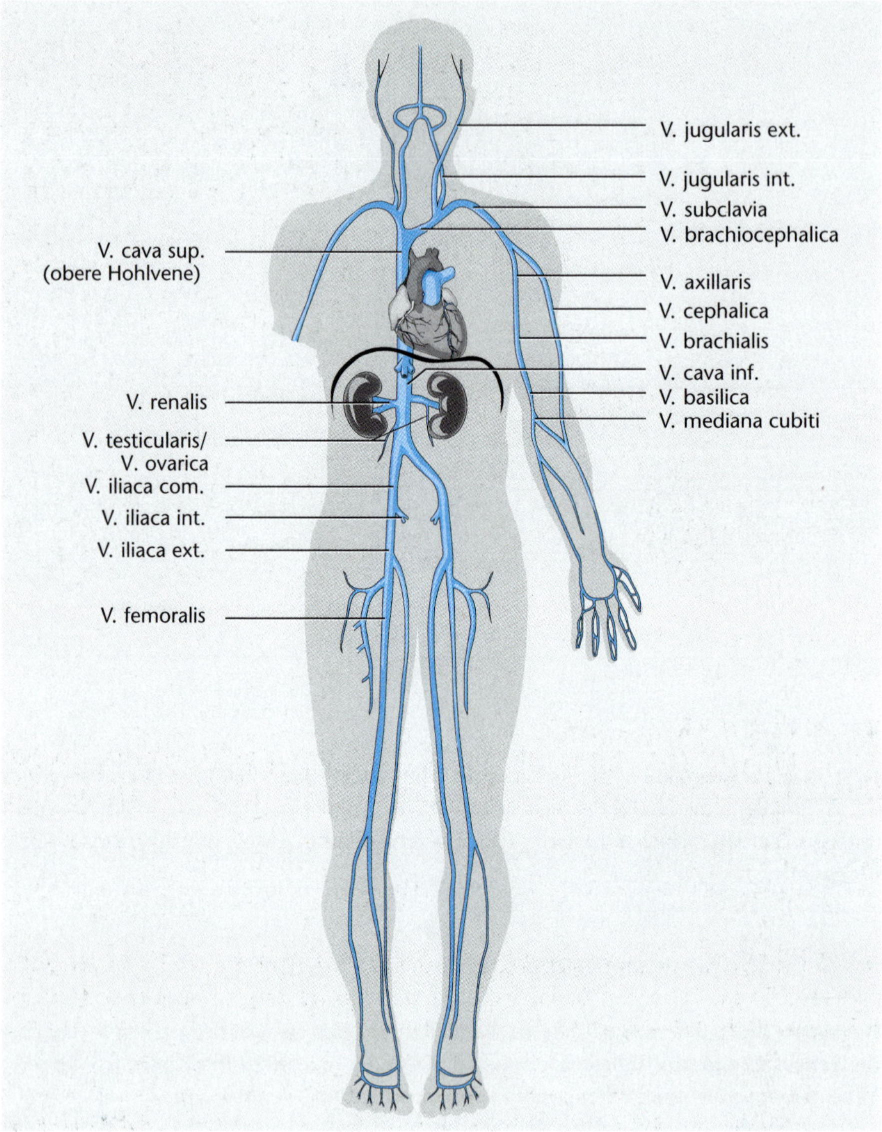

Abb. 3.16 Große Venenstämme des Menschen.

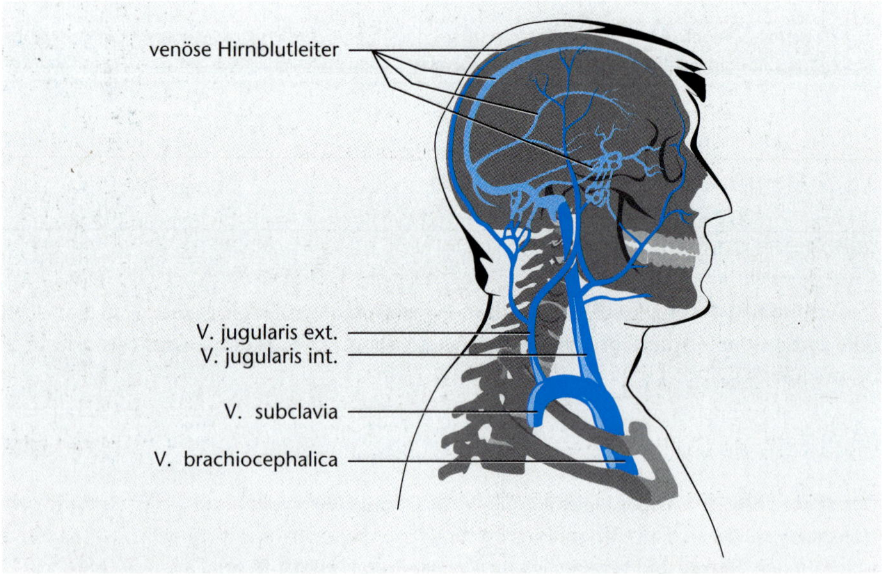

Abb. 3.17 Venöser Abfluss des Kopfes.

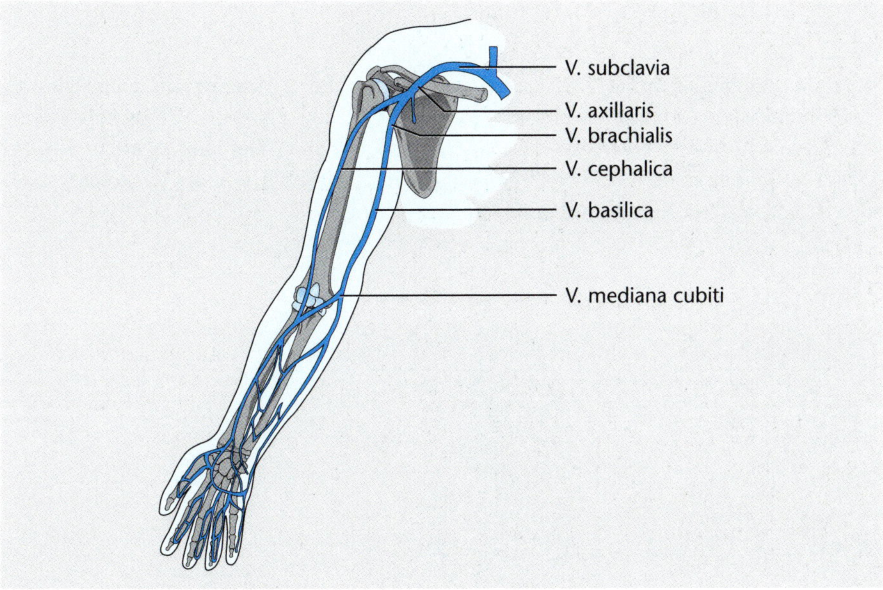

Abb. 3.18 Venöser Abfluss des Armes.

KLINISCHER HINWEIS

Die oberflächlichen Venen des Armes eignen sich aufgrund ihrer Lage gut für Blutentnahmen oder venöse Dauerkatheter.

Venen des Bauchraums und Pfortadersystem

Das Blut aus Darm und Milz fließt über die Mesenterial- sowie Milzvene zur **Pfortader** (V. portae) ab. Es enthält die Nährstoffe aus der Verdauung und wird zur weiteren Metabolisierung zunächst der Leber zugeführt (➤ Abb. 3.19).

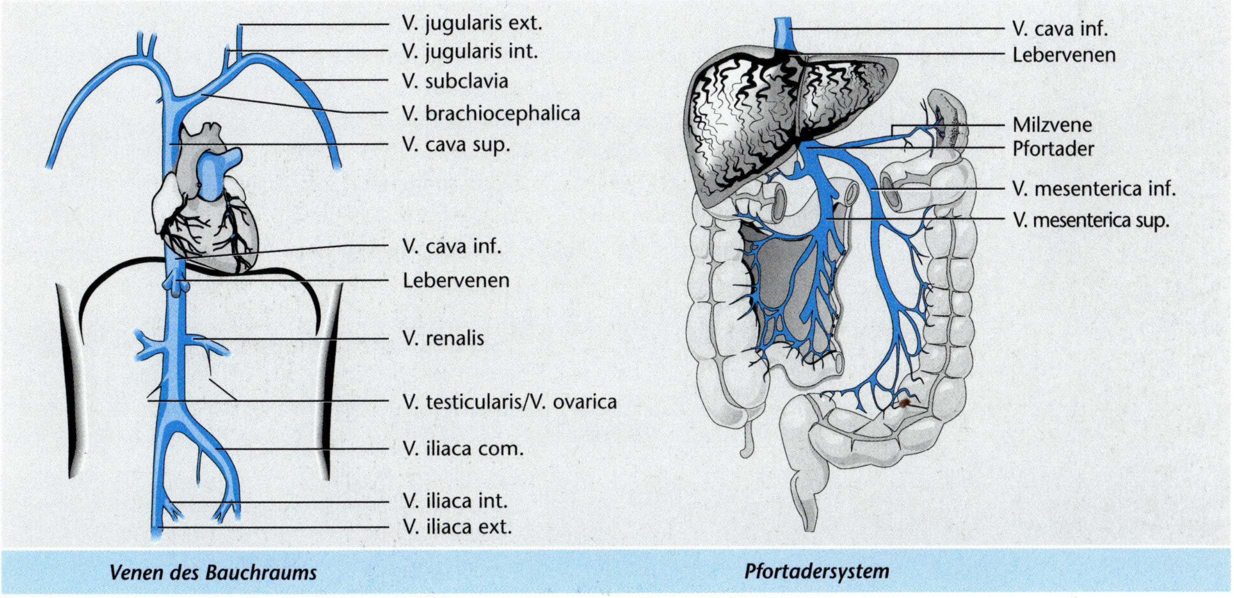

Abb. 3.19 Venen des Bauchraums und Pfortadersystem.

3

Venen des Beines

Die Venen des Beines werden in ein tiefes und oberflächliches Venensystem eingeteilt. Das **tiefe Venensystem** sammelt das Blut der Muskulatur und fließt über die **V. femoralis** (Oberschenkelvene) in die **V. iliaca externa** (äußere Beckenvene) ab. Das **oberflächliche Venensystem** verläuft direkt unter der Haut (subkutan) und sammelt sich in der **V. saphena magna,** die in die **V. femoralis** mündet (➤ Abb. 3.20).

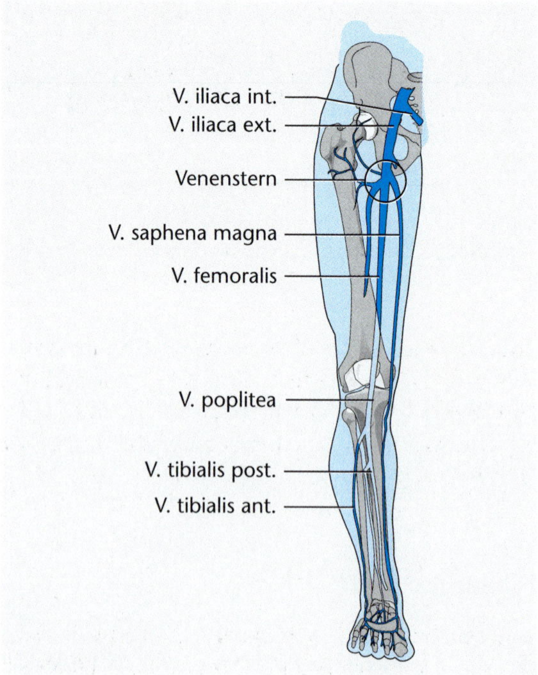

Abb. 3.20 Venöser Abfluss des Beines.

3.3.6 Venöser Blutfluss

Während das Blut in den Arterien durch die Pumpfunktion des Herzens in die Körperperipherie gepresst wird, beruht der Rückstrom des venösen Blutes vorwiegend auf der Sogwirkung des Herzens und des Unterdrucks im Thorax während der Inspiration.
Mehrere Mechanismen unterstützen den venösen Rückstrom:

- **Venenklappen** in den größeren Venen verhindern ein Rückfließen des Blutes
- **Muskel-Venen-Pumpe:** Die Kontraktion der Muskulatur entleert die Venen und presst das Blut aufgrund der Venenklappen in Richtung Herz (➤ Abb. 3.21).

ALTERSPHYSIOLOGIE

Insuffiziente Venenklappen können zu einem Rückstau des Blutes und einer Erweiterung der oberflächlichen Beinvenen führen. Man spricht auch von **Varizen** oder **Krampfadern.** Im Alter ist das Risiko für Varizen durch die Abnahme glatter Muskelzellen und elastischer Fasern in den Venenwänden deutlich erhöht.

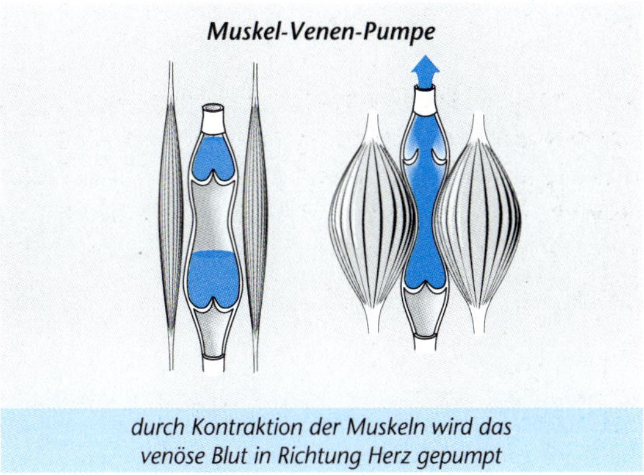

Abb. 3.21 Die Muskel-Venen-Pumpe ist ein wichtiger Mechanismus zur Unterstützung des venösen Blutflusses.

3.4 Funktionsweise des Herz-Kreislaufsystems

Die Gefäße bilden in Verbindung mit dem Herzen das Herz-Kreislaufsystem (kardiovaskuläres System). Hierbei wird von einer Pumpe (Herz) das Transportmittel (Blut) durch ein System von elastischen Rohren (Gefäßen) bewegt. Die Hauptaufgabe dieses Systems ist der Transport von Sauerstoff und Nährstoffen zu allen Zellen bzw. Organen des Körpers und der Abtransport der entsprechenden Stoffwechselendprodukte.

3.4.1 Druckverhältnisse im Gefäßsystem

Der Blutdruck im arteriellen Gefäßsystem beruht auf der Herzkontraktion des Herzens und der Wandspannung der Gefäße. Im Verlauf des Gefäßsystems fällt der Blutdruck von 120 mmHg (systolisch) in den großen Arterien (z. B. der A. brachialis) auf unter 30 mmHg im Kapillarsystem ab. Im venösen System wird der Blutdruck stark von der Schwerkraft beeinflusst. In der oberen Körperhälfte kann der venöse Gefäßdruck 0 mmHg betragen oder negative Werte annehmen, während die Fußvenen Drücke von 100 mmHg aufweisen.

Der Druck im rechten Vorhof beträgt 2 bis 4 mmHg und wird als zentralvenöser Druck (ZVD) bezeichnet. Er ist ein Maß für den Füllungszustand des Gefäßsystems und die Pumpleistung des rechten Ventrikels.

Hoch- und Niederdrucksystem

Entsprechend den Druckverhältnissen wird das Gefäßsystem in ein Hoch- und Niederdrucksystem eingeteilt. Zum **Hochdrucksystem** gehören die Arterien des großen Körperkreislaufs, zum **Niederdrucksystem** Venen, Kapillaren, Lungenkreislauf, rechtes Herz und linker Vorhof. Das Niederdrucksystem kann wegen seiner hohen Kapazität und Dehnbarkeit auch als Blutspeicher dienen.

80 % des Gesamtblutvolumens befinden sich im Niederdrucksystem **(Kapazitätsgefäße).**

Windkesselfunktion

Ein „Windkessel" ist in der Technik ein Behälter für Speicherung und Ausgleich von Druckschwankungen. In der Medizin bezeichnet man als **Windkesselfunktion** (➤ Abb. 3.22) die

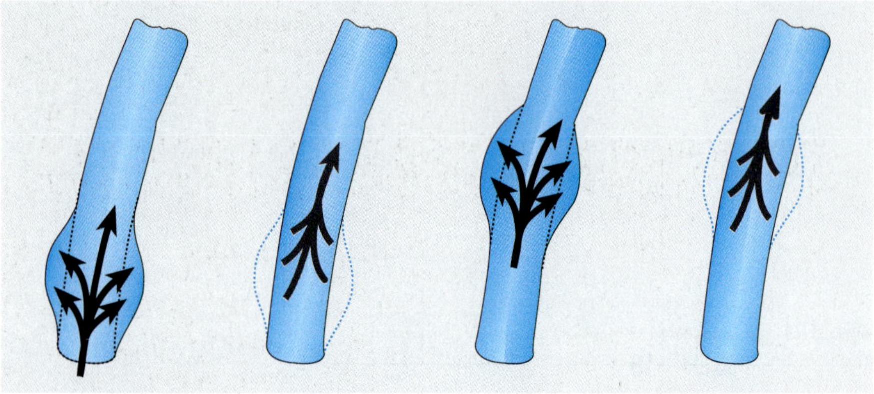

Abb. 3.22 Windkesselfunktion.

Eigenschaft der elastischen Arterienstämme, die phasenhafte Blutbewegung des Herzens während Systole und Diastole abzudämpfen und in die kontinuierliche Strömung der peripheren Arterien umzuwandeln. Somit kommt es auch während der Diastole nicht zum Stillstand der Blutzirkulation.

3.4.2 Strömungsgeschwindigkeit

Die Blutzirkulation beruht auf dem Druckgradienten innerhalb des Kreislaufsystems. Blut fließt immer von Gebieten hohen Drucks zur Regionen niedrigeren Drucks. Die Strömungsgeschwindigkeit des Blutes in der Aorta und den größeren Gefäßen ist sehr hoch (bis zu ca. 1 m/s während der Systole). Hingegen strömt das Blut in den Kapillaren 1.000-fach langsamer (ca. 0,7 mm/s) und ermöglicht einen effektiven Stoff- und Gasaustausch. In den Venen steigt dann die Strömungsgeschwindigkeit wieder auf Werte von durchschnittlich 10 cm/s an.

Die Strömungsgeschwindigkeit des Blutes ist in den Kapillaren am geringsten.

3.4.3 Kapillärer Stoffaustausch

In den Kapillaren erfolgt der Stoff- und Gasaustausch mit der Umgebung. Dies wird durch drei Grundmechanismen vermittelt:

- Diffusion
- Filtration
- Resorption.

Diffusion

Diffusion spielt die quantitativ wichtigste Rolle für den Stoff- und Gasaustausch im Körper. Hierdurch gelangt z. B. Sauerstoff aus dem oxygenierten Blut in das sauerstoffarme Gewebe.

Filtration und Resorption

Bei der **Filtration** verursacht ein Druckgefälle den Durchtritt von Flüssigkeiten durch eine Membran, wobei größere Teilchen zurückbleiben (Beispiel: Blut-Harn-Schranke der Niere; ➤ Kap. 7.2.1). Als **Resorption** bezeichnet man den von einem Konzentrationsgefälle angetriebenen Durchtritt von Teilchen oder Flüssigkeit durch eine Membran (Beispiel: Rückresorption von Natrium und Wasser aus dem Primärharn der Niere; ➤ Kap. 7.2.1).

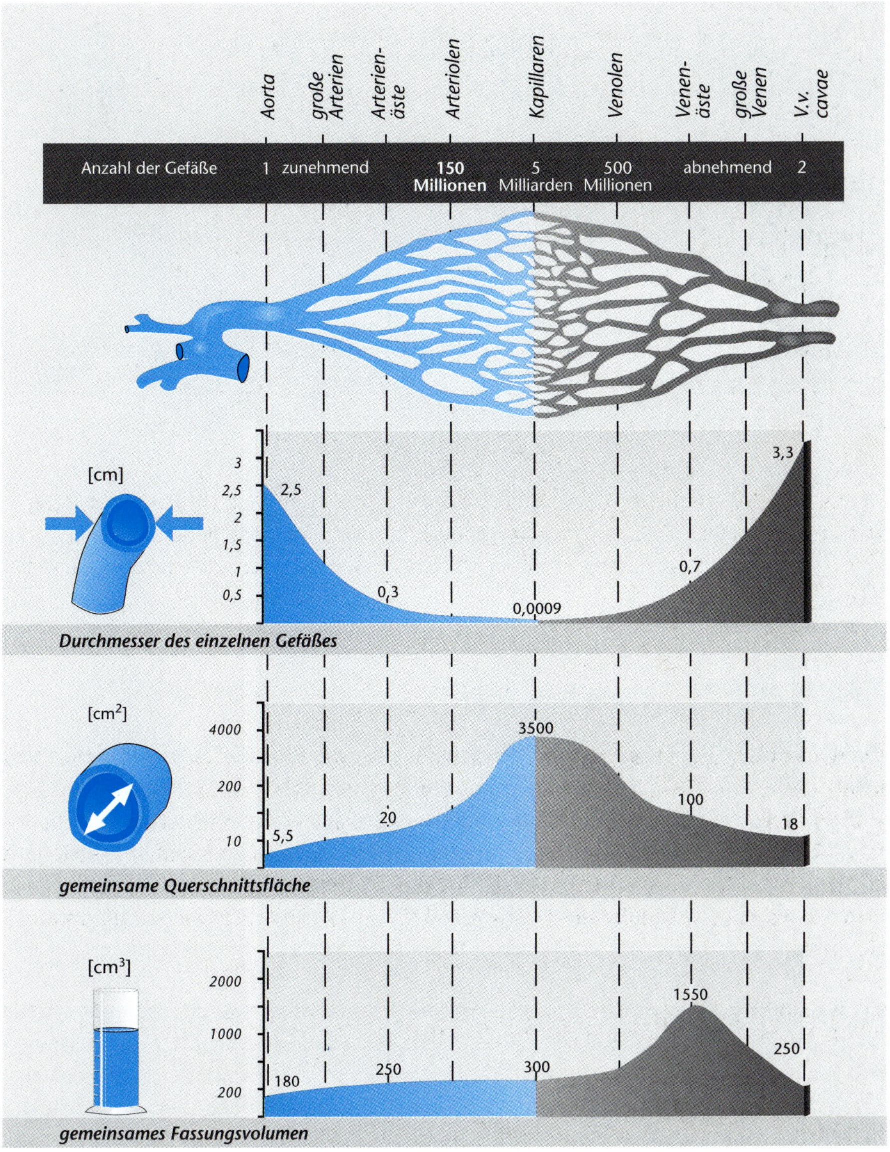

Abb. 3.23 Anzahl und Querschnitt der Gefäße im Vergleich.

Zwischen Gefäßsystem und umliegendem Gewebe herrscht ein permanenter Austausch von Flüssigkeit durch Filtration und Resorption.

Durch den Blutdruck **(hydrostatischer Druck)** wird Blutplasma durch die Gefäß- oder Kapillarwand in das Gewebe gepresst. Blutzellen und Proteine bleiben dabei im Gefäß zurück (Filtration), was die Erhöhung des **kolloidosmotischen Drucks** zur Folge hat. Wenn der kolloidosmotische Druck den hydrostatischen Druck übersteigt, überwiegt der Flüssigkeitseinstrom in das Gefäß und es kommt zur Resorption. Das führt dazu, dass von den Arterien bis zum Kapillarbett zunächst die Filtration, dann die Resorption überwiegt. Insgesamt werden ca. 20 Liter pro Tag filtriert und 18 Liter pro Tag rückresorbiert. Die Differenz (2 Liter) wird durch das Lymphsystem in das venöse System abgeleitet (➤ Abb. 3.24).

Eine Erniedrigung der im Blut gelösten Eiweiße (kolloidosmotischer Druck) oder eine Erhöhung des Venendrucks stören dieses Gleichgewicht. Die Folge ist eine übermäßige Wasseransammlung im Gewebe **(Ödem).**

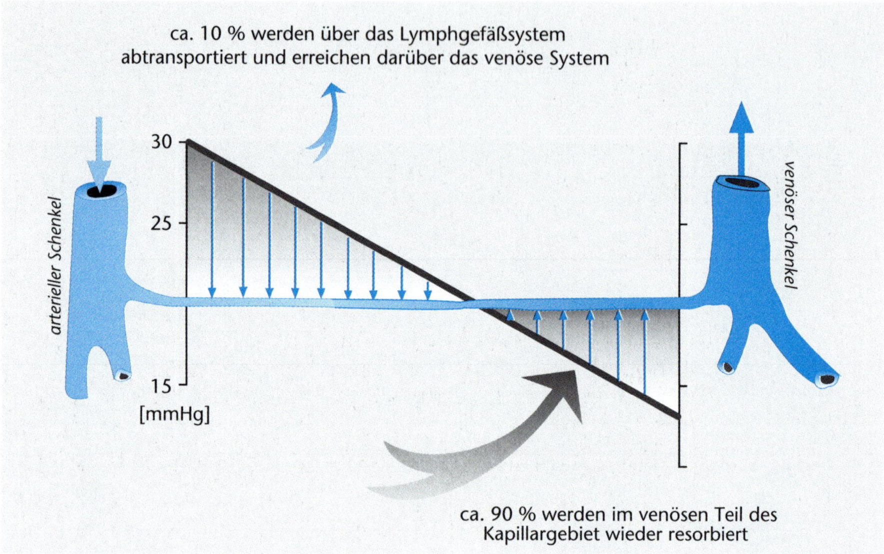

Abb. 3.24 Filtration und Resorption im Gewebe.

3.4.4 Blutdruck

Der Blutdruck ist der hydrostatische Druck innerhalb eines Blutgefäßes. In den verschiedenen Abschnitten des Gefäßsystems herrschen unterschiedliche Druckverhältnisse (➤ Kap. 3.4.1). Der arterielle Blutdruck schwankt aufgrund der Herzaktion wellenartig zwischen einem Maximalwert **(systolischer Blutdruck)** und einem Minimalwert **(diastolischer Blutdruck).** Die Differenz zwischen diesen Werten wird als **Blutdruckamplitude** bezeichnet.

Blutdruckmessung

Die in der Klinik am häufigsten angewandte Methode für die Messung des Blutdrucks ist die Methode nach **Riva-Rocci** (**RR;** ➤ Abb. 3.25). Hierbei wird eine Manschette um den Oberarm gelegt und solange aufgepumpt, bis der Blutfluss der Oberarmarterie (A. brachialis) durch die Kompression unterbrochen ist. Nun wird der Druck in der Manschette langsam reduziert und das Wiederauftreten von Strömungsgeräuschen **(Korotkow-Töne)** mit einem Stethoskop an der Kompressionsstelle abgehört.

Das erste Strömungsgeräusch tritt auf, wenn der Kompressionsdruck dem maximalen Blutdruck entspricht (systolischer Blutdruckwert), d. h. Blut durch die Engstelle gepresst wird.

Das Ausbleiben von Strömungsgeräuschen bei einer weiteren Verminderung des Manschettendrucks zeigt den diastolischen Blutdruckwert an. Der Wert sollte immer in Ruhe unter gleichen Bedingungen (z. B. im Liegen) ermittelt werden, um vergleichbare Werte zu erhalten.

Zu schmale Blutdruckmanschetten (z. B. bei übergewichtigen Patienten) ergeben zu hohe Werte, zu breite Blutdruckmanschetten (z. B. bei Kindern) ergeben zu niedrige Werte.

Der Blutdruck wird notiert, indem man zunächst den systolischen und dann den diastolischen Wert, durch einen Querstrich getrennt, angibt (z. B. 120/80 mmHg). Die Einheit **mmHg** steht für Millimeter Quecksilbersäule, einer früher gebräuchlichen Einheit für Druckwerte.

Normwerte

- Erwachsene: 120/80 mmHg
- Kinder: 100/70 mmHg.

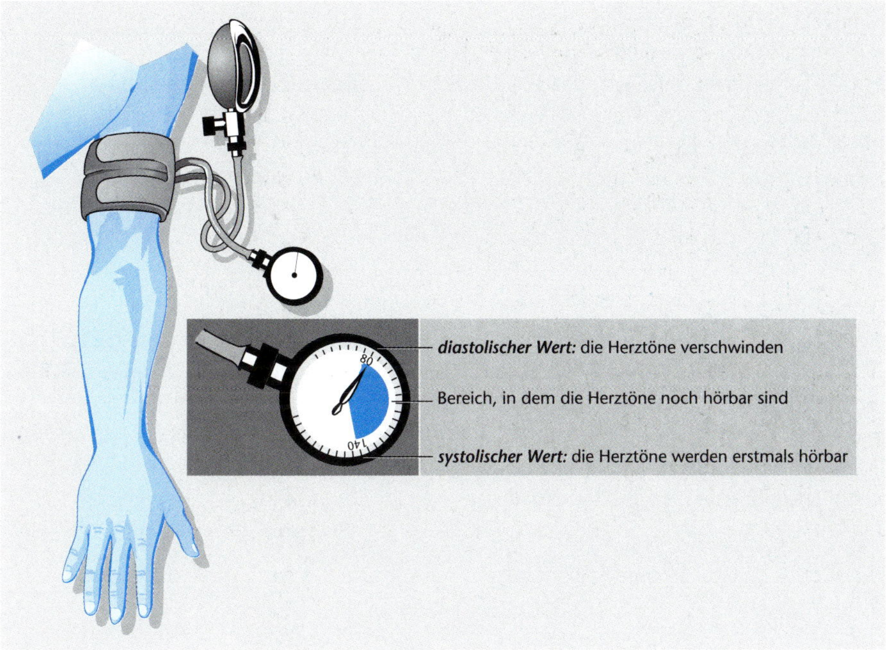

Abb. 3.25 Blutdruckmessung nach Riva-Rocci. Hier: 140/80 mmHg.

Hypertonie

Während es bei körperlichen oder psychischen Belastungen (z. B. Sport oder Stress) zu dem normalen kurzzeitigen Anstieg des Blutdrucks kommt, ist ein chronischer Bluthochdruck (> 139 mmHg systolisch oder > 89 mmHg diastolisch) krankhaft und wird als **Bluthochdruck (Hypertonie)** bezeichnet.

Chronische Hypertonie führt zu Gefäßerkrankungen und kann in Herzinfarkten, Schlaganfällen oder Nierenschäden resultieren.

Hypotonie

Als **Hypotonie** bezeichnet man zu niedrige Blutdruckwerte (< 100 mmHg systolisch). Insbesondere junge Frauen weisen häufig eine ungefährliche, leichte Hypotonie auf, die mit Kollapsneigung verbunden sein kann.

3.4.5 Blutdruckregulation

Der Blutdruck im arteriellen Gefäßsystem (arterieller Blutdruck) wird durch ein komplexes Zusammenspiel verschiedener Faktoren beeinflusst, wie dem zirkulierenden Blutvolumen, der Pumpleistung des Herzens und dem Widerstand des Gefäßsystems. Wird einer dieser Faktoren verändert, hat dies Auswirkungen auf den Blutdruck.

Ursachen für Blutdruckabfall

- Erweiterung der Blutgefäße (= geringerer Widerstand)
- Verringerung des im Gefäßsystem zirkulierenden Blutvolumens
- Verringerung der Pumpleistung.

Ursachen für Blutdruckanstieg
- Verengung der Blutgefäße
- Erhöhung des im Gefäßsystem zirkulierenden Blutvolumens
- Erhöhung der Pumpleistung des Herzens.

Der Körper verfügt über verschiedene Regulationsmechanismen, um eine situationsgerechte Anpassung des Blutdrucks und damit der Versorgung des Körpers, zu gewährleisten.

Pressosensoren

Im Karotissinus der Halsschlagader und im Aortenbogen befinden sich Sensoren, die ständig die Höhe des Blutdrucks messen (Pressosensoren; ➤ Abb. 3.26) und an das Kreislaufzentrum im Gehirn melden. Weicht der aktuelle Blutdruck vom Sollwert ab, veranlasst das Gehirn die Gegenregulation durch das vegetative Nervensystem (➤ Kap. 10.10).

So führt die Aktivierung des Sympathikus (z. B. bei Blutverlust und Schock) zu einer erhöhten Pumpleistung und -frequenz des Herzens und zur Verengung peripherer Gefäße, was in der Erhöhung des Blutdrucks resultiert.

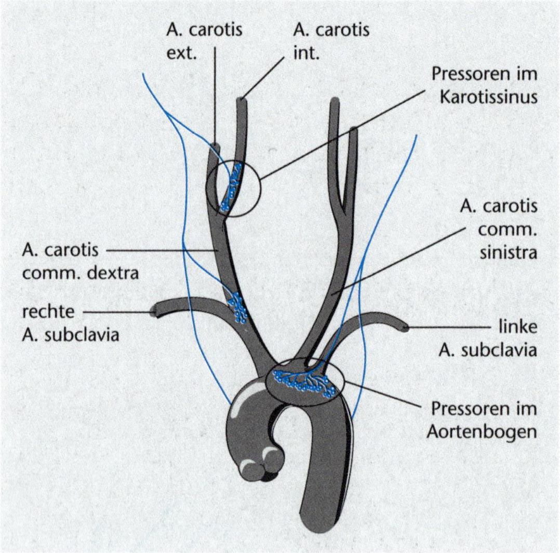

Abb. 3.26 Die Pressosensoren befinden sich vor allem im Aortenbogen und im Karotissinus.

Renin-Angiotensin-Aldosteron-System (RAAS)

Ein weiterer Kontrollmechanismus für den Blutdruck ist die Regulation des Blutvolumens durch das **Renin-Angiotensin-Aldosteron-System (RAAS;** ➤ Abb. 3.27).

Das RAAS ist eine Kaskade verschiedener Enzyme und Hormone zur Regulation des Wasser- und Elektrolythaushalts des Körpers. Eine Minderdurchblutung der Niere oder zu geringe Salzkonzentration des Blutes führt zur Ausschüttung des Enzyms **Renin** in der Niere. Renin überführt die inaktive Hormonsvorstufe **Angiotensinogen** in das aktive Hormon **Angiotensin I,** das weiter durch **ACE (Angiotensin Converting Enzym)** in **Angiotensin II** umgewandelt wird. Angiotensin II ist die am stärksten den Blutdruck steigernde Substanz des menschlichen Körpers. Gleichzeitig bewirkt Angiotensin II die Freisetzung des Hormons Aldosteron aus der Nebennierenrinde, was zur Erhöhung der Natriumrückresorption in der Niere führt.

ACE-Hemmer (wie z. B. Captopril) senken den Blutdruck durch Inhibition des Angiotensin Converting Enzym (ACE).

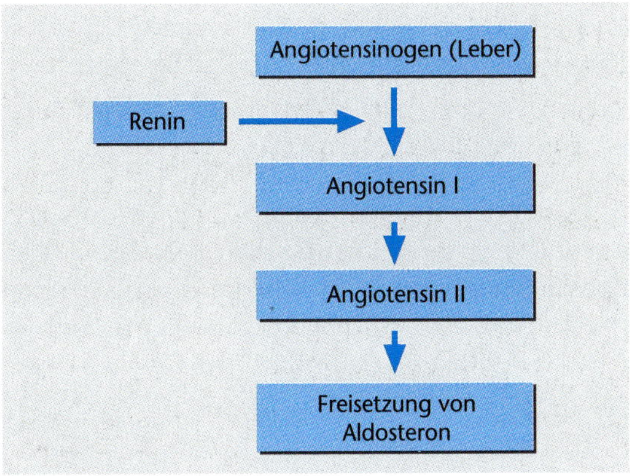

Abb. 3.27 Renin-Angiotensin-Aldosteron-System (RAAS).

3.4.6 Regulation der Blutverteilung

Herzminutenvolumen

Die Pumpleistung des Herzens wird durch das **Herzminutenvolumen (HMV;** ➤ Abb. 3.28) beschrieben, d. h. das vom Herzen pro Minute beförderte Blutvolumen. Es wird durch Multiplikation von Schlagvolumen (Auswurfvolumen pro Pumpaktion) und Schlagfrequenz errechnet. Die einzelnen Organe werden von einer unterschiedlich großen Menge Blut durchströmt, was in Prozent des HMV angegeben wird.

Das Herzminutenvolumen (HMV) beträgt in Ruhe ca. 5 Liter pro Minute.

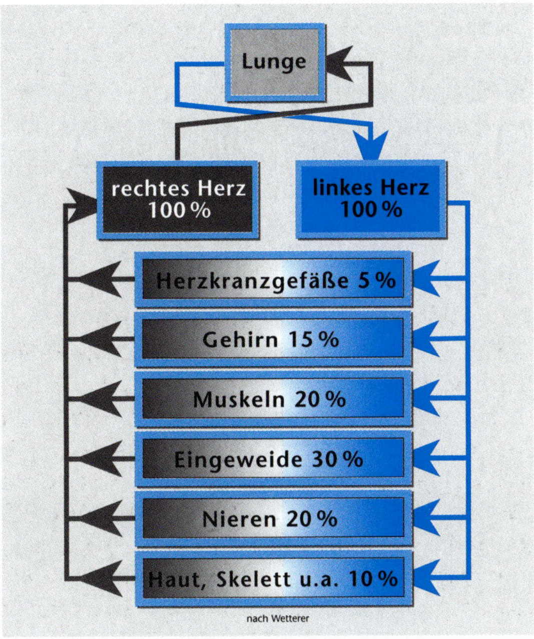

Abb. 3.28 Anteil der Organe am Herzminutenvolumen.

Lokale Durchblutungsregulation

Einzelne Organe oder Körperregionen können die Blutströmung selbstständig regulieren und damit an die spezifischen Erfordernisse anpassen. Dies erfolgt ohne Beteiligung des zentralen Nervensystems (Gehirn) durch lokale Regulationsmechanismen in den Gefäßen selbst **(Autoregulation).** Beispielsweise kommt es bei Übersäuerung des Blutes (durch den Anstieg von Kohlendioxid) zu einer lokalen Gefäßerweiterung (Vasodilatation) und somit Mehrdurchblutung. Darüber hinaus können lokale Hormone, wie z. B. Histamin, eine Vasodilatation bewirken.

Nervale Durchblutungsregulation

Die nervale Steuerung der Blutgefäße erfolgt hauptsächlich durch das vegetative Nervensystem und hier vor allem durch den **Sympathikus.** Durch die spezielle Verteilung von Rezeptoren führt die Erregung des Sympathikus (z. B. bei Sport, Stress, Aufregung) zur vermehrten Durchblutung der Skelettmuskulatur und zur verminderten Durchblutung der Eingeweidemuskulatur. Hierbei ist ein Rezeptortyp für eine Vasokonstriktion, ein anderer für eine Vasodilatation verantwortlich.

Die nervale Regulation der Organdurchblutung erfolgt vor allem über den Sympathikus.

Schock

Ein Schock ist eine akute Unterversorgung lebenswichtiger Organe. Ursache ist ein Missverhältnis zwischen Sauerstoffbedarf der Zellen und Sauerstoffangebot. Leitsymptom des Schocks ist der Blutdruckabfall, der durch den Organismus nicht mehr zu kompensieren ist. Es werden folgende Formen des Schocks unterschieden:

- **Volumenmangelschock:** durch ausgedehnten Blutverlust verursachter Schock
- **Anaphylaktischer Schock:** durch allergische Reaktionen verursachte, massive Gefäßerweiterung mit starkem Blutdruckabfall
- **Kardiogener Schock:** durch reduzierte Pumpleistung des Herzens verursachter Schock
- **Septischer Schock:** durch Mikroorganismen (Bakterien) verursachte starke Gefäßerweiterung mit Blutdruckabfall und Kapillarschäden
- **Neurogener Schock:** durch Überreaktion des vegetativen Nervensystems ausgelöster Schock.

Der Organismus versucht, den Schock über eine vermehrte Ausschüttung des Stresshormons **Adrenalin** zu kompensieren. Folge ist eine Kreislaufzentralisation, bei der die Durchblutung von Haut, Muskulatur und Magen-Darm-Trakt zugunsten der lebenswichtigen Organe Herz und Gehirn eingeschränkt wird.

3.4.7 Temperaturregulation

Der Körper produziert auf Grund seiner Stoffwechselvorgänge ständig Wärme. Dem Körper stehen folgende Mechanismen zur Verfügung, um die Körperkerntemperatur bei 37,5 °C konstant zu halten.

Kontrollmechanismen bei Hitze

Die Wärmeabgabe des Körpers erfolgt durch Abstrahlung und Verdunstung (Schwitzen).

Kontrollmechanismen bei Kälte

Zum Schutz vor Auskühlung reduziert der Körper die Schweißsekretion und Hautdurchblutung. Die Wärmeproduktion wird durch aktive Bewegung der Skelettmuskulatur (Muskelzittern) erhöht.

Die Körpertemperatur des gesunden Menschen beträgt 37,5 °C.

Fieber

Die Körpertemperatur wird durch das **thermoregulatorische Zentrum** im Gehirn reguliert, das von temperaturempfindlichen Messfühlern **(Thermosensoren)** Rückmeldung über die aktuelle Temperatur erhält. Im Normalfall hält das thermoregulatorische Zentrum die Temperatur konstant bei 37,5 °C. Als Antwort des Körpers auf Erkrankungen wird der Sollwert nach oben verschoben (Fieber).

Bei Fieber ist die Körpertemperatur auf über 38 °C erhöht. Temperaturen über 41 °C sind lebensgefährlich und bedürfen der sofortigen medizinischen Intervention.

Fieber verursachende Substanzen **(Pyrogene)** werden bei Infektionen von Erregern oder von Immunzellen des Körpers freigesetzt und heben den Sollwert an. Ein typischer Fieberverlauf besteht aus einer ersten Phase mit Muskelzittern (Schüttelfrost), gefolgt von einer zweiten Phase mit vermehrtem Schwitzen (Schweißausbrüchen).

KLINISCHER HINWEIS

Die Messung der Körperkerntemperatur erfolgt am genauesten im Enddarm, in der Mundhöhle oder im Ohr. Messungen in der Achselhöhle sind relativ ungenau.

3.4.8 Fetaler Blutkreislauf

Das ungeborene Kind (Fetus) wird über die Nabelschnur von der Mutter versorgt. Das in der Plazenta mit Sauerstoff angereicherte Blut gelangt über die Nabelvene (Vena umbilicalis) der Nabelschnur, umgeht die Leber **(Ductus venosus Arantii)** und mündet direkt in die große Hohlvene des Fetus. Da die fetale Lunge noch kollabiert und somit funktionslos ist, wird das Blut vom rechten Vorhof über ein Loch in der Vorhofscheidewand **(Foramen ovale)** unter Umgehung der Lunge direkt in den linken Vorhof und weiter in die Aorta transportiert. Das aus der oberen großen Hohlvene kommende Blut kreuzt den aus der unteren großen Hohlvene kommenden Blutstrom und gelangt teilweise in den rechten Ventrikel. Von dort fließt es von der Lungenarterie über eine dritte Kurzschlussverbindung **(Ductus arteriosus Botalli)** direkt in die Aorta (➤ Abb. 3.29).

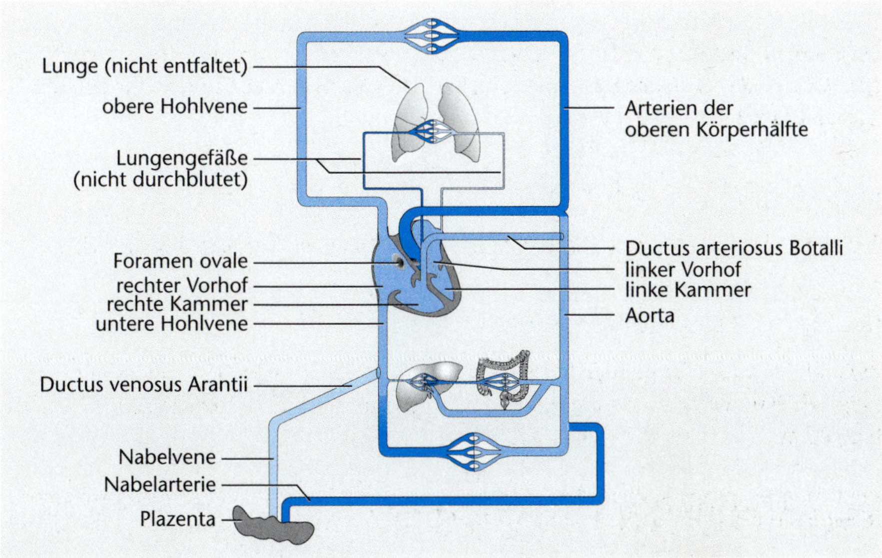

Abb. 3.29 Fetaler Blutkreislauf mit den drei Kurzschlussverbindungen (vor Abnabelung).

Kurzschlusswege im fetalen Kreislauf

- **Ductus venosus Arantii** zur Umgehung der Leber
- Offenes **Foramen ovale** zur Umgehung der Lunge
- **Ductus arteriosus Botalli** zur Umgehung der Lunge.

Kreislaufumstellung nach der Geburt

Nach Unterbrechung des Nabelstrangs kommt es zum Anstieg des Blutdrucks im Neugeborenen und mit Beginn der Lungenatmung zum Einsetzen des Lungenkreislaufs. Die veränderten Strömungs- und Druckverhältnisse führen zu einer Strömungsumkehr im Ductus Botalli und dem mechanischen Verschluss des Foramen ovale. Ductus venosus und Ductus Botalli verschließen sich nach der Geburt durch Kontraktion ihrer Wandmuskulatur.

Fragen

1. Wie kommen erster und zweiter Herzton zustande? (➤ Kap. 3.2.3)
2. Beschreiben Sie die Lage des Herzens im menschlichen Körper. (➤ Kap. 3.1)
3. Schildern Sie den Ablauf der Erregungsleitung im Herzen. (➤ Kap. 3.1.6)
4. Was versteht man unter Autorhythmie des Herzens? (➤ Kap. 3.1.6)
5. Welchen Einfluss kann das vegetative Nervensystem auf die Herzaktion ausüben? (➤ Kap. 3.1.6)
6. Welche Auswirkung hat ein nachgeburtlich offenes Foramen ovale? (➤ Kap. 3.4.8)
7. Wie unterscheiden sich herznahe und herzferne Arterien in ihrer Bauweise? (➤ Kap. 3.3.1)
8. Welches Versorgungsgebiet hat die A. mesenterica inferior? (➤ Kap. 3.3.2)
9. Wo beginnt das Venensystem, wo endet es? (➤ Kap. 3.3.4)
10. Beschreiben Sie die Vorgänge, die in der Diastole der Herzaktion ablaufen. (➤ Kap. 3.2.2)
11. Durch welche Mechanismen kann eine Steigerung des HMV zustande kommen? (➤ Kap. 3.4.6)
12. Wo befindet sich der Sinusknoten im Herzen? (➤ Kap. 3.1.6)
13. Zeichnen und beschriften Sie eine normale EKG-Kurve. (➤ Kap. 3.1.7)
14. Wie kommt es zum orthostatischen Kollaps? (➤ Kap. 3.4.6)
15. Nennen Sie Mechanismen, die den Rücktransport des venösen Blutes zum Herzen unterstützen. (➤ Kap. 3.4.1)
16. Welche Besonderheiten kennzeichnen den fetalen Kreislauf? (➤ Kap. 3.4.8)
17. Schildern Sie kurz den Vorgang der Kreislaufumstellung nach der Geburt. (➤ Kap. 3.4.8)
18. Beschreiben Sie die Veränderungen im Kreislaufsystem bei der Umstellung von Ruhe auf körperliche Arbeit. (➤ Kap. 3.4)
19. Wie groß ist das HMV in Ruhe? (➤ Kap. 3.4.6)
20. Wie kommt es zur Füllung der Herzkammern? (➤ Kap. 3.2)

KAPITEL

4 Blut und lymphatisches System

Blut übernimmt vielfältige Aufgaben im menschlichen Organismus. Es transportiert Sauerstoff, Kohlendioxid und Nährstoffe und trägt zur Regulation von Temperatur, pH-Wert und Salzhaushalt bei. Eine weitere wichtige Funktion ist die Immunabwehr, die vom Blut und dem lymphatischen System übernommen wird.

Der Körper enthält etwa 4–6 Liter Blut (6 % des Körpergewichts).

Zusammensetzung des Blutes

Das Blut besteht aus einem flüssigen Anteil **(Blutplasma)** und einem korpuskulären Anteil **(Hämatokrit).** Das Blutplasma hat einen Anteil von 55 % am Blutvolumen und kann durch Zentrifugation weiter in die Gerinnungsfaktoren und das **Blutserum** separiert werden (➤ Abb. 4.1).

4.1 Blutplasma und Blutserum

Das Blutplasma besteht aus dem **Blutserum** und den **Gerinnungsfaktoren.** Das Blutserum ist eine gelbliche klare Flüssigkeit, die zu 91 % aus Wasser und zu 7 % aus Serumproteinen besteht. Die restlichen 2 % machen Elektrolyte, Nährstoffe und Hormone aus.

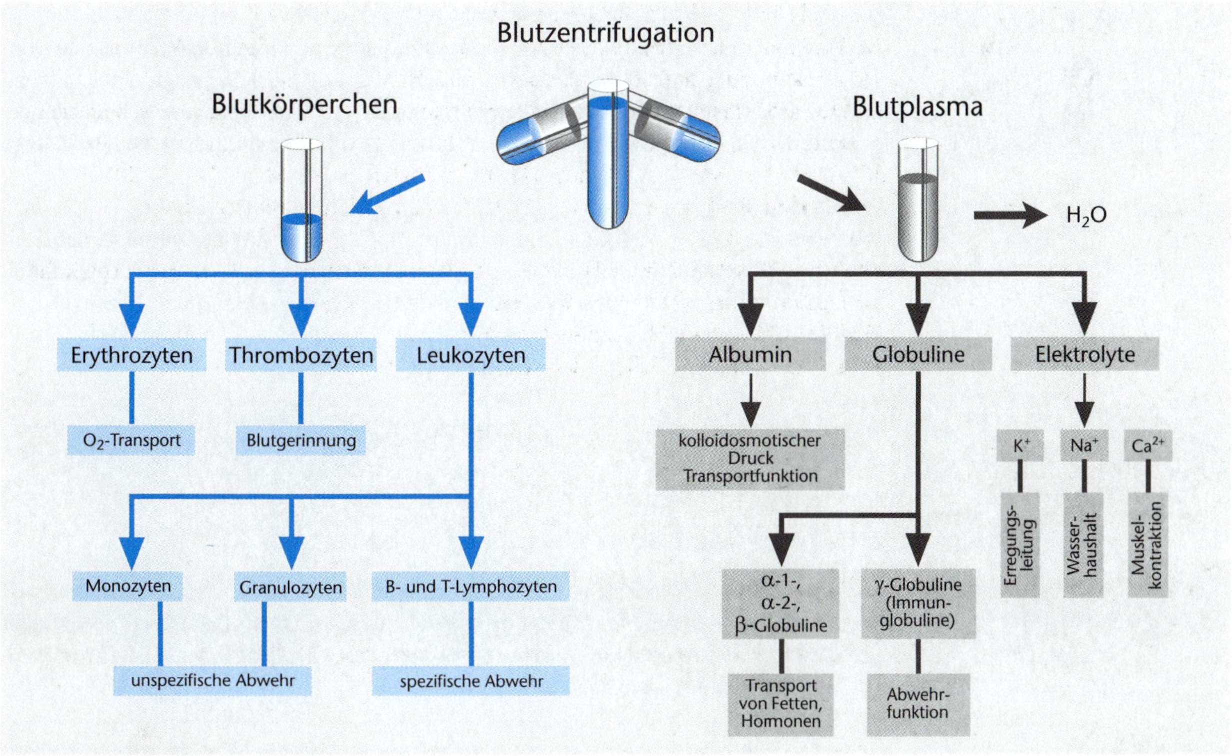

Abb. 4.1 Zusammensetzung des Blutes.

Serumproteine und Serumelektrophorese

Das Blutserum enthält eine charakteristische Zusammensetzung von Proteinen, die im Labor durch die Serumelektrophorese analysiert werden kann und dadurch wichtige Hinweise auf Krankheitsprozesse liefert (➤ Abb. 4.2). Die Verteilung der Proteine in Blutserum ist:

- 63 % **Albumin**
- 3 % **α_1-Globuline**
- 7 % **α_2-Globuline**
- 9 % **β-Globuline**
- 17 % **γ-Globuline (Immunglobuline).**

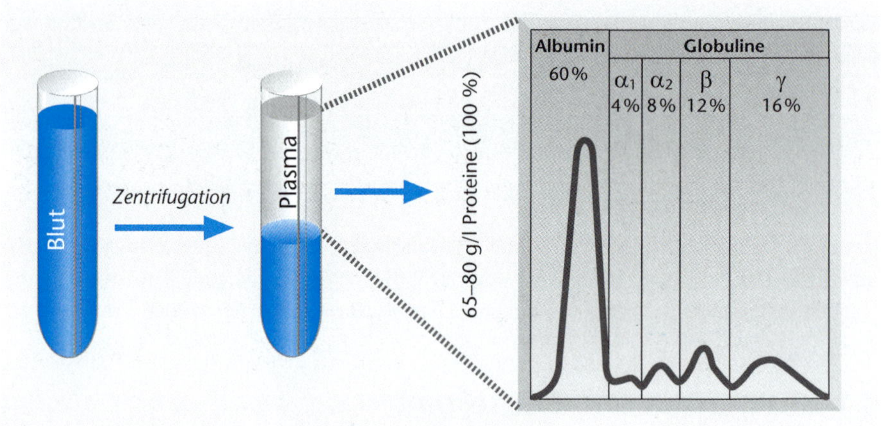

Abb. 4.2 Aufteilung der Plasmaproteine mittels Serumelektrophorese.

Der Eiweißgehalt des Blutserums beträgt im Mittel 70–80 g/l.

Albumin

Das Albumin macht mit 63 % den Hauptbestandteil der Serumproteine aus. Es dient der Aufrechterhaltung des kolloidosmotischen Drucks und damit der Flüssigkeitsverteilung zwischen Gefäßsystem und Gewebe. Weiterhin ist es als Transporter (z. B. für Kalzium oder bestimmte Medikamente), als Puffer für den pH-Wert sowie als Proteinreserve von Bedeutung.

Globuline

Während die α_1-, α_2- und β-Globuline Transport- und Trägerfunktionen ausüben, repräsentieren die γ-Globuline (Immunglobuline) die Antikörper. Sie spielen eine entscheidende Rolle für die Immunabwehr und werden weiter in fünf verschiedene Klassen unterteilt:

- IgG
- IgA
- IgM
- IgD
- IgE.

pH-Wert des Blutplasmas

Für einen reibungslosen Ablauf der Stoffwechselaktionen im Körper ist ein konstanter pH-Wert um 7,4 notwendig. Ein erhöhter pH-Wert (> pH 8) wird als **Alkalose,** ein erniedrigter pH-Wert (< pH 7) als **Azidose** bezeichnet. Störungen des pH-Werts treten z. B. bei respiratorischen oder metabolischen Krankheiten auf.

Der pH-Wert des Blutplasmas wird in engen Grenzen konstant bei pH 7,4 gehalten.

Elektrolyte

Das Blutplasma enthält die **Elektrolyte (Salze),** die eine zentrale Rolle bei vielfältigen physiologischen Prozessen spielen und deren Konzentration im Blut streng kontrolliert wird. Sie geben wichtige Hinweise auf die Funktion verschiedener Organe (z. B. der Niere) und werden in der Klinik routinemäßig bestimmt.

Normale Elektrolytkonzentrationen
- **Natrium:** 140 mmol/l
- **Kalium:** 4 mmol/l
- **Kalzium:** 2,5 mmol/l
- **Magnesium:** 1 mmol/l
- **Chlorid:** 110 mmol/l
- **Bikarbonat:** 27 mmol/l.

Der **Kaliumwert (4 mmol/l)** ist in der Klinik von besonderer Bedeutung, da zu hohe oder zu niedrige Konzentrationen zu gefährlichen Herzrhythmusstörungen führen können.

4.2 Blutkörperchen

Zu den Blutkörperchen gehören die Erythrozyten, Leukozyten und Thrombozyten. Sie stellen die festen Bestandteile **(Hämatokrit)** des Blutes dar. Die Entwicklung aller Blutkörperchen aus einer gemeinsamen pluripotenten Stammzelle wird als **Hämatopoese** (➤ Abb. 4.3) bezeichnet.

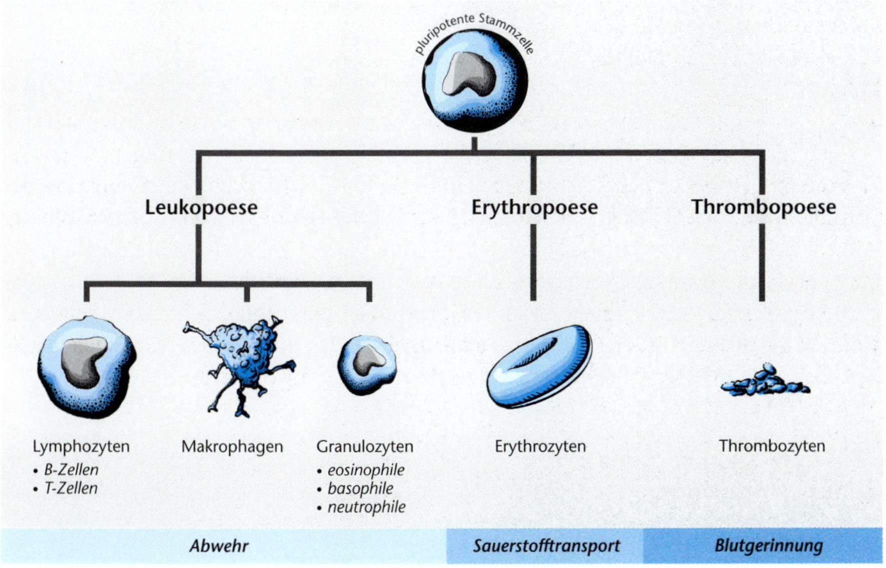

Abb. 4.3 Hämatopoese aus der pluripotenten Stammzelle.

Hämatokrit

Unter dem Hämatokrit versteht man alle zellulären Bestandteile des Blutes.

Normwerte
- Mann: 40–52 %
- Frau: 37–47 %.

Die Angabe des Hämatokritwerts in Prozent vom Gesamtblutvolumen dient der Beurteilung der Viskosität (Zähigkeit) des Blutes. Ein hoher Hämatokritwert liegt z. B. bei verringertem Blutplasmavolumen (Dehydratation) oder vermehrten Blutzellen (z. B. bei Blutkrebs) vor.

Blutsenkungsgeschwindigkeit (BSG)

Blutzellen setzen sich in ungerinnbar gemachtem Blut mit einer konstanten Geschwindigkeit ab, die bei Erkrankungen erhöht oder erniedrigt sein kann.

Die Bestimmung der Blutsenkungsgeschwindigkeit (BSG) dient als unspezifischer Suchtest für das Vorliegen von Erkrankungen. Eine Erhöhung der BSG findet sich häufig bei entzündlichen Erkrankungen oder malignen Tumoren.

Normwerte
- Mann: 3–8 mm und 5–18 mm (nach einer bzw. zwei Stunden)
- Frau: 6–11 mm und 6–20 mm (nach einer bzw. zwei Stunden).

4.2.1 Erythrozyten

Die **Erythrozyten** (rote Blutkörperchen) stellen den größten Teil der korpuskulären Blutbestandteile. Sie enthalten den roten Blutfarbstoff **(Hämoglobin)** für den Transport von Sauerstoff. Sie sind flache Scheiben mit einem Durchmesser von ca. 7 µm und weisen aufgrund des fehlenden Zellkerns eine zentrale Eindellung auf.

Erythrozyten sind die Sauerstoffträger des Blutes.

Normwerte
- Mann: 5,1 Millionen/µl Blut
- Frau: 4,6 Millionen/µl Blut.

Entwicklung der Erythrozyten

Erythrozyten entstehen beim Erwachsenen im roten Knochenmark aus Vorläuferzellen, den **Retikulozyten** (➤ Abb. 4.4). Diese besitzen im Gegensatz zu Erythrozyten einen Zellkern und ein ausgeprägtes endoplasmatischen Retikulum. Nach 120 Tagen werden Erythrozyten durch Makrophagen in der Milz, Leber und Knochenmark abgebaut.

Die Entwicklung neuer Erythrozyten **(Erythropoese)** unterliegt der Kontrolle durch das Hormon **Erythropoetin,** das bei Sauerstoffmangel von der Niere und zu einem geringeren Teil auch von der Leber (10 %) produziert wird.

Die Erythropoese erfolgt vor der Geburt in Dottersack, Leber, Milz und Knochenmark. Nach der Geburt findet die Blutbildung nur noch im Knochenmark statt.

Hämoglobin

Das Hämoglobin ist der rote Blutfarbstoff der Erythrozyten. Es ist für den Sauerstofftransport von der Lunge zu den Geweben sowie für den Rücktransport von Kohlendioxid zur Lunge verantwortlich.

Normwerte
- Mann: 14–16 g/100 ml
- Frau: 12–15 g/100 ml
- Neugeborenes: 20 g/100 ml.

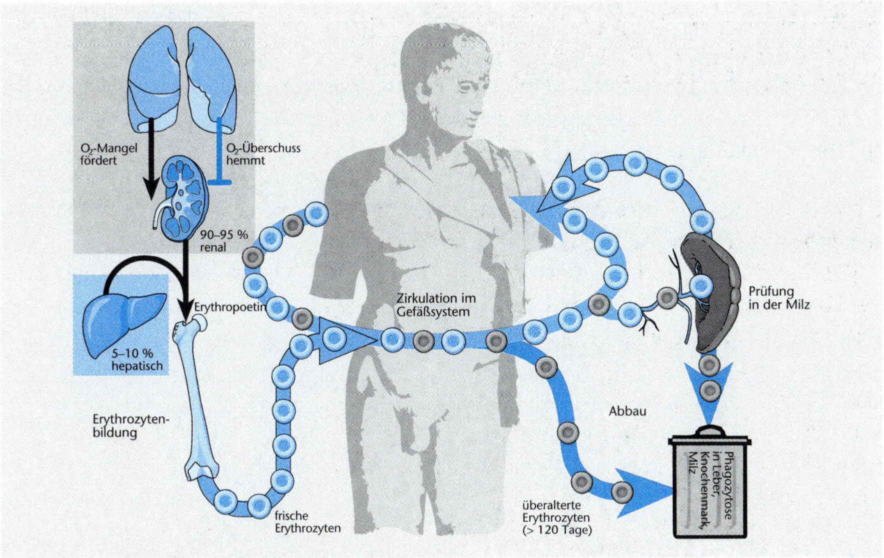

Abb. 4.4 Bildung und Abbau der Erythrozyten.

Venöses, sauerstoffarmes Blut ist blau; arterielles, sauerstoffreiches Blut ist rot.

Färbekoeffizient

Der Hämoglobingehalt eines einzelnen Erythrozytens wird als Färbekoeffizient bezeichnet. Er beträgt etwa 30 Pikogramm (normochrom). Werte > 35 bezeichnet man als hyperchrom, Werte < 25 als hypochrom.

Hämoglobin-Wert (Hb-Wert)

Die Menge von Hämoglobin in 100 ml Blut wird als **Hämoglobin-Wert (Hb-Wert)** bezeichnet. Ein erhöhter Hb-Wert beruht meist auf einer erhöhten Erythrozytenzahl und kann z. B. bei Aufenthalt in großen Höhen (Sauerstoffmangel) oder durch Flüssigkeitsverlust auftreten **(Polyglobulie).** Ein verringerter Hämoglobin-Wert wird als **Anämie** bezeichnet.

Normwerte
- Frauen: 12–14 g/dl
- Männer: 14–16 g/dl.

Anämie

Unter Anämie versteht man einen Mangel an Erythrozyten oder Hämoglobin. Hauptsymptome sind Blässe und Müdigkeit. Ursachen einer Anämie können sein:
- Gestörte Erythropoese **(z. B. Eisenmangelanämie)**
- Verkürzte Lebensdauer der Erythrozyten **(hämolytische Anämie)**
- Blutverlust **(Blutungsanämie).**

ALTERSPHYSIOLOGIE

Die Anämie ist die häufigste hämatologische Auffälligkeit im Alter. Einerseits nimmt die Zahl der blutbildenden Stammzellen im Knochenmark im Laufe des Lebens ab. Andererseits weisen ältere Menschen oft mehrere Ursachen für eine Blutarmut auf, z. B. eine Nierenfunktionsstörung (Mangel von Erythropoetin), Mangelernährung (unzureichende Versorgung mit Eisen, Vitamin B_{12} und Folsäure) oder eine Tumoranämie.

4

Polyglobulie

Bei einer Vermehrung der Erythrozyten über die Norm spricht man von einer **Polyglobulie.** Folge ist eine erhöhte Zähigkeit **(Viskosität)** des Blutes und eine dadurch erhöhte Neigung zur Thrombenbildung.

4.2.2 Leukozyten

Die weißen Blutkörperchen **(Leukozyten)** besitzen im Gegensatz zu Erythrozyten einen Zellkern. Sie dienen hauptsächlich der Immunantwort, d. h. der Abwehr von Krankheitserregern. Nur ein kleiner Teil der Leukozyten zirkuliert im Blut. Der weitaus größere Teil (ca. 90 %) befindet sich in Knochenmark und Gewebe und wird bei Bedarf in das Blut mobilisiert.

4

Normwert
4.000–10.000/µl Blut.

> Weniger als 4.000 Leukozyten pro Mikroliter werden als **Leukopenie,** mehr als 10.000 pro Mikroliter als **Leukozytose** bezeichnet.

Leukozyten bestehen aus verschiedenen Zelltypen, die im **Differenzialblutbild** (➤ Tab. 4.1) getrennt dargestellt („differenziert“) werden können.

Tab. 4.1 Normales Differenzialblutbild.

Zellart	Anteil
Granulozyten	50–70 %
Neutrophile	50–70 %
Eosinophile	2–4 %
Basophile	0,5–1 %
Lymphozyten	25–40 %
Monozyten	2–6 %

Granulozyten

Die Granulozyten werden im Knochenmark gebildet. Man kann sie weiter unterteilen:

- **Neutrophile Granulozyten** (50–70 % aller Leukozyten) sind die zentralen Abwehrzellen der unspezifischen Immunabwehr, indem sie Fremdkörper und Bakterien durch Phagozytose eliminieren
- **Eosinophile Granulozyten** (2–4 % aller Leukozyten) dienen der Abwehr parasitärer Erkrankungen
- **Basophile Granulozyten** (0,5–1 % aller Leukozyten) spielen als Speicherort für Histamin eine wichtige Rolle bei allergischen Reaktionen (➤ Kap. 4.6.5).

Lymphozyten

Die Lymphozyten werden im Knochenmark und dem lymphatischen Gewebe, hier vor allem in Milz und Lymphknoten, gebildet. Der Hauptteil der Lymphozyten findet sich auch nicht im Blut, sondern in den Organen des lymphatischen Systems. Je nach dem Ort ihrer Prägung unterscheidet man:

- **B-Lymphozyten** (Prägung vor allem im Knochenmark)
- **T-Lymphozyten** (Prägung im Thymus).

Die Lymphozyten sind die Hauptträger der Immunität. B-Lymphozyten bilden nach Umwandlung spezifische Antikörper, T-Lymphozyten sind Träger der zellulären Abwehr.

Monozyten

Monozyten sind die größten Blutzellen. Sie haben eine hohe Phagozytosekapazität und erfüllen damit ebenfalls Abwehrfunktionen. Sie können aus der Blutbahn in die umgebenden Gewebe einwandern.

4.2.3 Thrombozyten

Thrombozyten (Blutplättchen) sind ebenso wie Erythrozyten kernlos. Thrombozyten entstehen aus Vorläuferzellen, den **Megakaryozyten,** im Knochenmark. Nach etwa 10 Tagen Verweildauer im Blut werden sie in Milz, Leber und Lunge abgebaut.

Normwerte
- 150.000–300.000/µl Blut.

Mehr als 300.000 Thrombozyten pro Mikroliter Blut wird als **Thrombozytose,** weniger als 150.000 als **Thrombozytopenie** bezeichnet.

Funktion

Die Thrombozyten übernehmen eine wichtige Aufgabe bei der **Blutgerinnung,** insbesondere bei der primären Hämostase (➤ Kap. 4.3.2). Eine Vermehrung der Thrombozyten führt zur erhöhten Thromboseneigung, eine Verminderung zur erhöhten Blutungsneigung.

4.3 Blutstillung und Blutgerinnung

Um einen starken Blutverlust bei Verletzungen zu verhindern, besitzt der Körper ein streng reguliertes System zur Blutstillung und Blutgerinnung **(Hämostase).** Diese Mechanismen unterliegen einem komplizierten, mehrstufigen Aktivierungsprozess, um eine überschießende Gerinnung des Blutes zu verhindern. Man unterscheidet eine primäre und sekundäre Hämostase (➤ Abb. 4.5, ➤ Abb. 4.6).

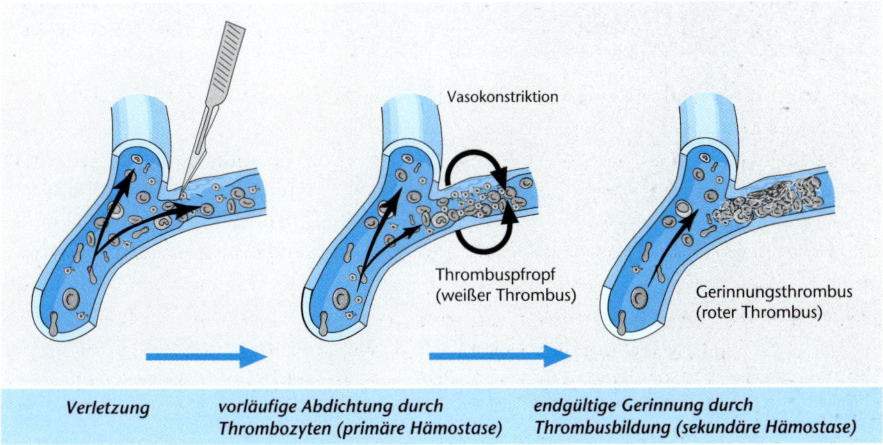

Abb. 4.5 Ablauf der Blutstillung (Hämostase).

4.3.1 Blutstillung

Wenn ein Gefäß verletzt wird, kommt es zunächst zur Verengung des verletzten Blutgefäßes durch **Vasokonstriktion.** Blut tritt mit dem freigelegten Bindegewebe in Kontakt und führt zur Anlagerung von Thrombozyten und Ausbildung eines **Thrombozytenpfropfs (weißer Thrombus).**

Der Prozess der Blutstillung (primäre Hämostase) dauert ein bis vier Minuten. Diese Dauer wird als **Blutungszeit** bezeichnet.

4.3.2 Blutgerinnung

Während der Blutgerinnung (sekundäre Hämostase; ➢ Abb. 4.6) wird eine komplexe Kaskade von Gerinnungsfaktoren im Blut aktiviert, die in der Aktivierung des inaktiven **Fibrinogens** zu **Fibrin** resultiert. Fibrin ist der „Klebstoff" des Körpers. Es bildet ein Maschenwerk aus, das den Thrombozytenpfropf verstärkt und durch Einbau von Erythrozyten in einen **Gerinnungsthrombus (roter Thrombus)** für den langfristigen Wundverschluss umwandelt.

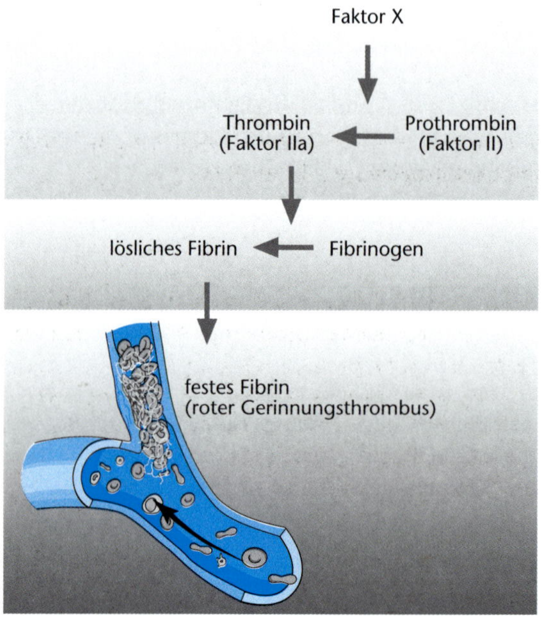

Abb. 4.6 Sekundäre Blutstillung (sekundäre Hämostase) erfolgt durch Bildung des Fibringerinnsels.

Extrinsisches und intrinsisches System

Die gemeinsame Endstrecke der Blutgerinnung ist die Aktivierung des **Gerinnungsfaktors X** (sprich „Faktor 10"), der zur Umwandlung von inaktivem **Prothrombin (Faktor II)** in das aktive Enzym **Thrombin (Faktor IIa)** führt. Thrombin ist für die Umwandlung von Fibrinogen in Fibrin verantwortlich. Diese Endstrecke kann von zwei verschiedenen Gerinnungskaskaden initiiert werden:

Extrinsisches System

Das extrinsische System stellt den normalen, physiologischen Ablauf dar. Durch Kontakt des Blutes mit **Gewebethromboplastin** aus dem verletzen Gewebe wird eine Gerinnungskaskade eingeleitet, die zur Aktivierung von Thrombin führt.

Intrinsisches System

Das intrinsische System wird durch Kontakt des Blutes mit **negativen Oberflächen,** wie z. B. bei Verletzungen der Gefäßinnenwand, aktiviert.

Mehrere Schritte der Gerinnungskaskade sind von **Kalziumionen** abhängig. Durch Bindung von Kalzium (z. B. durch Zitrat oder EDTA) kann man Blut ungerinnbar machen.

> Das extrinsische System wird hauptsächlich bei größeren Gewebsverletzungen aktiviert, während das intrinsische System vor allem bei Gefäßinnenwandschäden zum Einsatz kommt.

4.3.3 Hemmstoffe der Blutgerinnung

Es kann therapeutisch erforderlich sein, beispielsweise im Rahmen der **Thromboseprophylaxe,** die natürliche Blutgerinnung zu hemmen. Diese Hemmstoffe der Blutgerinnung heißen Antikoagulanzien. Hierbei gibt es mehrere Möglichkeiten, in das Schema der Blutgerinnung einzugreifen und den Ablauf zu hemmen.

Heparin

Heparin hemmt die Bildung von Thrombin und mehreren Gerinnungsfaktoren und ist das Mittel der Wahl zur kurzfristigen **Thromboseprophylaxe** bei Patienten.

Cumarinderivate

Cumarine sind Hemmstoffe (Antagonisten) der Synthese von Vitamin K, das für die Bildung verschiedener Gerinnungsfaktoren in der Leber benötigt wird, z. B. Cumarinderivate (Marcumar®). Cumarine eignen sich zur Langzeit-Thromboseprophylaxe, z. B. nach Herzklappenoperationen. Maß für eine gute Einstellung der Gerinnung ist der **Quick-Wert.**

Bluterkrankheit

Bei der Hämophilie A (Bluterkrankheit) kommt es durch das Fehlen von Faktor VIII zu einer gestörten Blutgerinnung und erhöhten Blutungsneigung. Als Therapie muss Faktor VIII zugeführt werden.

4.3.4 Diagnostik der Blutgerinnung

Zur Überwachung der Gerinnungsfunktionen stehen einige Laborwerte zur Verfügung, die Aufschluss über die Funktionstüchtigkeit des Gerinnungssystems bzw. die Wirksamkeit einer antikoagulatorischen Therapie geben:

- **Quick-Wert (Thromboplastinzeit):** Normwert 70–120 %; bei Marcumarisierung therapeutische Einstellung auf 15–25 %
- **PTT (partielle Thromboplastinzeit):** Normwert 30–40 s; bei intravenöser Heparinisierung erhöht
- **TZ (Thrombinzeit):** Normwert 20 s; bei Heparinisierung erhöht.

4.3.5 Fibrinolyse

Die Auflösung von Blutgerinnseln (Fibrinolyse; ➤ Abb. 4.7) dient der Kontrolle der Blutgerinnung. Eine zentrale Rolle spielt das Enzym **Plasmin,** das aus der inaktiven Vorstufe **Plasminogen** gebildet wird und Fibrin spalten kann.

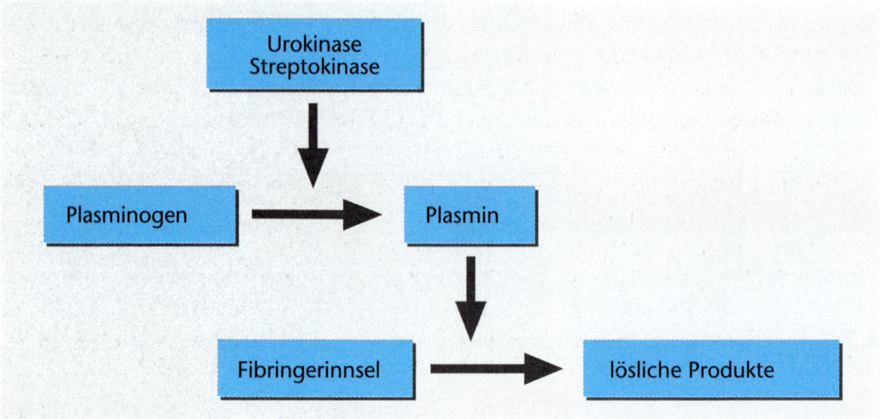

Abb. 4.7 Fibrinolyse.

4.3.6 Thrombose und Embolie

Die Ausbildung eines **Blutgerinnsels (Thrombus)** innerhalb eines Gefäßes bezeichnet man als **Thrombose.** Häufigste Lokalisation von Thromben sind die tiefen Bein- und Beckenvenen. Wird ein Thrombus vom Blutstrom losgelöst und verstopft ein anderes Gefäß, spricht man von einer **Embolie.** Häufig werden Thromben aus den tiefen Bein- und Beckenvenen oder den Vorhöfen des Herzens in den Lungenkreislauf verschleppt, wo sie eine Lungenarterie verschließen **(Lungenembolie).** Ein weiterer häufiger Ort für Embolien sind die Hirnarterien, was zur Unterversorgung von Teilen des Gehirns führen kann **(Apoplex).**

4.4 Blutgruppen und Bluttransfusionen

Erythrozyten besitzen an ihrer Oberfläche spezifische Proteine **(Blutgruppenantigene oder Agglutinogene),** anhand derer die Einteilung der Blutgruppen in das AB0- und Rhesussystem erfolgt. Die Kenntnis der Blutgruppe ist von großer klinischer Bedeutung für die Blutspende, da Vermischung unterschiedlicher Blutgruppen zur Verklumpung **(Agglutination)** der roten Blutkörperchen führen kann.

4.4.1 AB0-System

Das AB0-System basiert auf den Blutgruppenantigenen A und B. Ist weder A noch B vorhanden, liegt die Blutgruppe 0 („Null") vor. Die Blutgruppenmerkmale werden von jeweils einem Allel bestimmt und kodominant vererbt (➤ Kap. 1.6.3). Daraus ergeben sich folgende Kombinationsmöglichkeiten (Blutgruppen), die mit unterschiedlicher Häufigkeit vorkommen:

- **Blutgruppe A (40 %)**
- **Blutgruppe 0 (40 %)**

- **Blutgruppe B (10 %)**
- **Blutgruppe AB (6 %).**

Die Blutgruppenmerkmale A und B werden kodominant vererbt.

Alle Erythrozyten eines Menschen gehören zur gleichen Blutgruppe. So tragen z. B. alle roten Blutkörperchen eines Menschen mit der Blutgruppe A das Blutgruppenantigen A, Menschen mit der Blutgruppe AB tragen die Blutgruppenantigene A und B.

Im Blutserum befinden sich Antikörper **(Agglutinine;** ➤ Tab. 4.2**)**, die gegen Blutgruppenantigene gerichtet sind: anti-A oder anti-B. Dabei enthält das Serum einer Blutgruppe immer nur die Antikörper, die nicht gegen das eigene Blutgruppenmerkmal gerichtet sind, da es sonst zur Verklumpung kommen würde.

Beispiel: Blut der Blutgruppe A trägt das Blutgruppenantigen A und das Agglutinin anti-B. Blut der Blutgruppe AB besitzt beide Blutgruppenantigene, aber keine Agglutinine.

Die Agglutinine anti-A und anti-B bilden sich erst im Laufe des ersten Lebensjahres aus.

Tab. 4.2 AB0-Blutgruppensystem.

Blutgruppe	Genotyp	Agglutinogen	Agglutinin
0	00	–	anti-A, anti-B
A	A0 oder AA	A	anti-B
B	B0 oder BB	B	anti-A
AB	AB	A und B	–

Die Blutgruppen-Antikörper sind Antikörper der IgM-Klasse und können im Gegensatz zu Rhesus-Antikörpern die Plazentaschranke nicht passieren. Damit wird verhindert, dass es zur Agglutination des Blutes kommt, wenn Mutter und Kind unterschiedliche Blutgruppen aufweisen.

4.4.2 Rhesus-System

Ein weiteres wichtiges Antigen auf Erythrozyten ist der **Rhesusfaktor (D-Antigen).** Besitzt ein Mensch das Rhesusfaktor D-Antigen, so ist er Rhesus-positiv (Genotyp DD oder Dd). Fehlt das D-Antigen, ist er Rhesus-negativ (Genotyp dd).

Die Vererbung des Rhesusfaktors ist dominant-rezessiv. Etwa 85 % der Menschen sind Rhesus-positiv.

Erythroblastosis fetalis

Der Körper einer Rhesus-negativen Person kann Antikörper gegen das D-Antigen bilden. Dies ist bei einer Schwangerschaft klinisch bedeutsam, wenn während des Geburtsvorgangs Blut eines Rhesus-positiv-Kindes in den Blutkreislauf der Rhesus-negativ-Mutter gelangt und von der Mutter Antiköper (anti-D) gebildet werden. Da anti-D-Antikörper die Plazentaschranke überwinden können, kann es bei der nächsten Schwangerschaft mit einem Rhesus-positiv-Kind zu schweren Unverträglichkeitsreaktionen und zum Tod des Kindes kommen (Erythroblastosis fetalis).

Als Prophylaxe wird bei jeder Schwangerschaft mit einem Rhesus-positiven Kind der Mutter eine kleine Dosis anti-D Antikörper verabreicht, um möglicherweise übergetretene Rhesus-positive Erythrozyten abzufangen **(Anti-D-Prophylaxe).**

4.4.3 Blutgruppentests

Bei Blutübertragungen **(Transfusionen)** werden in der Regel aufgereinigte Erythrozyten ohne Serum übertragen (Erythrozytenkonzentrate). Um eine Unverträglichkeitsreaktion auszuschließen, werden auch nach vorheriger Blutgruppenbestimmung noch die **Kreuzprobe** und der **Bedside-Test** durchgeführt.

Kreuzprobe

Die Kreuzprobe wird im Labor durchgeführt und besteht aus Major- und Minortest:
- **Majortest:** Spendererythrozyten + Empfängerserum
- **Minortest:** Spenderserum + Empfängererythrozyten.

Tritt bei beiden Tests keine Verklumpung (Agglutination) auf, sind Blutgruppenantigene und Serumantikörper verträglich und das Erythrozytenkonzentrat kann transfundiert werden.

Bedside-Test

Der Bedside-Test (➤ Abb. 4.8) wird unmittelbar vor der Transfusion durch den Arzt durchgeführt, um Verwechslungen auszuschließen. Auf einer Karte sind in drei Testfeldern jeweils Anti-A-, Anti-B- und Anti-D-Serumantikörper aufgebracht, die nach Zugabe der Blutgruppe mit dem jeweiligen Blutgruppenantigen eine Agglutination auslösen.

Vor jeder Bluttransfusion muss der Bedside-Test vom behandelnden Arzt durchgeführt werden.

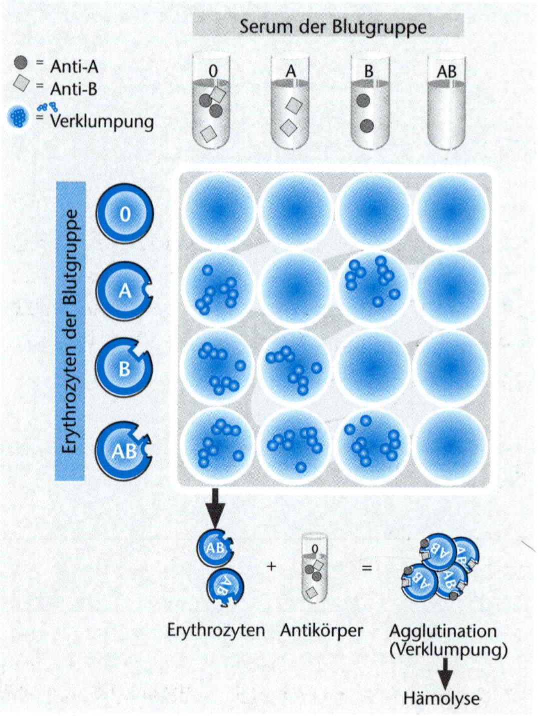

Abb. 4.8 Blutgruppenserologie. Man erkennt, beim Mischen welcher Blutgruppen es zu Unverträglichkeiten und Verklumpungen kommt.

4.4.4 Blutprodukte

In der Klinik werden in Abhängigkeit der jeweiligen Indikation unterschiedliche Blutprodukte transfundiert. Aufgrund der geringen Haltbarkeit von Vollblut (Blutzellen und Blutplasma) werden heute fast ausschließlich Einzelkomponenten transfundiert.

Erythrozytenkonzentrate

Erythrozytenkonzentrate sind Vollblut, dessen Leukozyten und Thrombozyten durch Zentrifugation abgetrennt wurden; Indikation: Blutarmut (Anämie), Blutverlust.

Gefrorenes Frischplasma (GFP)

Aus Vollblut isoliertes Blutplasma ohne Blutzellen. Da Blutplasma aktive Gerinnungsfaktoren enthält, wird GFP bei Mangel an Plasmaproteinen (z. B. nach großen Blutverlusten, Lebererkrankungen) oder bei Blutungsneigung verabreicht.

Thrombozytenkonzentrate

Aus Vollblut isolierte Blutplättchen (Thrombozyten); Indikation: bei Mangel an Thrombozyten (Thrombozytopenie) und Blutungsneigung.

Immunglobuline

Immunglobuline sind isolierte Antikörper des Blutplasmas, die bei Antikörper-Mangel mit Infektneigung eingesetzt werden.

Eigenblut

Heute gängiges Verfahren zur Einsparung von Fremdblutkonserven. Dabei wird vor einem planbaren operativen Eingriff (Wahleingriff) dem Patienten Blut entnommen und während der Operation zurückgegeben.

4.5 Lymphatisches System

Das lymphatische System (➤ Abb. 4.9) besteht aus den Lymphgefäßen und den lymphatischen Organen. Während die Lymphgefäße überwiegend für den Transport von Gewebeflüssigkeit (Lymphe) und Nahrungsfetten aus dem Darm (Chylus) verantwortlich sind, sind die lymphatischen Organe Teil der Immunabwehr des Körpers. Zu ihnen werden gezählt:

- Milz
- Thymus
- Lymphatischer Rachenring (Rachen-, Zungen- und Gaumenmandeln)
- Lymphknoten
- Peyer-Plaques (lymphatisches Gewebe des Darms).

4.5.1 Lymphgefäße

Die Lymphgefäße bilden neben den Venen ein weiteres Leitungssystem für den Abtransport von Flüssigkeit aus dem Gewebe. Feine **Lymphkapillaren** sammeln wie die Wurzeln eines Baumes überschüssige Flüssigkeit im Gewebe und transportieren sie zu größeren Lymphgefäßen, die schließlich am **Venenwinkel** (Zusammenfluss von Jugularvene und V. subclavia) in das venöse Gefäßsystem einmünden. Die größeren Lymphgefäße besitzen Klappen und sind zu aktiven Kontraktionsbewegungen für den Weitertransport der Lymphe befähigt. In das Lymphgefäßsystem sind **Lymphknoten** eingeschaltet, die als Filterstationen für die Immunabwehr dienen.

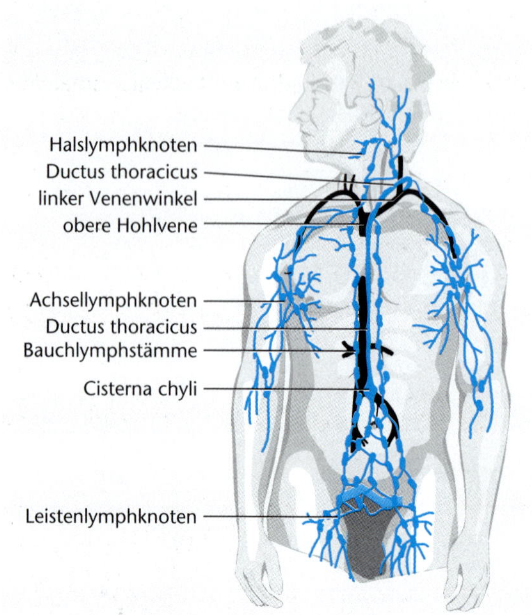

Abb. 4.9 Lymphatisches System.

4.5.2 Lymphknoten

Lymphknoten (➤ Abb. 4.10) haben einen Durchmesser von 5–10 mm und sind von einer Bindegewebskapsel umgeben. Sie bestehen überwiegend aus Lymphozyten und antigenpräsentierenden Zellen. Die durchtretende **Lymphe** wird in den Lymphknoten von Fremdkörpern und Krankheitserregern gereinigt. Weiterhin sind Lymphknoten ein wichtiger Bildungsort der Lymphozyten.

Bei Erkrankungen (typischerweise Infektion) schwellen Lymphknoten auf ein Vielfaches ihrer Größe an und werden tastbar.

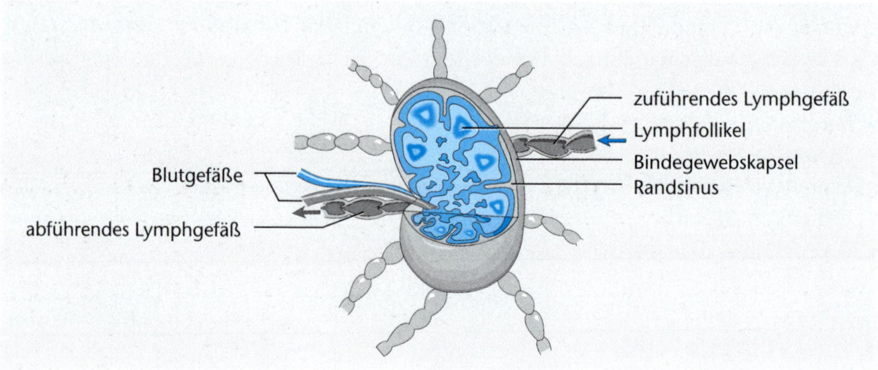

Abb. 4.10 Bau eines Lymphknotens.

4.5.3 Lymphe

Täglich werden zwei Liter Lymphe resorbiert und in das Venensystem eingeleitet. Die Lymphe entspricht in ihrer Zusammensetzung etwa dem Blutplasma, jedoch enthält sie weniger Proteine und bis auf Lymphozyten keine Blutzellen. Die Lymphe aus den Darmabschnitten transportiert die resorbierten Fette und wird aufgrund ihres milchigen Aussehens als **Chylus** bezeichnet.

4.5.4 Milz

Die Milz (➤ Abb. 4.11) ist ein etwa 150 g schweres Organ im linken Oberbauch unter dem Zwerchfell.
Ihre Funktionen sind:
- Abbau von überalterten Erythrozyten **(„Blutmauserung")**
- Thrombozytenspeicherung
- Vorgeburtlicher Ort der Blutbildung **(Hämatopoese).**

Die Milz ist bei Erwachsenen kein lebensnotwendiges Organ und kann z. B. nach Verletzungen entfernt werden. Bei Kindern sollte die Milz nicht entfernt werden, da dies zu einer erhöhten Infektneigung führen kann.

Bei Erkrankungen des blutbildenden Systems (z. B. Leukämien) kann die Milz massiv vergrößert sein.

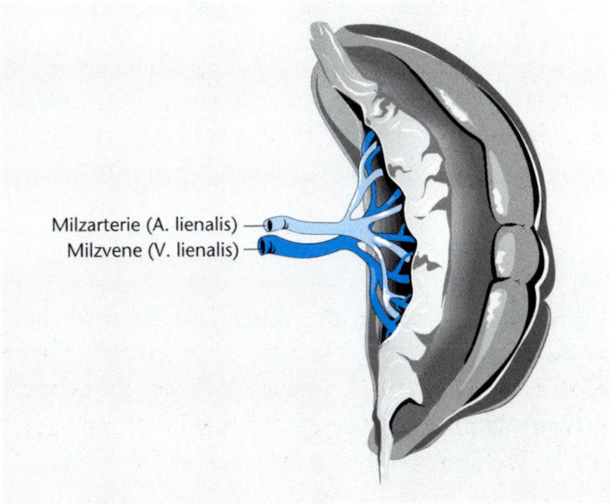

Abb. 4.11 Milz.

4.5.5 Mandeln

Die Mandeln (Tonsillen) sind die „Wächter" am Eingang des Luft- und Speiseweges und repräsentieren das spezifische Abwehrsystem.

4.5.6 Lymphatisches Darmgewebe

Das lymphatische Gewebe des Darms befindet sich als **Peyer-Plaques** in der Wand des Dünndarms. Es dient der Abwehr von Krankheitserregern.

4.5.7 Thymus

Der Thymus (Bries) befindet sich im Mediastinum kranial des Herzbeutels. Während er in der Kindheit ein wichtiges Organ des Immunsystems ist und der „Prägung" der **T-Lymphozyten** dient (➤ Kap. 4.6.2), ist er beim Erwachsenen weitgehend zurückgebildet und funktionslos.

4.6 Immunsystem

Das Immunsystem des Menschen ist das biologische Abwehrsystem des Körpers. Es besteht aus einem komplexen System verschiedener Organe, Zellen und Moleküle zur Elimination von Krankheitserregern wie Bakterien, Viren und Pilzen. Man untergliedert es in:

- **Unspezifische (angeborene) Abwehr**
- **Spezifische Abwehr.**

Während die unspezifische Abwehr permanent und wenig selektiv („unspezifisch") den Organismus schützt, wird das spezifische Abwehrsystem nach dem Kontakt mit einem Krankheitserreger oder Fremdstoff aktiviert und produziert spezifische (gegen einen bestimmten Erreger gerichtete) Antiköper und Immunzellen.

4.6.1 Unspezifische Immunabwehr

Zur unspezifischen oder angeborenen Immunabwehr zählen neben anatomischen und physiologische Schutzbarrieren des Körpers wie (Schleim)häute, Magensäure und der Säureschutzmantel der Haut die Phagozytose von Erregern durch Fresszellen sowie allgemein entzündliche Reaktionen und das Komplementsystem.

Unspezifische zelluläre Abwehrmechanismen

Die unspezifische zelluläre Abwehr beruht auf Leukozyten, die zur Phagozytose befähigt sind. Hierzu gehören:

- Makrophagen
- Neutrophile Granulozyten.

Diese Phagozyten (Fresszellen) werden von Zytokinen oder Bakterientoxinen angelockt (Chemotaxis), umschließen die Mikroorganismen und verdauen sie **(Phagozytose).**

Unspezifische humorale Abwehrmechanismen

Zu den humoralen (lat. humor = Flüssigkeit) Abwehrmechanismen zählt man alle nicht-zellulären, gelösten Bestandteile der Immunabwehr wie z. B. Enzyme für den Abbau von Krankheitserregern oder Botenstoffe für die Anlockung von Abwehrzellen.

- **Lysozym:** Das Enzym Lysozym kommt vor allem im Speichel und in der Tränenflüssigkeit vor und kann die Zellwand mancher Bakterien zerstören
- **Zytokine** fungieren als Botenstoffe der Kommunikation zwischen Leukozyten für eine koordinierte Immunantwort gegen Krankheitserreger. Zu den Zytokinen zählen z. B. die Interferone (wichtig für die Abwehr von Viren), Interleukin-6 (bewirkt in der Leber die vermehrte Synthese von Akute-Phase-Proteinen wie C-reaktives Protein [CRP] für die Immunantwort) oder Tumornekrosefaktor-alpha
- **Komplementsystem:** System von Plasmaproteinen, die an die Oberfläche von Krankheitserregern anhaften und dadurch Phagozyten und Leukozyten anlocken.

4.6.2 Spezifische Immunabwehr

Für die spezifische Immunabwehr sind die B-Lymphozyten und die von ihnen gebildeten Antikörper (humorale Abwehr) sowie die T-Lymphozyten (zelluläre Abwehr) verantwortlich.

Antigene und Antikörper

Eine wichtige Rolle bei der Immunabwehr spielen Antigene und Antikörper. Unter einem **Antigen** versteht man jeden Stoff, der eine spezifische Immunantwort auslöst. In der Regel handelt es sich um Proteine von Krankheitserregern. Im Falle einer Autoimmunerkrankung werden auch körpereigene Proteine (Autoantigene) als fremd erkannt und induzieren die Produktion von Antikörpern.

Einen **Antikörper (Immunglobulin)** zeichnet die Fähigkeit aus, ein Antigen hochspezifisch zu binden. Die Antigen-Antikörper-Komplexe werden anschließend von den Fresszellen des Immunsystems eliminiert.

B-Lymphozyten und Plasmazellen

Die B-Lymphozyten sind Mittler der spezifischen humoralen Abwehr. Sie tragen an ihrer Zelloberfläche Antikörper der Klasse IgD, die an Antigene binden können und dadurch die Teilung der B-Lymphozyten in zwei Zellarten induziert:
- **Plasmazelle**
- **B-Gedächtniszelle.**

Plasmazelle

Plasmazellen besitzen einen besonders ausgeprägten Golgi-Apparat und ein besonders ausgeprägtes Endoplasmatisches Retikulum, mit denen sie bis zu 2.000 Antikörper pro Sekunde produzieren können.

Plasmazellen sind die eigentlichen Antikörperproduzenten.

B-Gedächtniszelle

Nach Abklingen der Infektion bleiben **B-Gedächtniszellen** zurück, die bei einer erneuten Konfrontation mit dem gleichen Erreger schneller zu Plasmazellen reifen können.

T-Lymphozyten

T-Lymphozyten (T für Thymus) werden in der Kindheit vom Thymus trainiert („geprägt"), zwischen körperfremden und körpereigenen Antigenen zu unterscheiden. Ein reifer T-Lymphozyt erkennt mit Hilfe von membranständigen Rezeptoren (T-Zell-Rezeptoren) Antigene, die ihm von antigenpräsentierenden Zellen gezeigt werden.

T-Lymphozyten sind vor allem für die Abwehr von viralen Infekten von Bedeutung.

Es werden zwei Hauptgruppen von T-Lymphozyten unterschieden:
- **T-Helferzellen:** unterstützen B-Lymphozyten bei der Transformation zu Plasmazellen
- **T-Killerzellen (zytotoxische T-Zellen):** können z. B. virusinfizierte Körperzellen erkennen und eliminieren.

Antigenpräsentierende Zellen

Makrophagen, B-Lymphozyten und dendritische Zellen können Antigene aufnehmen und sie auf ihrer Oberfläche den T-Lymphozyten präsentieren. Diese wandeln sich daraufhin in T-Effektorzellen um. Antigenpräsentierende Zellen beschleunigen und verstärken somit die Immunantwort.

Gedächtniszellen

Gedächtniszellen sind für das immunologische Gedächtnis des Körpers verantwortlich. Bei Kontakt mit einem Erreger wandelt sich ein Teil der B- und T-Lymphozyten in Gedächtniszellen um. Bei erneutem Kontakt mit dem gleichen Erreger lösen sie eine schnellere spezifische Immunabwehr aus.

Antikörper

Antikörper (Immunglobuline) werden von den Plasmazellen gebildet, die aus B-Lymphozyten hervorgehen. Es gibt fünf Klassen von Immunglobulinen (Ig):

- **Immunglobulin G (IgG):** macht den größten Anteil der Immunglobuline aus, wird aber erst 3 Wochen nach dem Kontakt mit dem Antigen gebildet
- **Immunglobulin A (IgA):** hauptsächlich auf den Schleimhäuten und in Sekreten
- **Immunglobulin M (IgM):** Frühantikörper, der bereits wenige Stunden nach Kontakt mit dem Antigen gebildet wird
- **Immunglobulin D (IgD):** nur geringe Konzentration, auf den B-Lymphozyten lokalisiert
- **Immunglobulin E (IgE):** Teil der allergischen Reaktion vom Soforttyp (anaphylaktischer Schock).

Nach einer Infektion treten als erstes Antikörper der Klasse IgM auf, später IgG.
Merke: Nur IgG-Antikörper sind plazentagängig.

4

Tab. 4.3 Teilsysteme der Immunabwehr.

Abwehrform	Zellulär	Humoral
Spezifisch	T-Zellen	Antikörper
Unspezifisch	Phagozyten (Makrophagen, neutrophile Granulozyten)	Komplementsystem, Zytokine, Lysozym

4.6.3 Ablauf einer Immunreaktion

Überwindet ein Krankheitserreger die mechanischen Schutzbarrieren des Körpers, hängt der weitere Verlauf der Immunreaktion davon ab, ob das Immunsystem bereits zuvor einmal einen Kontakt mit diesem Erreger hatte, oder ob es eine Erstinfektion ist.

Bei einer **Erstinfektion** wird ein Krankheitserreger von Fresszellen (Phagozyten) aufgenommen und verdaut, und dessen Bruchstücke den Zellen der spezifischen Immunabwehr (B- und T-Lymphozyten) präsentiert.

Bei einer **Folgeinfektion** mit dem gleichen Erreger verbleiben die Antikörper im Blut als Prophylaxe für eine weitere Infektion. Ein Teil der B- und T-Lymphozyten „erinnert" sich als „Gedächtniszellen" an den Erreger und kann bei einer erneuten Infektion wesentlich schneller und effizienter auf den Eindringling reagieren. Ob es nach Infektion zu einer (klinischen manifesten) Erkrankung kommt, hängt von verschiedene Faktoren ab, wie z. B. der Anzahl und Virulenz des Erregers oder der Reaktionsbereitschaft des Immunsystems.

4.6.4 Impfungen

Eine Impfung (Immunisierung) ist eine vorbeugende (prophylaktische) Maßnahme gegen Infektionskrankheiten. Man unterscheidet zwischen aktiver und passiver Immunisierung.

Aktive Immunisierung

Bei der aktiven Immunisierung wird der Organismus einem abgeschwächten, inaktivierten oder abgetöteten Antigen ausgesetzt und damit aktiv zur Antikörperbildung angeregt. Bei erneutem Kontakt mit dem Antigen ist dann durch das Vorhandensein der **Gedächtniszellen** eine schnellere und wirkungsvollere Antikörperbildung möglich; Beispiel: Grippeimpfung.

Aktive Immunisierung: Künstliche Infektion mit abgeschwächten (Lebendimpfstoff) oder abgetöteten (Totimpfstoff) Erregern.

Passive Immunisierung

Bei der passiven Immunisierung werden dem Körper spezifische Antikörper gegen einen Erreger verabreicht. Die passive Immunisierung dient dem kurzfristigen **Sofortschutz** des Patienten; Beispiel: passive Tetanusimpfung.

Passive Immunisierung: Gabe von spezifischem Antikörpern zum Sofortschutz.

Simultanimpfung

Die Durchführung einer aktiven und passiven Impfung zum gleichen Zeitpunkt bezeichnet man als Simultanimpfung. Sie vereinigt die Vorteile einer aktiver (langfristiger Schutz) und passiven (Sofortschutz) Impfung. Ein Beispiel ist die Tetanusimpfung.

Impfplan

Um die Bevölkerung vor schweren Krankheiten zu schützen, gibt es Impfpläne für Kinder und Erwachsene. Mit der Grundimmunisierung gegen Diphtherie, Pertussis (Keuchhusten), Tetanus, Polio (Kinderlähmung), Hepatitis B, Hämophilus influenzae Typ B (Hib), Pneumokokken sowie Masern, Mumps und Röteln wird im Säuglingsalter begonnen. Die Impfungen müssen im Kinder-, Jugend- und Erwachsenenalter einmal oder in regelmäßigen Abständen aufgefrischt werden. Für ältere, abwehrgeschwächte oder besonders gefährdete Menschen wird die jährliche Grippeimpfung empfohlen.

ALTERSPHYSIOLOGIE

Im Alter lassen die Aktivität des Immunsystems und die Immunfunktion nach. Infektionskrankheiten treten häufiger auf und haben einen schwereren Verlauf. Auch Impfungen sind bei älteren Patienten oft nicht so wirksam wie in der Jugend.

4.6.5 Allergien

Allergien sind Überreaktionen des körpereigenen Immunsystems gegen bestimmte Antigene. Wie auch die Immunität wird eine Allergie erst durch den Kontakt mit einem Antigen erworben. Dieser Vorgang wird als **Sensibilisierung** bezeichnet.

Manche Menschen haben eine verstärkte Bereitschaft (Disposition) zur Ausbildung von Allergien. Sie werden als **Atopiker** bezeichnet und leiden gehäuft unter allergischen Erkrankungen wie Asthma, Heuschnupfen oder Neurodermitis. Es werden vier Grundtypen allergischer Reaktionen unterschieden.

Allergische Reaktion vom Typ I

Die allergische Reaktion vom Typ I (Soforttyp) wird durch Immunglobuline des Typs IgE ausgelöst. Es kommt bei Kontakt mit einem entsprechenden Antigen zur massiven Ausschüttung von **Histamin** aus den Mastzellen, was zu den typischen Symptomen einer anaphylaktischen Reaktion führt (Juckreiz, Ödeme, Hautrötungen, Atemnot).

Der **anaphylaktische Schock** ist die schwerste Ausprägung einer allergischen Reaktion. Er geht mit einem lebensbedrohlichen Blutdruckabfall und oft schwerer Atemnot einher.

Allergische Reaktion vom Typ II

Allergische Reaktionen vom Typ II (zytotoxischer Typ) werden durch Immunglobuline der IgM- und IgG-Klasse ausgelöst, die sich an zellständige Antigene anlagern. Bei einer Reaktion auf die Transfusion gruppenungleichen Blutes (Transfusionszwischenfälle) kommt es zu einer solchen allergischen Reaktion vom zytotoxischen Typ.

Allergische Reaktion vom Typ III

Allergische Reaktion vom Typ III (Immunkomplextyp): Bei übermäßiger Bildung von Antigen-Antikörper-Komplexen und verstärkter Aktivierung des Komplementsystems kann es zu allergischen Reaktionen kommen.

Allergische Reaktion vom Typ IV

Allergische Reaktionen vom Typ IV (Spättyp) entstehen 24 bis 72 Stunden nach dem Antigenkontakt und werden durch übersensibilisierte T-Zellen ausgelöst. Typisches Beispiel ist die Nickel-Allergie.

4.6.6 Autoimmunerkrankungen

Bei den Autoimmunerkrankungen richten sich Antikörper gegen körpereigenes Gewebe. In solchen Fällen ist die im Lauf des Lebens erworbene Immuntoleranz gegen körpereigene Gewebe verloren gegangen. Zu den Autoimmunerkrankungen gehören z. B. die chronische Polyarthritis, der juvenile Diabetes mellitus und die Colitis ulcerosa.

Immunsuppressiva

Immunsuppressiva sind Medikamente zur Unterdrückung des Immunsystems. Sie werden z. B. bei Autoimmunerkrankungen oder schweren Allergien eingesetzt, um die Immunantwort und damit die Krankheitssymptome abzumildern.

Fragen

1. Nennen Sie die zwei Hauptphasen der Gerinnung. (➤ Kap. 4.3)
2. Wie kann es zu Störungen der Blutgerinnung kommen? (➤ Kap. 4.3.3)
3. Welche Unterschiede bestehen zwischen dem AB0- und dem Rhesus-Blutgruppensystem? (➤ Kap. 4.4)
4. Welche Blutgruppen können die Nachkommen haben, wenn der Vater Blutgruppe A0 und die Mutter Blutgruppe B0 haben? (➤ Kap. 4.4)
5. Wo werden die Lymphozyten gebildet? (➤ Kap. 4.5)
6. Erläutern Sie den Unterschied zwischen humoraler und zellulärer Immunabwehr. (➤ Kap. 4.6)
7. Wie unterscheiden sich spezifische und unspezifische Abwehr? (➤ Kap. 4.6)
8. Welche Lebensdauer haben Erythrozyten? Wo werden sie abgebaut? (➤ Kap. 4.2.1)
9. Wie kommt es zur Rhesus-Unverträglichkeit während einer Schwangerschaft? (➤ Kap. 4.4.2)
10. Was bewirkt eine Therapie mit Streptokinase? (➤ Kap. 4.3.4)
11. Aus welchen Bestandteilen setzt sich das Blutserum im Wesentlichen zusammen? (➤ Kap. 4.1)
12. In welche Untergruppen werden die weißen Blutkörperchen eingeteilt? (➤ Kap. 4.2.2)
13. Mit Hilfe welcher Stoffe kann man die Blutgerinnung hemmen? (➤ Kap. 4.3.3)
14. Welcher Stoff eignet sich nur für eine Hemmung der Gerinnung „in vivo“? (➤ Kap. 4.3.3)

KAPITEL

5 Atmungssystem

Die Zellen des menschlichen Organismus sind auf eine ständige Zufuhr von Sauerstoff und den Abtransport von Kohlendioxid angewiesen. Diese Aufgabe erfüllt der **Respirationstrakt** (Atmungstrakt) zusammen mit dem Kreislaufsystem.

5.1 Aufbau der Atmungsorgane

Es werden obere und untere Atemwege unterschieden (➤ Abb. 5.1). Zu den **oberen Atemwegen** zählen:

- Nasenhöhle (Cavitas nasi)
- Rachen (Pharynx).

Zu den **unteren Atemwegen** gehören:

- Kehlkopf (Larynx)
- Luftröhre (Trachea)
- Bronchien (Bronchi)
- Lunge (Pulmo).

Die nicht am Gasaustausch teilnehmenden Abschnitte werden auch als **zuführende Atemwege** bezeichnet. Sie reinigen, befeuchten und erwärmen die Atemluft.

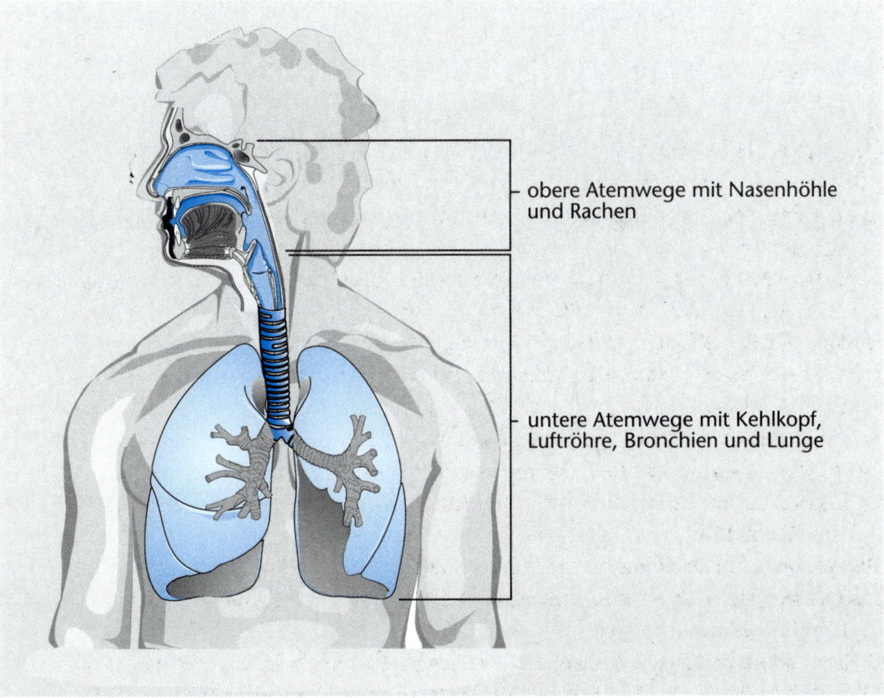

Abb. 5.1 Bau der Atemwege mit Einteilung in obere und untere Atemwege.

5.1.1 Nasenhöhle

Die Nasenhöhle (➤ Abb. 5.2) wird durch die in der Mitte liegende **Nasenscheidewand** in zwei Anteile unterteilt. Die Wände der Nasenhöhle sind:

- Boden: harter und weicher Gaumen
- Seitenwand: obere, mittlere und untere Nasenmuscheln mit den Nasengängen
- Dach: Siebbeinplatte, durch die Ausläufer der Riechnerven (N. olfactorius) aus dem Gehirn in die Nasenhöhle gelangen
- Ventral öffnet sich die Nasenhöhle über die **äußeren Nasenlöcher,** dorsal steht sie über die **inneren Nasenlöcher (Choanen)** mit dem Rachen in Verbindung.

Einteilung der Nasengänge

- **Unterer Nasengang:** Einmündung des **Nasentränengangs (Ductus nasolacrimalis)** für den Abfluss der Tränenflüssigkeit aus dem Tränensack des Augenwinkels
- **Mittlerer Nasengang:** Verbindung zur Stirnhöhle (Sinus frontalis), Kieferhöhle (Sinus maxillaris) und den vorderen Siebbeinzellen
- **Oberer Nasengang:** Verbindung zu den hinteren Siebbeinzellen.

Die gut durchblutete Schleimhaut der Nase dient der Anwärmung und Anfeuchtung der Atemluft. Die dichte Vaskularisierung ermöglicht ein starkes Anschwellen der Nasenschleimhaut und verstärkte Sekretion bei Reizung oder viralen Infektionen (Schnupfen).

ALTERSPHYSIOLOGIE

Im Alter nimmt die Zahl der Sinneszellen in der Nasenhöhle und damit das Geruchsvermögen ab. Da das Geschmackempfinden größtenteils über den Geruchssinn vermittelt wird, empfinden ältere Menschen Speisen oft als wenig schmackhaft.

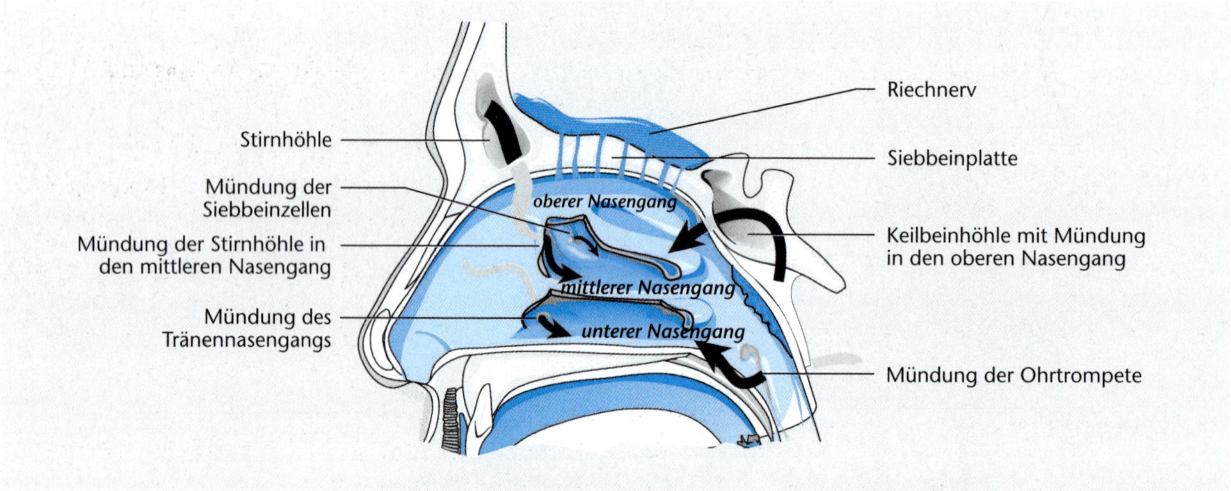

Abb. 5.2 Schnitt durch die Nasenhöhle mit den Ausführungsgängen.

Nasennebenhöhlen

Die Nasennebenhöhlen sind paarig angeordnete, lufthaltige Hohlräume im Schädelknochen. Sie stehen über Ausführungsgänge mit der Nasenhöhle in Verbindung. Im Gesichtsschädel finden sich folgende Nasennebenhöhlen:

- **Stirnhöhle** (Sinus frontalis)
- **Kieferhöhle** (Sinus maxillaris)
- **Siebbeinzellen** (Cellulae ethmoidales)
- **Keilbeinhöhle** (Sinus sphenoidalis).

5.1.2 Rachen

Der Bereich zwischen Nasenhöhle und Beginn der Speise- und Luftröhre wird als Rachen (Pharynx; ➤ Abb. 5.3) bezeichnet. Es werden drei Etagen unterteilt:

- **Nasenrachen** (Nasopharynx, Epipharynx): oberer Teil des Rachens mit Verbindungen zur Nasenhöhle und Innenohr; Sitz der Rachenmandeln
- **Mundrachen** (Oropharynx, Mesopharynx): mittlerer Abschnitt des Rachens und gemeinsamer Abschnitt von Luft- und Speiseweg; Sitz der Gaumenmandel
- **Kehlkopfrachen** (Laryngopharynx, Hypopharynx): unterer Abschnitt des Rachens in Höhe des Kehlkopfs.

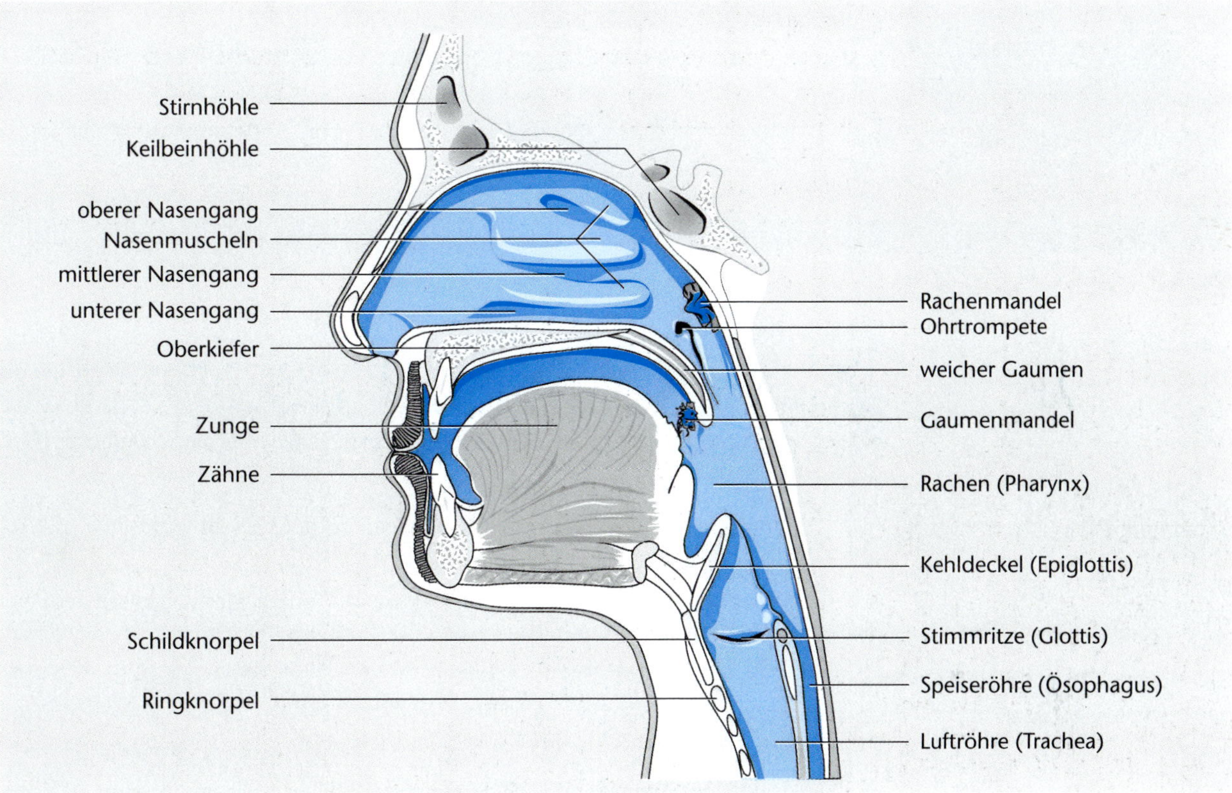

Abb. 5.3 Schnitt durch den Rachen mit seinen drei Etagen.

5.1.3 Kehlkopf

Der Kehlkopf (Larynx; ➤ Abb. 5.4) ist ein knorpeliges Organ am Übergang des Rachens in die Luftröhre. Es dient dem Verschluss der Atemwege sowie der Stimmbildung. Der Larynx besteht aus einen knorpeligen Skelett aus **Ring-, Schild- und Stellknorpel,** die durch Bandzüge verbunden sind und vom **Kehldeckel (Epiglottis)** verschlossen werden. Im Inneren des Kehlkopfs spannen sich die **Stimmbänder** aus und begrenzen die **Stimmritze (Glottis)** für die Stimmbildung (Phonation).

Ringknorpel

Der siegelringförmige Ringknorpel (Cartilago cricoidea) bildet die Basis des Kehlkopfs. Er ist über das Lig. conicum mit dem Schildknorpel verbunden.

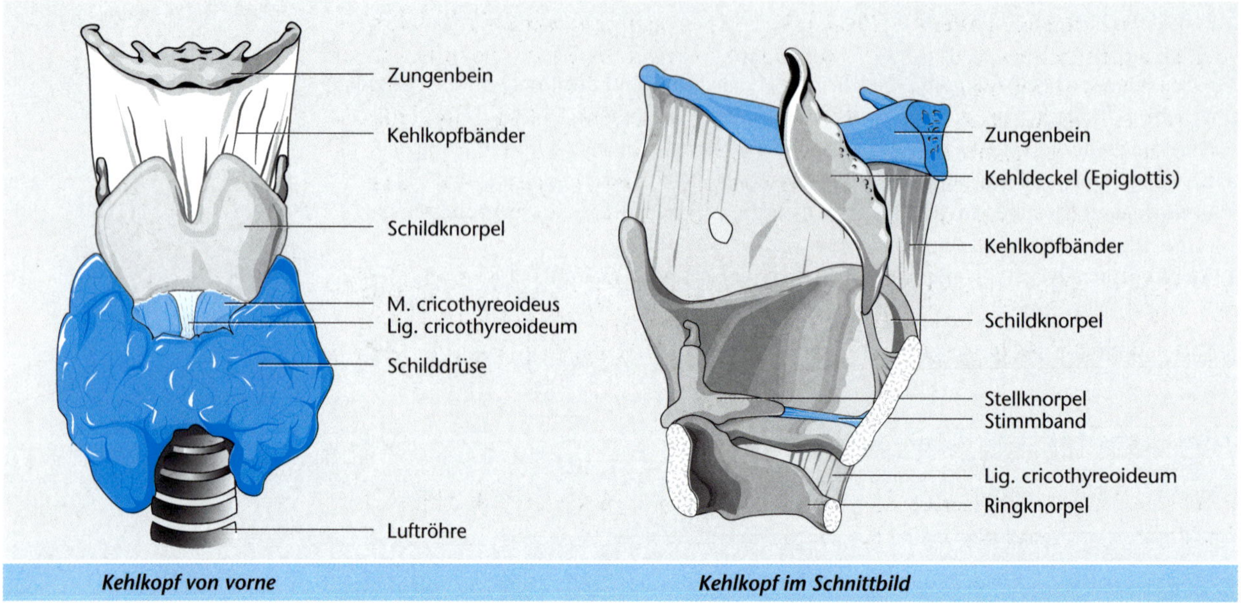

Abb. 5.4 Aufbau des Kehlkopfes (Larynx).

Schildknorpel

Der Schildknorpel (Cartilago thyroidea) sitzt dem Ringknorpel auf und ist beim Mann besonders ausgeprägt („Adamsapfel"). Seitlich liegt dem Schildknorpel die Schilddrüse (Glandula thyroidea) an.

Stellknorpel

Die paarig angelegten Stellknorpel (Cartilago arytenoidea) sitzen dem Ringknorpel auf und dienen als Ansatzstelle der Stimmbänder und der Stimmbandmuskulatur. Sie dienen der Feinjustierung der Stimmbänder und Stimmritze bei der Phonation.

Kehldeckel

Der Kehldeckel (Epiglottis) verschließt während des Schluckaktes den Eingang des Kehlkopfs und verhindert damit das Eindringen von Speisebrei oder Speichel in die Atemwege.

Bandapparat des Kehlkopfskeletts

Das Kehlkopfskelett wird durch verschiedene Bandzüge stabilisiert und mit Luftröhre und Zungenbein verbunden.

KLINISCHER HINWEIS

Das **Lig. cricothyreoideum** zwischen Ringknorpel und Schildknorpel kann als Notmaßnahme bei Verlegung der oberen Luftwege durch den Notarzt gespalten werden (Koniotomie), um einen Zugang zur Luftröhre zur erhalten.

Kehlkopfmuskulatur

Durch Bandverbindungen mit dem Zungenbein (Os hyoideum) wird der Larynx von den Rachen- und Mundbodenmuskeln passiv mitbewegt. Darüber hinaus dienen spezielle Kehlkopfmuskeln der Bewegung und Feineinstellung der Kehlkopfabschnitte bei der Phonation. Wichtige Kehlkopfmuskeln sind:

- **M. cricoarytenoideus posterior („Posticus"):** zwischen dem posterioren Abschnitt des Ringknorpels und dem Stellknorpel. Er wird vom N. recurrens innerviert und stellt den einzigen Stimmritzenöffner dar
- **M. cricoarytenoideus lateralis:** zwischen dem lateralen Abschnitt des Ringknorpels und dem Stellknorpel, verschließt die Stimmritze
- **M. vocalis:** spannt die Stimmbänder und verändert dadurch die Tonhöhe bei der Phonation (Feinregulierung des Tones).

Der „Posticus" ist der einzige Stimmritzenöffner. Eine Verletzung des Recurrensnerven, z. B. im Rahmen einer Schilddrüsenoperation, kann zu Heiserkeit (bei einseitiger Lähmung) oder lebensbedrohlicher Atemnot (bei beidseitiger Lähmung) führen.

5.1.4 Glottis und Stimmbildung

Unter der Glottis versteht man die stimmbildenden Teile des Kehlkopfes in Nachbarschaft der Stimmritze (Rima glottidis; ➤ Abb. 5.5).

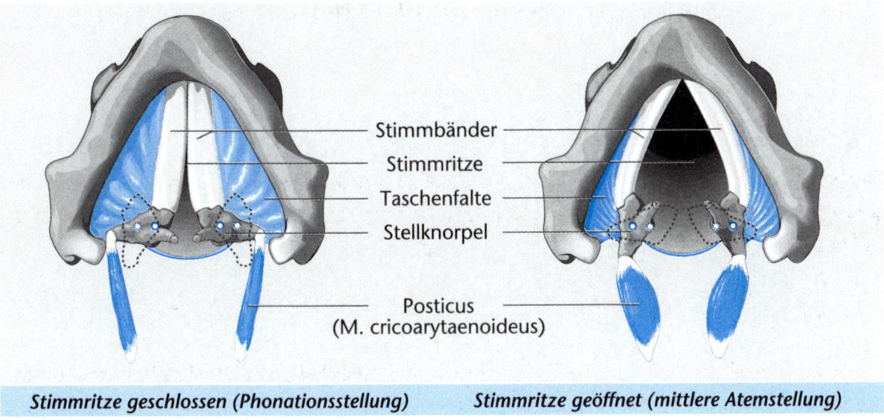

Abb. 5.5 Glottis mit Stimmbändern und Stellknorpel.

Stimmbildung

Die geschlossenen und gespannten Stimmlippen **(Phonationsstellung)** werden durch einen Luftstoß geöffnet und in Schwingungen versetzt, wodurch Schallwellen entstehen. Die Fülle der Stimme wird hingegen durch den Resonanzraum von Rachen, Mund- und Nasenhöhle erzeugt.

Die **Lautstärke** ist abhängig von der Stärke des Luftstroms, die **Tonhöhe** von der Schwingungsfrequenz (Spannung der Stimmbänder).

In Gaumen und Mund kann der exspiratorische Luftstrom zur Sprache artikuliert werden. Bei Ruheatmung werden die Stimmbänder durch Muskelspannung und Eigenelastizität in Mittelstellung gehalten.

Zum Stimmbruch kommt es durch die Längenzunahme von Kehlkopf und Stimmbändern in der Pubertät. Der Stimmbruch ist bei Jungen ausgeprägter als bei Mädchen.

Schluckakt

Beim Schlucken wird der Kehlkopf durch die Zungenwurzel und Epiglottis verschlossen, sodass der Nahrungsbrei am Kehlkopfeingang vorbei in die Speiseröhre gleitet.

Husten

Husten dient der Entfernung von Fremdkörpern aus den unteren Atemwegen und ist ein wichtiger Schutzmechanismus zur Freihaltung der Atemwege. Wird die Schleimhaut der unteren Atemwege durch Fremdkörper oder Krankheitserreger bei Infektionen gereizt, kommt es zur Auslösung des **Hustenreflexes.** Dieser bewirkt den Verschluss der Stimmritze bei gleichzeitiger Kontraktion der Atemmuskulatur. Der resultierende Druckanstieg öffnet explosionsartig die Stimmritze und es kommt zum „Hustenstoß".

5.1.5 Luftröhre

Die 10–15 cm lange Luftröhre (Trachea; ➤ Abb. 5.6) verbindet den Kehlkopf mit dem Bronchialsystem der Lunge. Sie ist aus U-förmigen Knorpelspangen aufgebaut, die dorsal durch Bindegewebe verschlossen sind. Das Innere der Luftröhre ist mit schleimbildendem Flimmerepithel ausgekleidet, dessen Flimmerschlag Schleim und Fremdkörper kontinuierlich in Richtung Rachen abtransportiert.

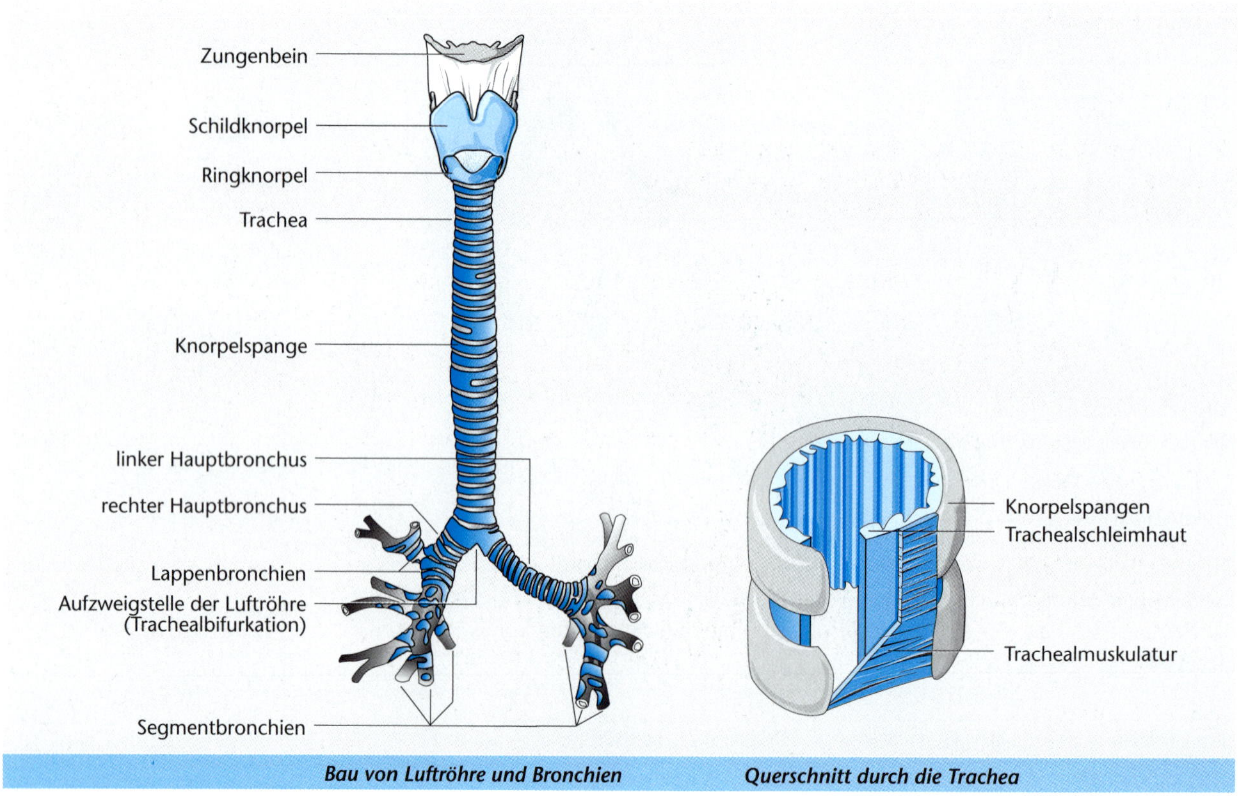

Abb. 5.6 Luftröhre und Bronchialbaum.

5.1.6 Bronchien

Die Luftröhre teilt sich in Höhe des 4.–5. Brustwirbels (Trachealbifurkation) in den linken und rechten **Hauptbronchus,** die zueinander in einem Winkel von 50–65 Grad stehen. Die Hauptbronchien teilen sich wie die Äste eines Baumes immer weiter auf (Bronchialbaum) und gehen schließlich in die Lungenbläschen (Alveolen) über.
Aufteilung des Bronchialbaums von zentral nach peripher:

- Hauptbronchien
- Lappenbronchien

- Segmentbronchien
- Bronchioli: enthalten keinen Knorpel mehr und gehen in die Lungenbläschen (Alveolen) über.

Durch Platzbedarf des Herzens besitzt der linke Lungenflügel nur zwei Lappenbronchien und neun Segmentbronchien (in Gegensatz zu den drei Lappen- und zehn Segmentbronchien der rechten Lunge).

5.1.7 Lunge

In der Lunge (Pulmo) findet der Gasaustausch zwischen Blut und Atemluft statt. Sie besteht aus zuführenden Atemwegen (Bronchialbaum), den zu- und abführenden Blutgefäßen des Lungenkreislaufs sowie den Lungenbläschen (Alveolen).

Die Alveolen werden von einem feinen Kapillarnetz umgeben und dienen dem Gasaustausch zwischen Atemwegen und Blutkreislauf. Die Lunge besitzt insgesamt 300 Millionen Alveolen mit einer Gasaustauschfläche von ca. 50–100 m^2. Die Alveolen sind von einer grenzflächenaktiven Substanz (Surfactant = surface active agent) benetzt, die ein Kollabieren der Alveolen verhindert.

Lungenlappen

Rechter und linker Lungenflügel werden weiter in Lungenlappen unterteilt (➤ Abb. 5.7):
- Rechter Lungenflügel: Ober-, Mittel- und Unterlappen
- Linker Lungenflügel: Ober- und Unterlappen.

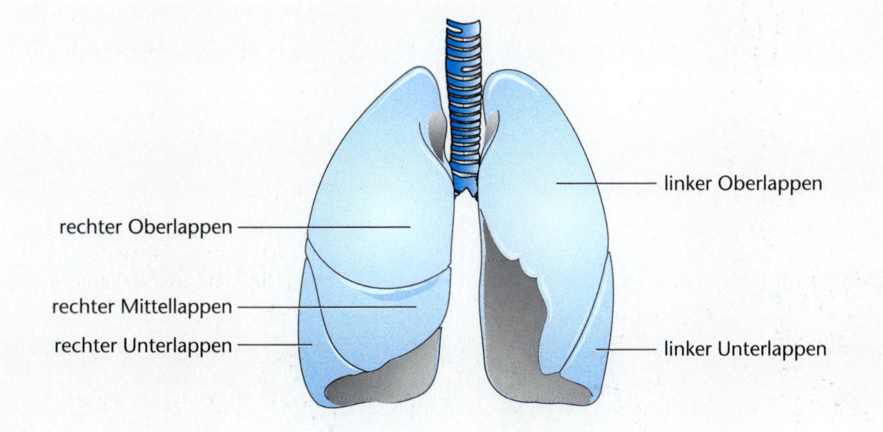

Abb. 5.7 Lungenlappen.

Lungenhilus

Am **Lungenhilus** (Lungenwurzel) treten Hauptbronchien, Lungenarterie und -vene (A. und V. pulmonalis) sowie Nerven- und Lymphgefäße in die Lunge ein.

ALTERSPHYSIOLOGIE

Die Schwächung des Immunsystems und das Nachlassen von Schutzmechanismen (Hustenreflex, mukoziliäre Clearance) im Alter, lassen das Aspirationsrisiko und die Häufigkeit respiratorischer Infekte bei älteren Patienten deutlich ansteigen.

5.1.8 Pleura

Lunge und Lungenraum sind von einer dünnen Hülle, dem Brustfell (Pleura) überzogen. Die **Pleura visceralis (Lungenfell)** überzieht die Lungenflügel, während die **Pleura parietalis (Rippenfell)** den Thoraxinnenraum und Teile des Zwerchfells überzieht. Beide Pleuraanteile gehen am Lugenhilus ineinander über (➤ Abb. 5.8). Zwischen beiden Blättern befindet sich der **Pleuraraum (Pleuraspalt).**

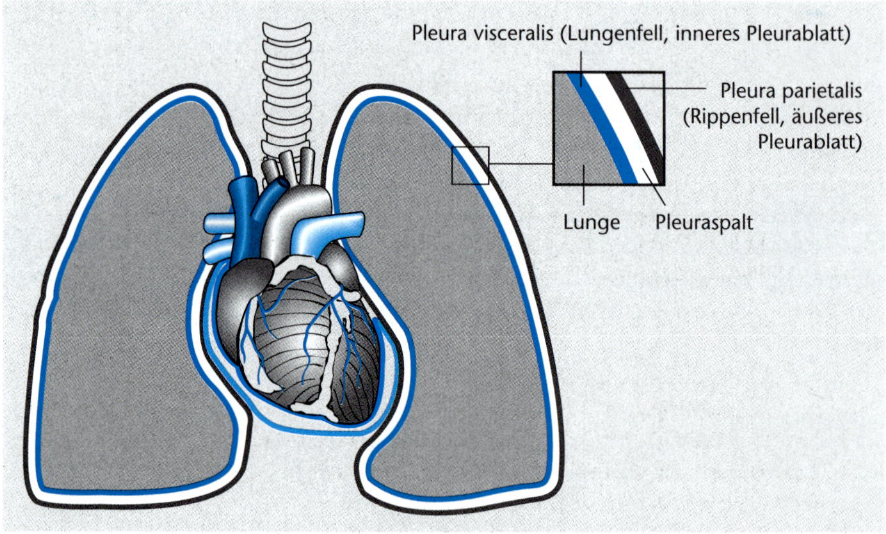

Abb. 5.8 Prinzip des äußeren und inneren Pleurablattes.

Bei Entzündungen der Lunge oder der Pleura sammelt sich Flüssigkeit im Pleuraspalt an (Pleuraerguss).

5.2 Physiologie der Atmung

Der Austausch von Sauerstoff und Kohlendioxid zwischen den Geweben und Zellen des Körpers mit der Umwelt wird als Atmung bezeichnet.

Äußere Atmung

- Gasaustausch zwischen Lungengewebe und Blutkreislauf
- Transport der Atemluft über die zuleitenden Atemwege zu den Alveolen.

Innere Atmung

- Verbrauch von Sauerstoff im Zellstoffwechsel
- Gasaustausch zwischen Gewebe und Blutkreislauf.

5.2.1 Atemmechanik

Der Ablauf der Lungenatmung besteht aus abwechselnden Phasen der Inspiration (Einatmung) und Exspiration (Ausatmung; ➤ Abb. 5.9).

Inspiration

Die **Inspiration (Einatmung)** beruht auf der Sogwirkung, die durch Erweiterung von Brustkorb und Pleurahöhle durch die Kontraktion der Atemmuskulatur erzeugt wird.

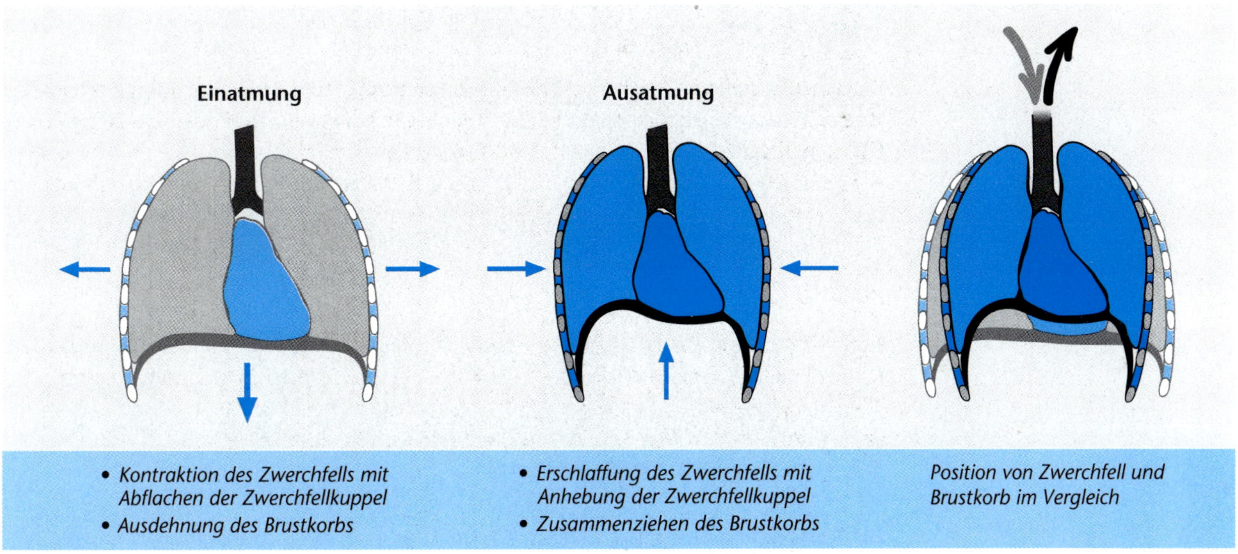

Abb. 5.9 Atemmechanik der Lunge bei der Ein- und Ausatmung. Zu sehen ist die jeweils typische Stellung von Brustkorb und Zwerchfell.

Wichtige Muskeln für die Inspiration sind:

- **Zwerchfell (Diaphragma):** wichtigster Atemmuskel; Kontraktion führt zur Abflachung des kuppelförmigen Zwerchfells und Erweiterung der Pleurahöhle
- **Äußere Zwischenrippenmuskeln (M. intercostales externi):** heben die benachbarten Rippen an und erweitern dadurch den Thorax.

Als **Atemhilfsmuskulatur** werden Muskeln bezeichnet, die nur bei erhöhter Atemanstrengung zur Unterstützung der Atemmuskeln eingesetzt werden. Zu ihnen zählen Muskeln, die den Thorax anheben können, z. B. die Mm. scaleni und der M. sternocleidomastoideus.

Exspiration

Im Gegensatz zur Einatmung ist die **Exspiration (Ausatmung)** ein überwiegend passiver Vorgang und erfolgt durch die elastischen Rückstellkräfte von Lunge und Thorax. Unterstützend können die inneren Zwischenrippenmuskeln und die Bauchmuskulatur **(Bauchpresse)** wirken.

Druckverhältnisse im Pleuraspalt

Aufgrund des Unterdrucks im Pleuraspalt folgt die Lunge den Bewegungen des Brustkorbs und des Zwerchfells. Die Druckverhältnisse werden in Zentimeter Wassersäule (cm H_2O) angegeben.

Druckverhältnisse im Pleuraspalt

- Intrapleuraler Druck bei Inspiraton: – 7 cm H_2O
- Intrapleuraler Druck bei Exspiration: – 4 cm H_2O.

KLINISCHER HINWEIS

Beim Eindringen von Luft in den Pleuraspalt **(Pneumothorax),** z. B. durch eine äußere Verletzung, kollabiert die Lunge durch ihre Eigenelastizität. Dadurch kann sie den Atembewegungen des Thorax nicht mehr folgen; es kommt zur Atemnot.

5.2.2 Totraum

Totraum ist der nicht am Gasaustausch teilnehmende Abschnitt der Atemwege. Man unterscheidet einen anatomischen und einen funktionellen Totraum.

Anatomischer Totraum

Zum anatomischen Totraum gehören die zuleitenden Luftwege bis zur Alveolargrenze, in denen kein Gasaustausch stattfindet. Die Funktion besteht in der Reinigung, Befeuchtung und Erwärmung der Atemluft.

Etwa ein Drittel der eingeatmeten Luft verbleibt im anatomischen Totraum.

Funktioneller Totraum

Einige Abschnitte der Lunge werden unter Ruhebedingungen nur gering durchblutet und nehmen nicht am Gasaustausch teil. Man bezeichnet sie als den funktionellen Totraum.

5.2.3 Austausch der Atemgase

Der Austausch der Atemgase findet zwischen **Alveolen** und **Lungenkapillaren** statt. Grundlage des Gasaustauschs ist die Diffusion von **Sauerstoff** (O_2) und **Kohlendioxid** (CO_2) durch die unterschiedlichen Partialdrücke in Alveolen und Kapillarblut (➤ Abb. 5.10).

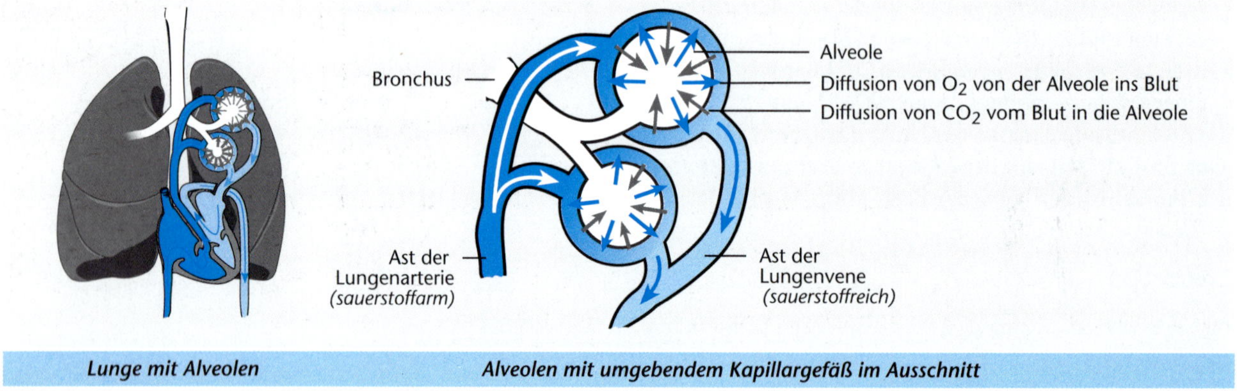

Abb. 5.10 Kapillärer Gasaustausch. Ein Netz von Kapillargefäßen umgibt die Lungenalveolen und ermöglicht den Austausch von Sauerstoff und Kohlendioxid durch Diffusion.

Partialdrücke

Die aus der rechten Herzkammer in die Lunge führende Pulmonalartiere (A. pulmonalis) enthält kohlendioxidreiches und sauerstoffarmes Blut. Der Partialdruck (Konzentration) von Kohlendioxid ist somit relativ zur Atemluft erhöht, der von Sauerstoff erniedrigt. Daraus resultiert ein Druckunterschied, der die Diffusion der Atemgase in den Lungenalveolen antreibt. Nach dem Gasaustausch fließt das nun kohlendioxidarme und sauerstoffreiche Blut über die Pulmonalvene (V. pulmonalis) zum linken Herzen und weiter zum Körperkreislauf.

Einflussfaktoren auf den Gasaustausch

Viele Faktoren beeinflussen den Gasaustausch in der Lunge und können damit Ursache von Lungenerkrankungen sein. Wichtige Faktoren sind:

- Ventilation der Lunge
- Lungendurchblutung (Perfusion)
- Diffusionskapazität.

Normalerweise durchströmen jede Minute etwa fünf Liter Blut und vier Liter Atemluft die Lunge. Ist dieses **Ventilations-Perfusions-Verhältnis** gestört, liegt eine **Verteilungsstörung** vor. Eine häufige Ursache von Verteilungsstörungen ist die Verlegung eines Pulmonalarterienastes durch Embolien (Lungenembolie). Eine Verdickung der Alveolarmembran, wie sie bei vielen Lungenerkrankungen vorkommt, resultiert in einer **Diffusionsstörung.**

5.2.4 Beurteilung der Lungenfunktion

Die Funktion von Lunge und **Lungenbelüftung (Ventilation)** kann durch verschiedene Parameter der Lungenfunktion beurteilt werden. Sie erlauben eine Aussage über den Funktionszustand der Atmung und dienen der Diagnose von respiratorischen Störungen. Hierzu atmet der Patient in ein Analysegerät **(Spirometer),** das die Atemzüge aufzeichnet und deren Volumen bestimmt (➤ Abb. 5.11).

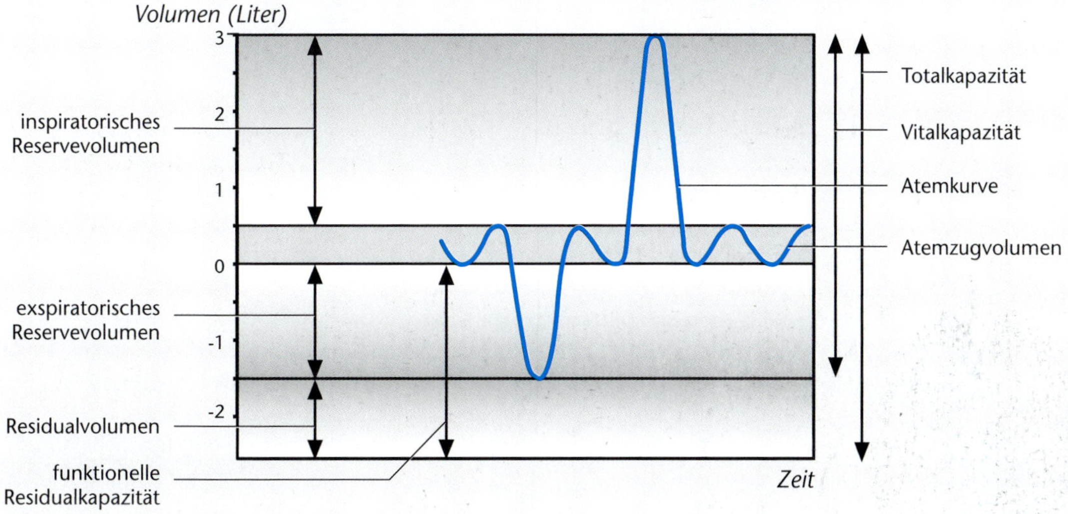

Abb. 5.11 Bestimmung der Atemvolumina mittels Spirometrie.

Wichtige Lungenparameter

- **Atemzugvolumen:** das bei einem Atemzug ein- oder ausgeatmetes Atemvolumen; etwa 500 ml
- **Inspiratorisches Reservevolumen:** Volumen, das nach einer normalen Inspiration noch zusätzlich eingeatmet werden kann
- **Exspiratorisches Reservevolumen:** Volumen, das nach normaler Exspiration noch zusätzlich ausgeatmet werden kann
- **Residualvolumen:** Volumen, das nach maximaler Exspiration in der Lunge zurückbleibt
- **Vitalkapazität:** Volumen, das nach größter Inspiration maximal ausgeatmet werden kann; ca. 2,5 × Körpergröße in Metern
- **Inspirationskapazität:** Volumen, das nach einer normalen Exspiration maximal eingeatmet werden kann
- **Funktionelle Residualkapazität:** Volumen, das nach normaler Exspiration noch in der Lunge enthalten ist; ca. 2,5–3 l
- **Totalkapazität:** Volumen, das nach maximaler Inspiration noch in der Lunge enthalten ist
- **Einsekundenvolumen:** Volumen, das unter maximaler Kraftanstrengung in einer Sekunde ausgeatmet werden kann.

Da die Volumina und Kapazitäten von der individuellen Konstitution und dem Trainingszustand des Patienten abhängig sind, eignen sie sich vor allem zur Verlaufskontrolle bei Lungenkrankheiten.

ALTERSPHYSIOLOGIE
Im Alter nimmt die Vitalkapazität zugunsten des Residualvolumens ab.

Funktion der Atmung ist die Belüftung (Ventilation) der Atemwege zum Gasaustausch. Unter normalen Bedingungen **(Normoventilation)** wird ein Kohlendioxid-(pCO_2-)Partialdruck von etwa 40 mmHg aufrechterhalten. Bei erhöhter Ventilation **(Hyperventilation)** wird vermehrt Kohlendioxid abgeatmet und der pCO_2-Partialdruck sinkt. Bei verlangsamter Ventilation **(Hypoventilation)** steigt der pCO_2-Wert an und das Blut „übersäuert".

Der Abfall des pCO_2-Partialdrucks bei Hyperventilation (z. B. im Rahmen einer Panikattacke) führt zum Abfall der Kalziumkonzentration des Blutes und Krämpfen. Als Erstmaßnahme lässt man den Patienten in eine Tüte rückatmen.

5.2.5 Atemfrequenz

Die Häufigkeit von Ein- und Ausatmung (Atemfrequenz) ist vom Lebensalter und von der körperlichen Belastung abhängig. Normwerte unter Ruhebedingungen sind:
- Erwachsene: 14/min
- Kinder: 20–30/min
- Neugeborene: 40–50/min.

Die normofrequente Ruheatmung nennt man **Eupnoe,** während eine erhöhte Atemfrequenz als **Tachypnoe,** eine erniedrigte Atemfrequenz als **Bradypnoe** bezeichnet wird.

Dyspnoe ist eine erschwerte Atmung, die mit dem Gefühl der Atemnot verbunden ist. Sitzt der Patient aufrecht und stützt sich mit den Armen ab, um die Atemhilfsmuskulatur besser nutzen zu können, spricht man von **Orthopnoe.**

Atemzeitvolumen

Als Atemzeitvolumen (AZV) wird das pro Minute ein- und ausgeatmete Luftvolumen bezeichnet. Es errechnet sich aus dem Atemzugvolumen multipliziert mit der Atemfrequenz. Normwerte unter Ruhebedingungen sind:
- Erwachsene: 14 × 0,5 Liter = 7 Liter pro Minute
- Unter Belastung steigerbar bis auf 120 Liter pro Minute.

Etwa 20–30 % des AZV entfallen auf die **Totraumventilation.**

Atemgrenzwert

Der Atemgrenzwert ist das Atemzeitvolumen, das bei maximaler Ein- und Ausatmung über eine Minute ein- bzw. ausgeatmet werden kann. Der Atemgrenzwert ist herabgesetzt bei Störungen der Ventilation.

5.2.6 Funktionsstörungen der Atmung

In der Klinik werden restriktive und obstruktive Ventilationsstörungen unterschieden.

Restriktive Ventilationsstörungen

Die restriktiven Ventilationsstörungen sind durch eine Verminderung (Restriktion) der Elastizität und Ausdehnungsfähigkeit der Lunge charakterisiert. Symptome sind:

- Tachypnoe
- Verminderte Vitalkapazität.

Beispiel: Lungenfibrosen und Verwachsungen der Pleura.

Obstruktive Ventilationsstörungen

Bei den obstruktiven Ventilationsstörungen sind die zuleitenden Atemwege (z. B. Bronchien) eingeengt oder verlegt. Symptome sind:

- Erschwerte Exspiration (vermindertes Einsekundenvolumen)
- Erhöhte Residualkapazität und Überblähung der Lunge.

Beispiel: Asthma bronchiale.

5.2.7 Steuerung der Atmung

Das **Atemzentrum** befindet sich im verlängerten Rückenmark (Medulla oblongata) des Gehirns und reguliert die Atemfrequenz und Tiefe der Atembewegungen. Dabei wird die Atmung kontinuierlich durch verschiedene Mechanismen dem jeweiligen Bedarf des Organismus angepasst:

Atmungskontrolle durch Blutgase und pH-Wert

Parameter der Atemregulation sind die Partialdrücke von O_2 und CO_2 sowie der pH-Wert.

Steigerung der Atemfrequenz

- Erhöhung des pCO_2
- Erniedrigung von pO_2
- pH < 7,4.

Abfall der Atemfrequenz

- Erniedrigung des pCO_2
- Erhöhung von pO_2
- pH > 7,4.

Die Chemosensoren zur Messung des Sauerstoffgehalts des Blutes befinden sich in Aorta und A. carotis, während der CO_2 Partialdruck direkt vom Atemzentrum registriert wird.

Hering-Breuer-Reflex

Als **Hering-Breuer-Reflex** bezeichnet man die mechanisch-reflektorische Atmungskontrolle. Der Dehnungszustand der Lunge wird durch Sensoren registriert. Ein Reflexbogen über den N. vagus resultiert in einer unwillkürlichen Gegenbewegung, um eine Lungenüberdehnung zu verhindern.

Andere Einflussfaktoren

Neben den genannten Faktoren haben folgende Parameter Einfluss auf die Atemtätigkeit:

- **Körpertemperatur** (Fieber steigert die Atemtätigkeit)
- **Hormone**
- **Temperatur der Atemluft** (extreme Kälte dämpft die Atemtätigkeit)
- **Psyche** (Stress steigert die Atemtätigkeit).

5.2.8 Umstellung der Atmung bei der Geburt

Während der Schwangerschaft wird das Kind durch Nabelschnur und Plazenta aus dem mütterlichen Organismus mit Sauerstoff versorgt. Bei der Abnabelung wird diese Versorgung schlagartig unterbrochen, und der pCO_2-Partialdruck im kindlichen Blutkreislauf steigt stark an. Dadurch wird das Atemzentrum des Kindes stimuliert und ein erster Atemzug (erster Schrei des Neugeborenen) provoziert. Es folgen die Entfaltung der kindlichen Lungen und der Beginn der Kreislaufumstellung.

5.2.9 Pathologische Atmungsformen

Pathologische Atmungstypen sind gekennzeichnet durch eine abnorme Atemfrequenz, -intensität oder -pausen und geben wichtige Hinweise auf Grunderkrankungen (➤ Abb. 5.12).

- **Biot-Atmung:** tiefe Atemzüge mit zwischenzeitlichen Atemstillständen, häufig bei Hirnschädigungen
- **Cheyne-Stokes-Atmung:** an- und abschwellende Atemzüge mit zwischenzeitlichen Atemstillständen. Auftreten bei Vergiftungen oder Sauerstoffmangel, z. B. im Rahmen der Höhenkrankheit
- **Kussmaul-Atmung:** sehr tiefe Atemzüge, typisch für das diabetische Koma (metabolische Azidose).

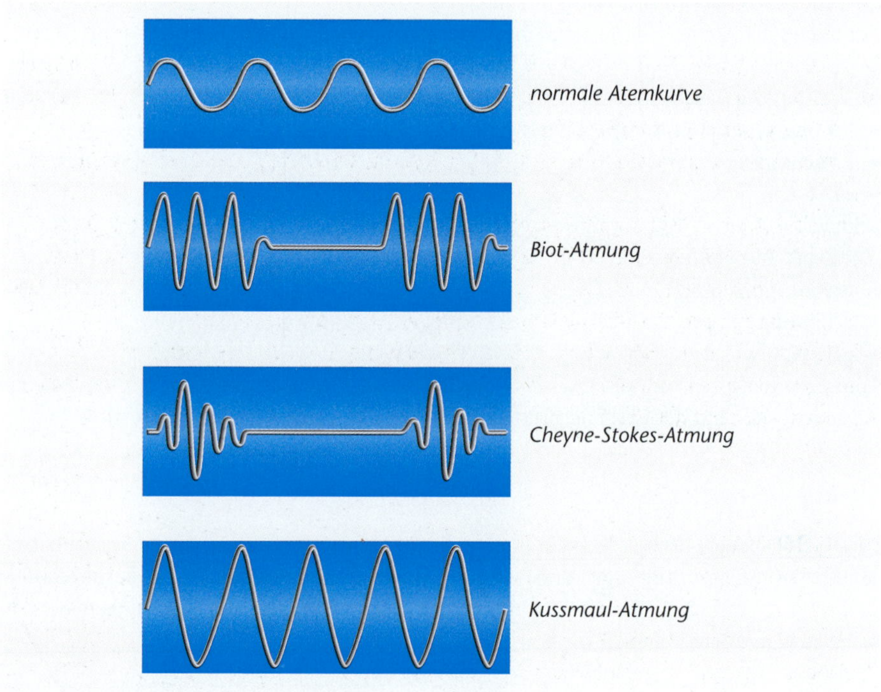

Abb. 5.12 Pathologische Atmungsformen.

5.3 Adaptation der Atmung

Die Atmung kann sich an verschiedene Umweltbedingungen anpassen (adaptieren). Die Regulierung erfolgt über verschiedene Mechanismen.

5.3.1 Anpassung der Atmung an große Höhen

Der Sauerstoff- und Kohlendioxidpartialdruck der Luft sinkt mit steigender Höhe und kann bereits ab 2.000 m über dem Meeresspiegel zu einer deutlich erschwerten Atmung führen. Hat der Körper nicht die Möglichkeit, sich langsam an diese Verhältnisse anzupassen (akklimatisieren), kann es zur **Höhenkrankheit** kommen.

Höhenkrankheit

Erste Symptome der Höhenkrankheit sind eine erschwerte Atmung (Dyspnoe) mit Kurzatmigkeit und erhöhter Atemfrequenz (Hyperventilation). Als Folge wird zuviel Kohlendioxid abgeatmet und es resultiert eine respiratorische Alkalose. Dieser „Höhenrausch" ist durch eine verminderte Kritikfähigkeit, euphorische Stimmungslage, größere Risikobereitschaft und „Röhrensehen" gekennzeichnet. Wird der Patient nicht unverzüglich in geringere Höhen gebracht und mit Sauerstoff beatmet, kommt es zum Lungenödem und zum Tod.

Höhenadaptation

Der Körper kann sich durch erhöhte Ausscheidung von Bikarbonat durch die Niere (innerhalb von Stunden) sowie die vermehrte Ausschüttung von Erythropoetin (EPO) mit Stimulation der Erythropoese (Tage bis Wochen) an eine Höhenlage anpassen.

5.3.2 Anpassung an körperliche Arbeit

Bei schwerer körperlicher Arbeit verbraucht der Körper ein Vielfaches an Energie und Sauerstoff. Um auf den erhöhten Leistungsbedarf zu reagieren, steigert der Körper die Aktivität von Atmung, Durchblutung und Energiegewinnung:

- **Atmung:** Die Atemfrequenz steigt auf über 50/min, das Atemzugvolumen erreicht mehrere Liter
- **Durchblutung:** Die Durchblutung der Skelettmuskulatur erhöht sich von 1 l/min auf über 10 l/min, während die Durchblutung innerer Organe vermindert wird. Die Herzfrequenz steigt auf bis zu 180 Schläge/min. Der systolische Blutdruck steigt linear zur Belastung, während der diastolische Blutdruck weitgehend unverändert bleibt
- **Energiegewinnung:** Bei hoher körperlicher Belastung schaltet die Muskelzelle auf anaerobe Energiegewinnung (d. h. ohne Verbrauch von Sauerstoff) um. Als Stoffwechselprodukt reichert sich Milchsäure (Laktat) im Blut an.

Fragen

1. Welche Zustände können zur Kussmaul-Atmung führen? (➤ Kap. 5.2.9)
2. Wie unterscheiden sich obstruktive und restriktive Ventilationsstörungen? (➤ Kap. 5.2.6)
3. In welche Teilschritte lässt sich die Atmung unterteilen? (➤ Kap. 5.2.1)
4. Wie ändern sich Residualvolumen und Vitalkapazität mit zunehmendem Lebensalter? (➤ Kap. 5.2.4)
5. Was versteht man unter dem anatomischen Totraum? (➤ Kap. 5.2.2)
6. Nennen Sie Faktoren, die den Grad der Arterialisierung des Blutes beeinflussen. (➤ Kap. 5.2.3)
7. Wie reagiert die Atmung auf ein Absinken des Blut-pH? (➤ Kap. 5.2.4)
8. Welche Chemorezeptoren im Dienste der Atmung kennen Sie? (➤ Kap. 5.2.7)
9. Was ist ein Pneumothorax? Welche Gefahren birgt er? (➤ Kap. 5.2.1)
10. Wie ist es zu erklären, dass aspirierte Fremdkörper meist in den rechten Hauptbronchus gelangen? (➤ Kap. 5.1.6)

11. Wo findet der eigentliche Gasaustausch in der Lunge statt? (➤ Kap. 5.2.3)
12. Zu welchem Problem führt eine starke Hyperventilation? (➤ Kap. 5.2.7)
13. Wann kommt es zur Cheyne-Stokes-Atmung? (➤ Kap. 5.2.9)
14. Was ist der Hering-Breuer-Reflex? (➤ Kap. 5.2.7)
15. Beschreiben Sie den Druckverlauf im Intrapleuralspalt bei In- und Exspiration. (➤ Kap. 5.2.1)

KAPITEL

6 Verdauungssystem

Das Verdauungssystem dient der mechanischen Zerkleinerung und enzymatischen Aufbereitung (Verdauung) der Nahrung. Nährstoffe, Salze und Wasser werden vom Darm aufgenommen (Resorption), während unverdauliche oder nicht resorbierbare Bestandteile als Stuhl ausgeschieden werden.

Der **Verdauungstrakt** (Gastrointestinaltrakt) verläuft als durchgehendes Rohr von der Mundhöhle bis zum After (Anus). Jeder Abschnitt übernimmt spezifische Funktionen, die sich in der Anatomie der Organe widerspiegelt (➤ Abb. 6.1). Eine Reihe von Drüsen (Speicheldrüsen, Leber und Pankreas) produziert Enzyme für den Verdauungs- und Resorptionsprozess und geben ihr Sekret in den Verdauungstrakt ab.

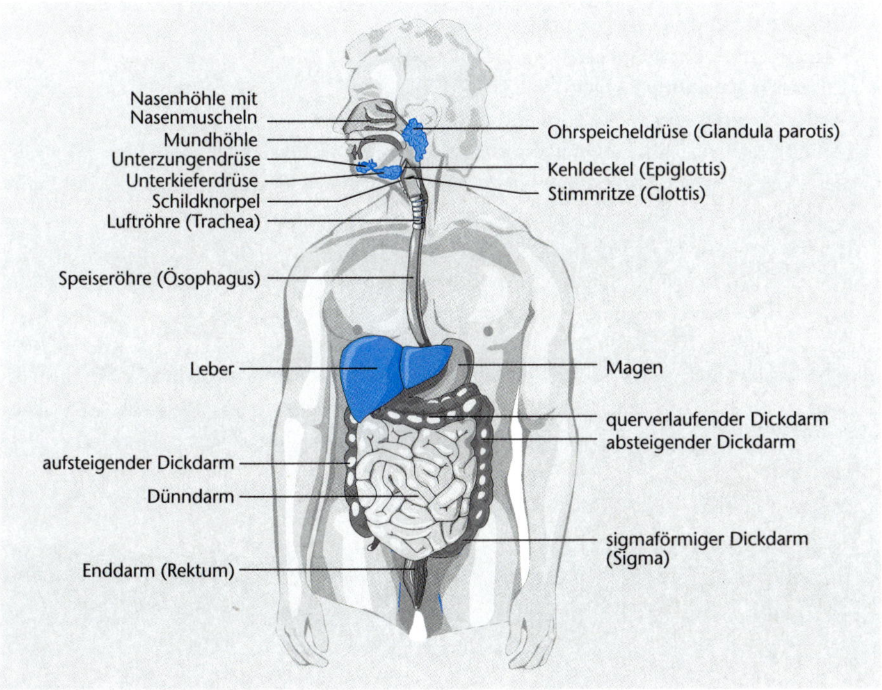

Abb. 6.1 Verdauungsorgane in der Übersicht.

6.1 Mundhöhle

Die Mundhöhle (➤ Abb. 6.2) enthält Zähne und Zunge und ist der Mündungsort der Speicheldrüsen. Feste Nahrung wird von den Zähnen zerkleinert und durch die Zunge mit dem Sekret der Speicheldrüsen vermischt. Während des Schluckvorgangs wird der Nahrungsbrei durch die Rachen- und Zungenmuskulatur zur Speiseröhre transportiert.

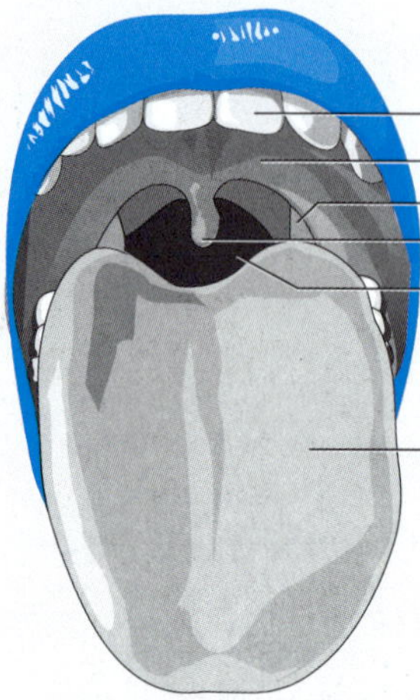

Abb. 6.2 Bau der Mundhöhle.

Begrenzung der Mundhöhle

- **Boden:** Zunge, Mundbodenmuskulatur
- **Dach:** harter und weicher Gaumen
- **Wände:** Zahnreihen, Wangen
- **Hintere Begrenzung:** Rachen
- **Vordere Begrenzung:** Schneide- und Eckzähne, Lippen.

Die Mundhöhle wird von einem mehrschichtigen, nicht verhornenden Plattenepithel ausgekleidet, das an der Zahnleiste mit der Knochenhaut verwachsen ist und das Zahnfleisch (Gingiva) bildet.

6

6.1.1 Speichel

Speichel ist das Sekret der Speicheldrüsen. Es enthält das Enzym α-**Amylase** für die Verdauung von Stärke, sowie **Lysozym** und **IgA-Antikörper** für die unspezifische Immunabwehr. Pro Tag werden 1–2 Liter Speichel unter der Kontrolle des vegetativen Nervensystems gebildet.

ALTERSPHYSIOLOGIE

Durch die reduzierte Speichelmenge und veränderte Zusammensetzung des Speichels im Alter treten Pilzinfektionen der Mundhöhle (Soor) und Entzündungen der Speicheldrüsen gehäuft auf.

6.1.2 Zunge

Die Zunge (➤ Abb. 6.3) ist ein von Schleimhaut überzogener Muskelkörper, der auf dem Boden der Mundhöhle liegt. Sie ist für den Kau- und Schluckvorgang sowie die Sprachbildung von Bedeutung und mit Sensoren für das Schmecken und Tasten ausgestattet.

Anatomie der Zunge

Die Zunge geht aus der Muskulatur des Rachens und des Mundbodens hervor. Auf dem Zungenrücken befinden sich zahlreiche Papillen, die funktionell in zwei Gruppen eingeteilt werden: Die **mechanischen Papillen (Papillae mechanicae)** dienen dem Tastsinn der Zunge, während die **Geschmackspapillen (Papillae gustatoriae)** mit den **Geschmacksknospen** für die Geschmacksempfindung verantwortlich sind.

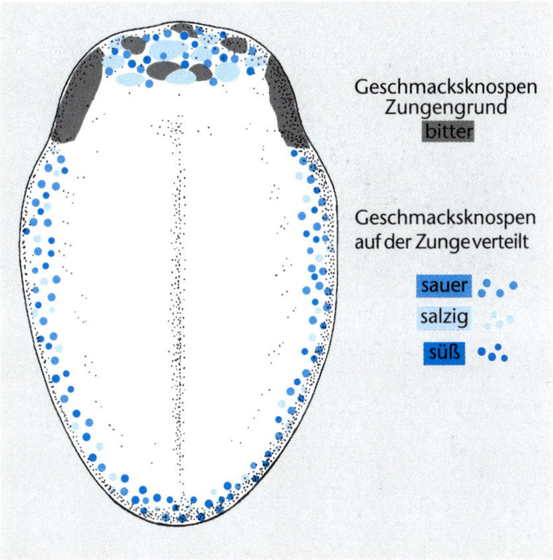

Abb. 6.3 Zunge mit Geschmacksknospen.

Geschmacksqualitäten

Die Geschmacksknospen der Zunge können die Geschmacksqualitäten **süß, sauer, salzig** und **bitter** erkennen.

Die Geschmacksqualität „bitter" kann nur von Geschmacksknospen des dorsalen Zungenrückens erkannt werden.

6.1.3 Zähne

Das Gebiss des Erwachsenen besteht aus 32 Zähnen, die der mechanischen Zerkleinerung der Nahrung dienen. Jeder Zahn (➤ Abb. 6.4) besteht aus Zahnkrone, Zahnhals und Zahnwurzel, die je nach Funktion des Zahns eine unterschiedliche Form haben. In der Zahnwurzel befindet sich der **Wurzelkanal** mit Gefäßen und Nerven für die Versorgung der Zähne.

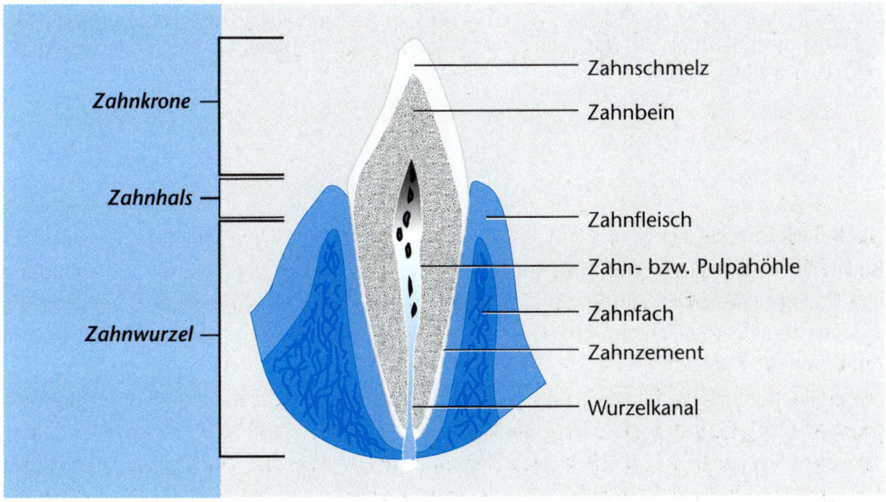

Abb. 6.4 Bau eines Zahnes.

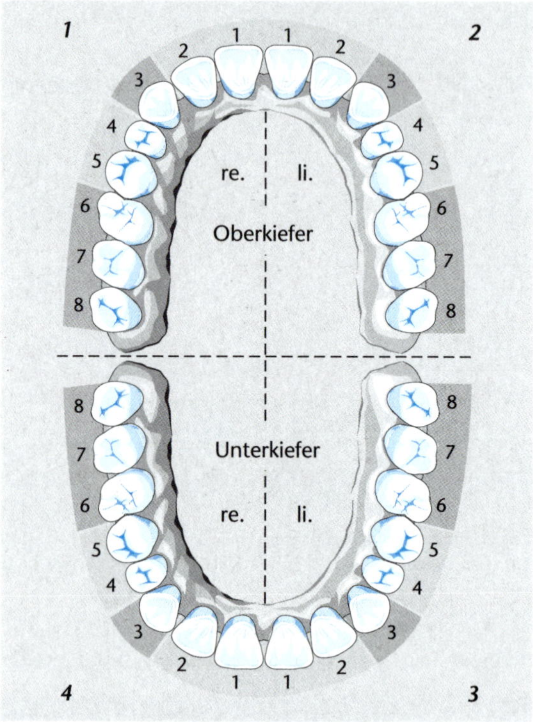

Abb. 6.5 Zahnformel des bleibenden Erwachsenengebisses.

Als **Zahnschmelz** bezeichnet man den harten Überzug der Zahnkrone. Wird dieser durch Bakterien zerstört, liegt **Karies** vor.

Milchgebiss

Die ersten Zähne des Menschen werden **Milchzähne** genannt. Sie treten ab dem sechsten Lebensmonat auf (Zahndurchbruch) und sind bis zum zweiten Lebensjahr vollständig ausgebildet. Das Milchgebiss besteht aus 20 Zähnen. Im Laufe der Kindheit werden die Milchzähne durch das bleibende Gebiss ersetzt (Zahnwechsel).

Erwachsenengebiss

Das bleibende Erwachsenengebiss (> Abb. 6.5) besteht aus 32 Zähnen, die ab dem 6. Lebensjahr auftreten und oft erst nach dem 25. Lebensjahr mit dem Auftreten der Weisheitszähne vollständig sind.

Zahnbesatz einer Kieferhälfte

- Zwei Schneidezähne
- Ein Eckzahn
- Zwei vordere Prämolaren
- Drei hintere Molaren (Backenzähne).

Der Bau der einzelnen Zähne ist ihrer Funktion angepasst. Während die Schneidezähne scharfkantig zum Abbeißen der Nahrung sind, haben die Backenzähne breite Kauflächen, mit denen die Nahrungsstücke zermalmt werden können.

ALTERSPHYSIOLOGIE

Hauptursachen für den Zahnverlust im Alter sind Karies und Parodontose. Während Karies auf der Schädigung des Zahnschmelzes durch Bakterien und Säuren beruht, liegt der Parodontose eine Entzündung des Zahnhalteapparats zugrunde. Ein mangelhafter Gebisszustand kann zu einer Reduktion der Kaufähigkeit bis hin zur Mangelernährung führen.

6.1.4 Speicheldrüsen

Das Sekret der Speicheldrüsen (➤ Abb. 6.6) erhöht die Gleitfähigkeit des Speisebreis beim Schluckakt und enthält das Stärke spaltende Enzym α-Amylase.

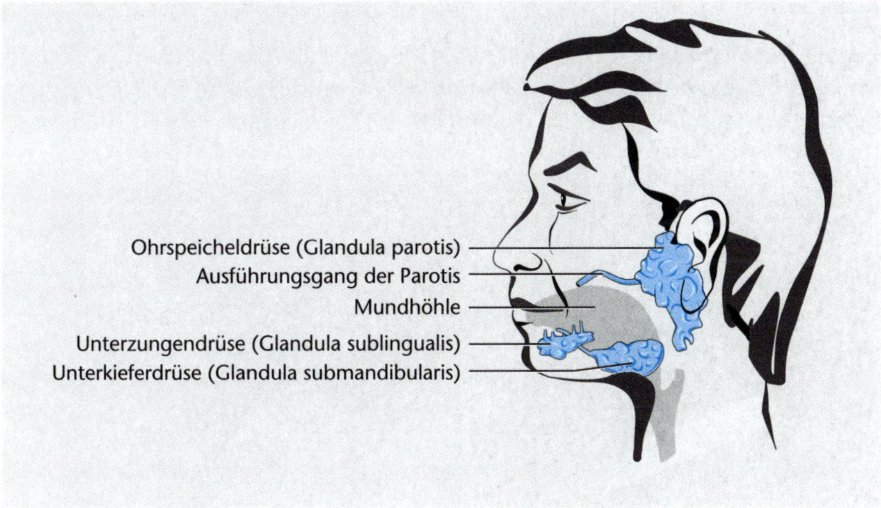

Abb. 6.6 Speicheldrüsen.

Ohrspeicheldrüse

Die Ohrspeicheldrüse (Glandula parotis) ist die größte Speicheldrüse. Sie liegt unmittelbar ventral der Ohrmuschel und leitet ihr Sekret über einen Ausführungsgang (Ductus parotideus) in die Mundhöhle ab.

Die Viruserkrankung Mumps befällt primär die Ohrspeicheldrüse und tritt vor allem im Kindesalter auf.

Unterkieferdrüse

Die Unterkieferdrüse (Glandula submandibularis) ist die zweitgrößte Speicheldrüse und befindet sich im dorsalen Teil des Mundbodens neben den Unterkiefern. Ihr Ausführungsgang mündet vorne unter der Zunge.

Unterzungendrüse

Die Sublingualdrüse (Glandula sublingualis) ist die kleinste Speicheldrüse. Sie liegt paarig dem vorderen Mundboden auf und gibt ihr Sekret zusammen mit der Glandula submandibularis unter die Zunge ab.

Pro Tag werden bis zu 1,5 l Speichel produziert. Die Sekretion unterliegt der Kontrolle durch das vegetative Nervensystem und kann durch Sinnesreize beeinflusst werden.

6.2 Rachen

Der Rachen (Pharynx) ist ein von Schädelbasis zu Speiseröhre verlaufender ca. 12 cm langer Muskelschlauch und Teil sowohl des Atmungs- als auch des Verdauungssystem. Der Rachen wird in drei Etagen unterteilt:

- **Nasopharynx:** oberstes Stockwerk, Verbindung zur Nasenhöhle
- **Oropharynx:** mittleres Stockwerk, Übergang zur Mundhöhle
- **Laryngopharynx:** unteres Stockwerk, Verbindung zu Luft- und Speiseröhre.

Schluckreflex

Der Schluckreflex wird durch die Berührung der hinteren Rachenwand ausgelöst. In einem komplexen Zusammenspiel der Mundboden- und Rachenmuskulatur verschließt sich der Kehlkopfeingang, sodass keine Nahrungsbestandteile oder Flüssigkeiten in die Luftröhre gelangen können, und der Speisebrei wird in den Ösophagus gedrückt (➤ Abb. 6.7).

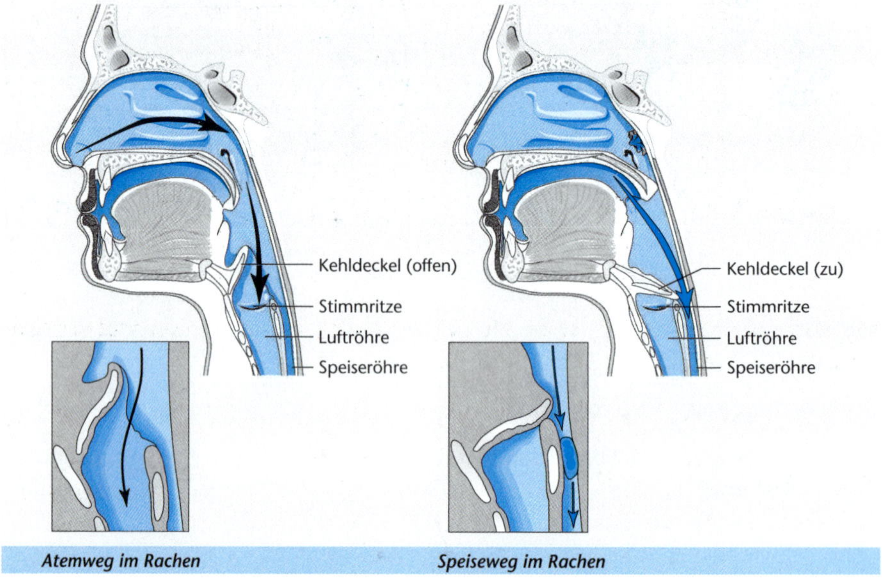

Abb. 6.7 Schutz des Atemweges durch den Kehldeckel.

6.3 Speiseröhre

Die Speiseröhre (Ösophagus; ➤ Abb. 6.8) ist ein etwa 25 cm langer Muskelschlauch für den Transport des Speisebreis aus dem Rachenraum in den Magen. Es werden drei Abschnitte unterschieden: Hals-, Brust- und Bauchteil.

Der Brustteil befindet sich im Mediastinum vor der Brustwirbelsäule und hinter der Luftröhre gelegen.

Physiologische Engstellen

Die normale Speiseröhre weist drei Engstellen auf:

- **Obere Enge (Ösophagusmund):** engste Stelle. Befindet sich am Übergang des Rachens in die Speiseröhre auf Höhe des Ringknorpels
- **Mittlere Enge (Aortenenge):** durch den Aortenbogen auf Höhe der Trachealbifurkation verursacht
- **Untere Enge (Zwerchfellenge):** an der Durchtrittsstelle der Speiseröhre durch das Zwerchfell (Hiatus oesophageus).

Wandaufbau

Der Halsteil des Ösophagus besteht aus quergestreifter Muskulatur, die willkürlich innerviert werden kann. Das distale Ösophagusende besteht hingegen aus glatter Muskulatur und wird

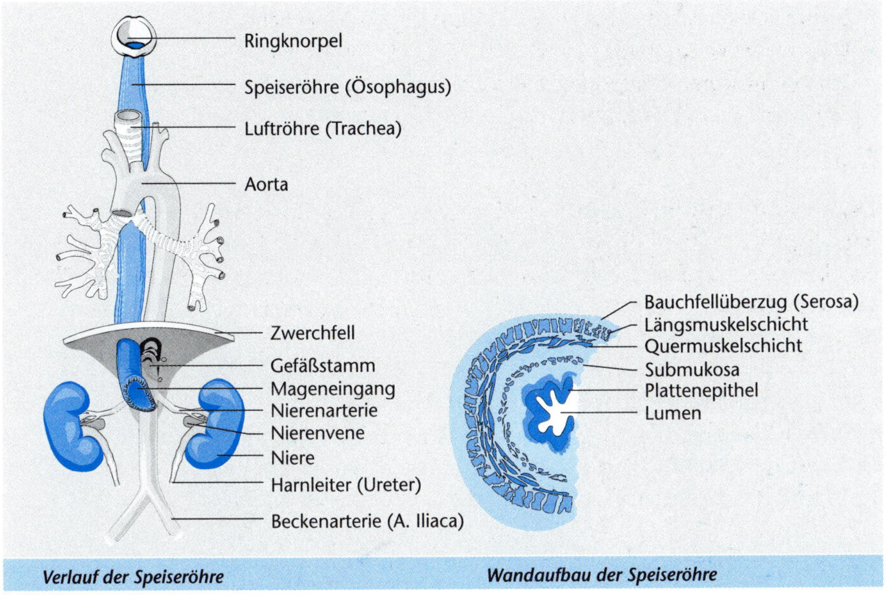

Abb. 6.8 Verlauf der Speiseröhre und Wandaufbau.

vegetativ innerviert. Kontraktion der Muskulatur verursacht eine wellenförmige Bewegung **(Peristaltik)** für die Beförderung des Speisebreis.

6

6.4 Magen

Der Magen (➤ Abb. 6.9) ist ein mit Schleimhaut ausgekleideter Muskelsack, in dem die in der Mundhöhle begonnene Verarbeitung der Speisen fortgesetzt wird. Nach Durchmischung und weiterer chemischer Zerkleinerung der Speisen wird der Speisebrei (Chymus) über den **Pylorus (Magenpförtner)** in den **Zwölffingerdarm (Duodenum)** weitertransportiert. Der Magen liegt größtenteils im linken Oberbauch unter der linken Zwerchfellkuppel und dem linken Rippenbogen.

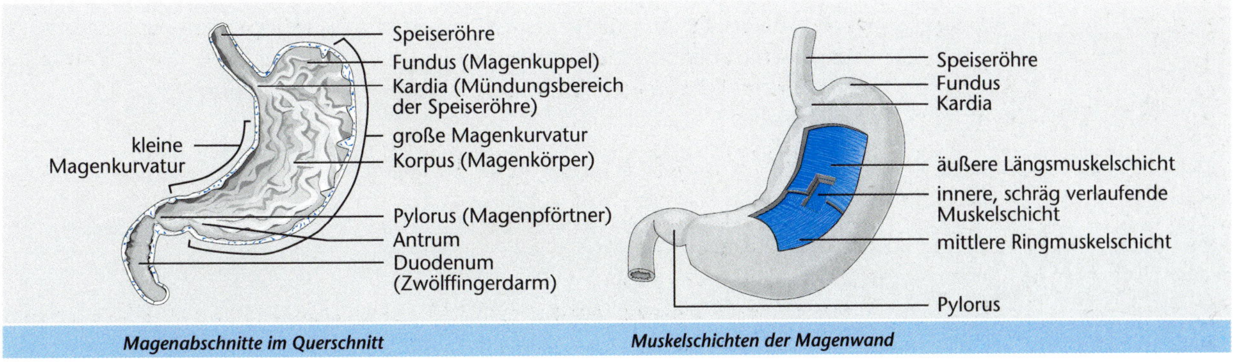

Abb. 6.9 Bau des Magens mit äußerer Muskulatur.

6.4.1 Anatomie des Magens

Der Magen besteht aus folgenden Abschnitten:

- **Kardia** (Mageneingang): Mündungsbereich der Speiseröhre in den Magen
- **Fundus** (Magenkuppel): kuppelförmige Wölbung links neben dem Mageneingang

- **Korpus** (Magenkörper): Hauptteil des Magens
- **Antrum:** Bereich zwischen Korpus und Pylorus
- **Pylorus** (Magenpförtner): Ringmuskel am Übergang zum Duodenum.

Der obere und untere Magenrand wird als **kleine** und **große Kurvatur** bezeichnet.

6.4.2 Magenschleimhaut

Verschiedene spezialisierte Zellen der Magenschleimhaut (➤ Abb. 6.10) dienen der Produktion des Magensaftes für die Verdauung. Sie kommen besonders im Bereich des Magenfundus und -korpus vor.

- **Hauptzellen:** Bildung von Pepsinogen für die Proteinverdauung
- **Belegzellen:** Produktion von Magensäure
- **Nebenzellen:** Sekretion von Schleim zum Schutz des Magens vor Magensäure.

Im Magenantrum befinden sich zusätzlich **G-Zellen,** die das Hormon Gastrin produzieren. Gastrin steigert die Magenperistaltik und regt die Belegzellen zur Bildung von Salzsäure an.

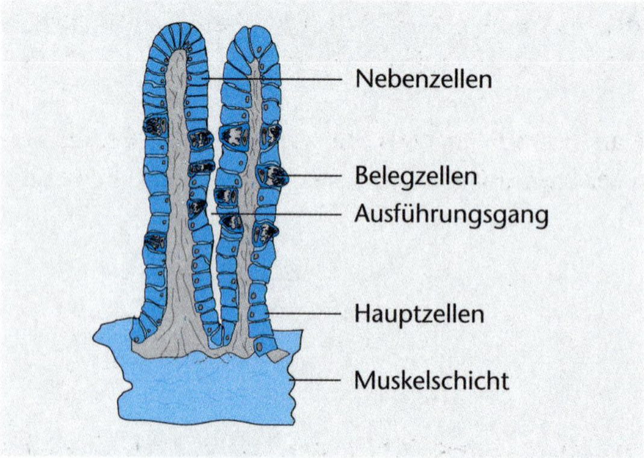

Abb. 6.10 Schleimhaut des Magens.

6.4.3 Magensaft

Pro Tag werden ca. 2–3 l Magensaft von der Magenschleimhaut gebildet. Die wichtigsten Bestandteile sind:

- **Magensäure:** chemisch Salzsäure (HCl). Dient der Ansäuerung des Magensaftes (pH-Wert 1 bis 2) für den Schutz vor Bakterien und zur Aktivierung des Proenzyms Pepsinogen
- **Magenschleim:** zum Schutz des Magens vor Magensäure
- **Intrinsischer Faktor:** wichtiger Faktor für die Resorption von Vitamin B_{12}
- **Elektrolyte.**

KLINISCHER HINWEIS

Protonenpumpenhemmer (z. B. Omeprazol) sind Medikamente für die Hemmung der Salzsäureproduktion im Magen. Sie werden bei chronischer Übersäuerung des Magens verschrieben.

6.4.4 Physiologie des Magens

Der Magen dient der Vorverdauung des Nahrungsbreis durch Pepsin und Magensäure, sowie als Reservoir für Durchmischung, Zwischenspeicherung und portionsweise Abgabe an das Duodenum. Das maximale Fassungsvermögen des Magens beträgt ca. 1,5–2 l.

Magenperistaltik

Als Magenperistaltik bezeichnet man wellenförmige Bewegungen der Magenwand für die Durchmischung und den Transport des Nahrungsbreis in Richtung Magenausgang. Die Auslösung der Magenperistaltik erfolgt hauptsächlich auf nervalem Weg durch den Dehnungsreiz.

Verweildauer der Speisen im Magen

Durch die Peristaltik kann die Verweildauer verschiedener Nahrungsstoffe beeinflusst werden. Kohlenhydratreiche Nahrung bleibt nur 1–2 Stunden im Magen, eiweißreiche Nahrung etwas länger. Fetthaltige Nahrung kann bis zu 5–8 Stunden im Magen verbleiben.

Regulation der Magensaftsekretion

Wesentlich sind drei Mechanismen für die Regulation der Magensaftsekretion verantwortlich:

- **Psychisch-nervale Reize:** der bloße Anblick von Speisen kann reflektorisch eine Sekretion auslösen („das Wasser läuft im Mund zusammen")
- **Lokale Reize:** durch die Dehnung des Magens, vor allem im Antrum, wird das Hormon Gastrin freigesetzt, das die Magensaftsekretion stimuliert (bedingt auch bei Dehnung des Duodenums)
- **Hormonelle Reize:** Histamin greift an den sog. H-Rezeptoren an und fördert hier die Magensaftsekretion (Angriffspunkt der H_2-Blocker).

6.5 Dünndarm

Der 3–4 m lange Dünndarm befindet sich zwischen Magen und Dickdarm und ist der Hauptort der Verdauung und Resorption der Nahrung.

6.5.1 Abschnitte des Dünndarms

Der Dünndarm (➤ Abb. 6.11) gliedert sich in Duodenum (Zwölffingerdarm), Jejunum (Leerdarm) und Ileum (Krummdarm).

Duodenum

Das Duodenum (Zwölffingerdarm) ist mit ca. 25 cm Länge der kleinste Abschnitt des Dünndarms. Es hat die Form eines C, liegt rechts der Wirbelsäule im Oberbauch und umfasst den Kopf der Bauchspeicheldrüse. In das Duodenum münden gemeinsam auf der **Papilla duodeni (Vateri)** der Gallen- und der Pankreasgang.

Jejunum

Nach dem Duodenum schließt sich der frei in der Bauchhöhe (intraperitoneal) und über ein Gekröse (Mesenterium) mit der dorsalen Bauchwand verbundene Leerdarm (Jejunum) an. Es geht ohne scharfe Grenze in das Ileum über.

Ileum

Die unteren ³⁄₅ des Dünndarms werden als Ileum (Krummdarm) bezeichnet. An der **Ileozökalklappe** geht das Ileum in den Dickdarm (Colon). Wie das Jejunum ist auch das Ileum über ein Gekröse (Mesenterium) mit der dorsalen Bauchwand verbunden und liegt intraperitoneal.

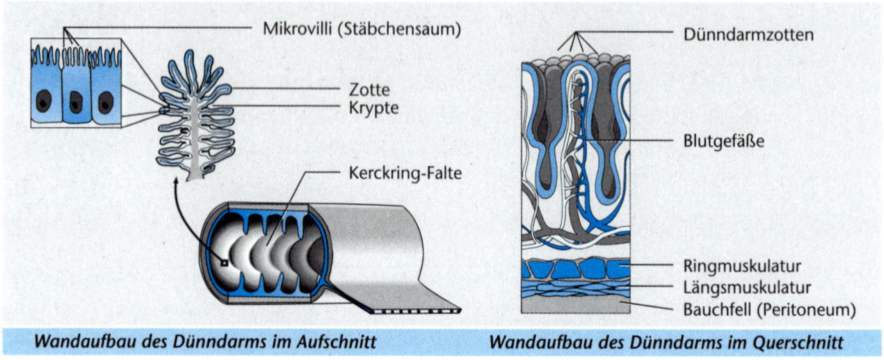

Abb. 6.11 Wandaufbau des Dünndarms.

Durch **Kerckring-Falten, Zotten** und **Mikrovilli** wird die Fläche des Dünndarms auf über 200 m^2 vergrößert.

6.5.2 Aufgaben des Dünndarms

Im Dünndarm erfolgt ein Großteil der Verdauungs- und Resorptionsvorgänge. Im Duodenum wird der Nahrungsbrei durch die Enzyme des Pankreas und die Sekrete der Leber weiter enzymatisch aufgespalten. Die **Pankreasenzyme Trypsin, Amylase** und **Lipase** katalysieren die enzymatische Verdauung und Aufspaltung des Nahrungsbreis in molekulare Grundbausteine (Mono- und Disaccharide, Peptide und Lipide). Die **Galle,** das Sekret der Leber, dient der Emulgierung (Erhöhung der Löslichkeit) der Fette. Anschließend werden die Grundbausteine von der Darmschleimhaut resorbiert und über die **Pfortader (V. portae)** zur Leber transportiert. Eine Ausnahme stellen die Fette dar. Sie werden von den Lymphsystem aufgenommen und durch den Brustmilchgang (Ductus thoracicus) zum Venenwinkel transportiert.

Im terminalen Ileum erfolgt die Resorption von Vitamin B_{12}.

6.6 Dickdarm

Im 1,5 m langen Dickdarm (Colon; ➤ Abb. 6.12) erfolgt die Eindickung, d. h. die Rückresorption von Wasser und Salzen aus dem Darm. Unverdauliche Nahrungsreste werden als Stuhl (Kot) ausgeschieden.

6.6.1 Abschnitte des Dickdarms

Der Dickdarm, der einen wesentlich weiteren Durchmesser als der Dünndarm hat, wird in folgende Abschnitte unterteilt:

Blinddarm

Unterhalb der Einmündung des Dünndarms gelegener, blind endender Anfangsteil des Dickdarms. Die wulstartige, verengte Einmündungsstelle des Dünndarms in den Dickdarm wird als Dickdarmklappe **(Ileocaecalklappe)** bezeichnet. Der Blinddarm (Caecum) trägt den Wurmfortsatz (Appendix).

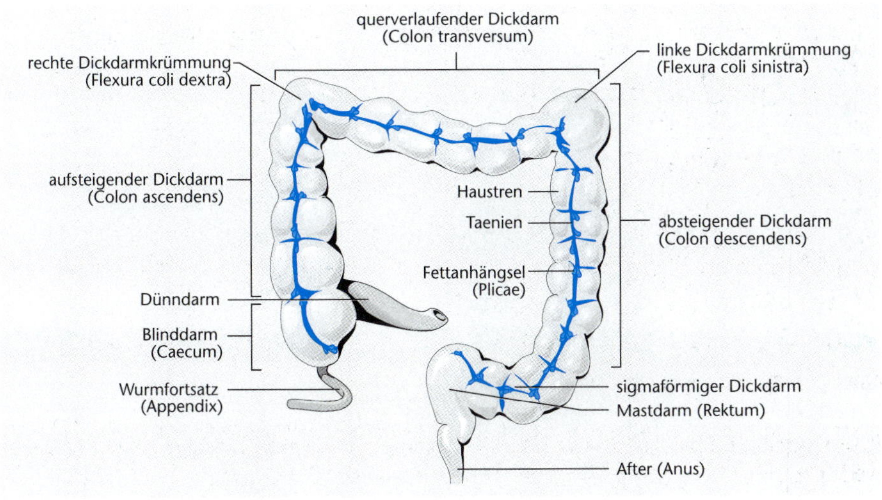

Abb. 6.12 Abschnitte des Dickdarms.

Wurmfortsatz

Der Wurmfortsatz ist ein im Mittel etwa 8 cm langer und 1 cm dicker Fortsatz des Blinddarms. Die Entzündung des Wurmfortsatzes (Appendizitis) wird oftmals inkorrekt als „Blinddarmentzündung" bezeichnet.

Grimmdarm

Der Grimmdarm (Colon) liegt wie ein Bilderrahmen vor dem Dünndarm. Man unterscheidet von oral nach aboral:

- **Colon ascendens:** an der rechten Bauchwand aufsteigender Teil des Dickdarms
- **Colon transversum:** quer durch den Bauchraum ziehender Teil des Dickdarms, trennt Ober- von Unterbauch
- **Colon descendens:** an der linken Bauchwand absteigender Teil des Dickdarms
- **Colon sigmoideum:** S-förmiges Endstück des Colons, tritt in das kleine Becken ein.

Mastdarm

Der 15–20 cm lange Mastdarm (Rektum; ➤ Abb. 6.13) schließt sich dem Colon sigmoideum an und endet am After (Anus). Der obere Teil des Rektums **(Ampulle)** dient der Speicherung des Stuhls vor der Ausscheidung (Defäkation). Ist die Ampulle gefüllt, registrieren Dehnungssensoren der Mastdarmwand den Füllungszustand und lösen Stuhldrang aus.

Schließmuskulatur

Der Darmausgang (Anus) wird durch ein komplexes Sphinktersystem aus quergestreiften und glatten Schließmuskeln kontrolliert, die den dichten Verschluss des Darmes ermöglichen und dennoch eine Darmentleerung (Defäkation) zulassen. Wichtige Schließmuskeln sind:

- **M. sphincter ani externus (äußerer Schließmuskel):** quergestreift, kann willkürlich kontrahiert werden
- **M. sphincter ani internus (innerer Schließmuskel):** glatter Muskel, kann nicht willkürlich beeinflusst werden.

Weiterhin sind Teile des muskulären Beckenbodens, wie z. B. der **M. puborectalis,** am Verschluss des Anus beteiligt.

6

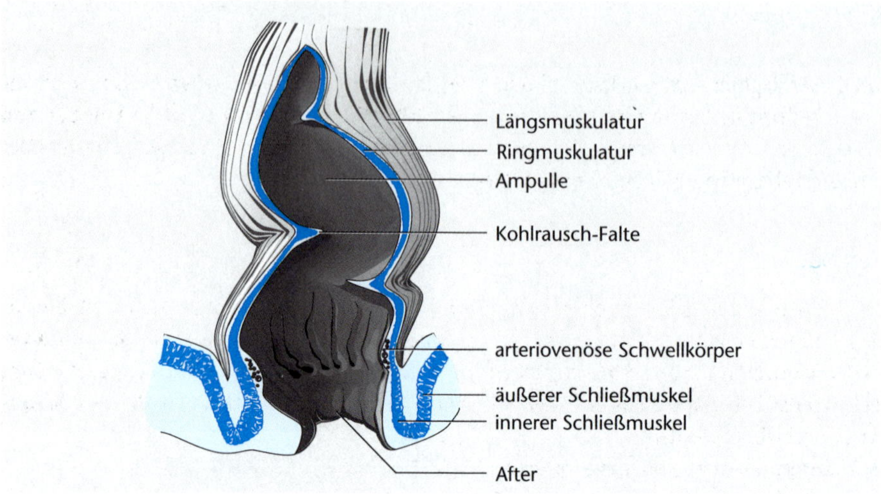

Abb. 6.13 Rektum im Längsschnitt.

6.6.2 Stuhl

Stuhl (Faeces) ist der unverdaute Rest des Nahrungsbreies. Stuhlmenge, -konsistenz sowie Häufigkeit der Stuhlentleerung sind individuell sehr unterschiedlich und hängen von den Nahrungsgewohnheiten ab.

Normwerte

- 100–200 g/Tag
- Braune Farbe (durch Gallenfarbstoffe bedingt)
- pH-Wert: 5–7
- Bestandteile: 75–80 % Wasser, der Rest besteht aus Zellulose, Bakterien, Eisen, Kalzium, Fett, Schleim und Epithelzellen.

6.7 Leber

Die Leber (Hepar; ➤ Abb. 6.14) ist die größte exokrine Drüse des Körpers (Gallenproduktion) und ein zentrales Organ für den Kohlenhydrat-, Eiweiß- und Fettstoffwechsel. Sie befindet sich im rechten Oberbauch unterhalb der Zwerchfellkuppel. Der untere Leberrand befindet sich auf Höhe des rechten Rippenbogens.

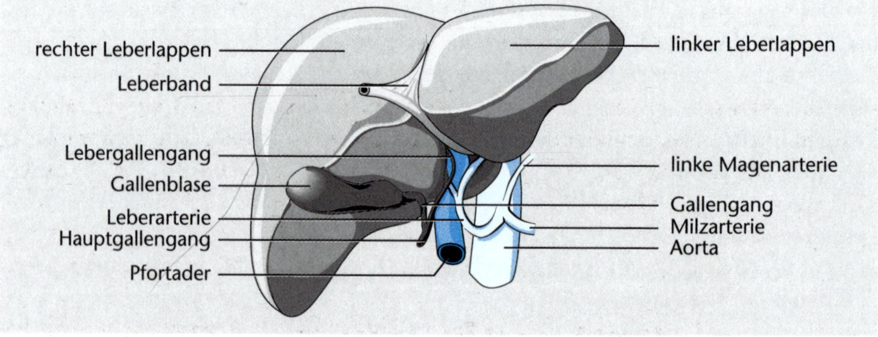

Abb. 6.14 Ansicht der Leber von unten mit Blick auf die Leberpforte.

6.7.1 Lage und Bau

Die Leber liegt im rechten Oberbauch in einer straffen Organkapsel, weitgehend von Peritoneum bedeckt und ist nur hinten oben mit dem Zwerchfell verwachsen. Sie besteht aus zwei Leberlappen, die sich in weitere Segmente aufgliedern. An der Unterfläche der Leber befindet sich die **Leberpforte** mit den Lebergefäßen.

Feinbau

Die kleinste Baueinheit der Leber ist das **Leberläppchen** (➤ Abb. 6.15), das einen fünfeckigen Querschnitt aufweist. Im Zentrum eines Leberläppchens verläuft jeweils eine **Zentralvene (V. centralis)** für den Abtransport des Blutes zur Lebervene (V. hepaticae). An den fünf Ecken jedes Leberläppchens befindet sich je eine Gruppe von drei Gefäßen, die als **Glisson-Trias** bezeichnet werden:

- **V. interlobularis** (Äste der Pfortader)
- **A. interlobularis** (Äste der A. hepatica)
- **Gallenkapillare** (Äste des Gallengangs).

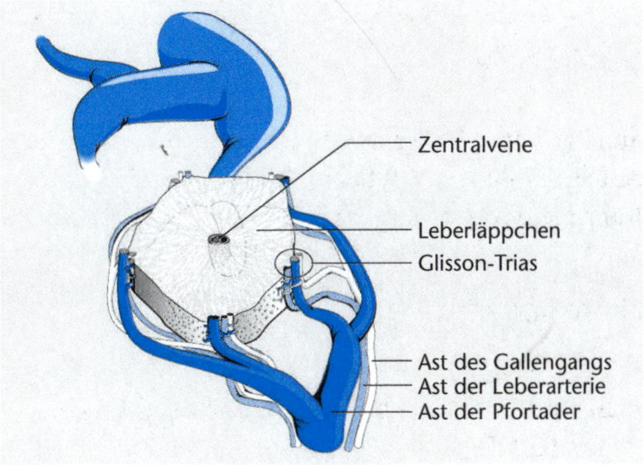

Abb. 6.15 Leberläppchen mit der Glisson-Trias.

Leberpforte

Die Leberpforte ist die an der Unterseite der Leber gelegene Ein- und Austrittsstelle der Lebergefäße und des Gallengangs:

- **Gallengang (Ductus hepaticus):** Abfluss der Gallen. Der Gallengang steht über den Ductus cysticus mit der Gallenblase in Verbindung und setzt sich als Ductus choledochus in das Duodenum fort
- **A. hepatica (Leberarterie):** Ast des Truncus coeliacus für die arterielle Versorgung der Leber
- **Pfortader (Vena portae):** transportiert das nährstoffreiche Blut des Darmes zur Leber.

6.7.2 Funktion der Leber

Die etwa 1.500 g schwere Leber nimmt über die Pfortader einen Großteil der im Verdauungstrakt resorbierten Nahrungsbestandteile auf und verarbeitet sie weiter. Neben der Bildung der Galle (500–1.000 ml/Tag) übernimmt die Leber wichtige Aufgaben im Eiweiß-, Kohlenhydrat- und Fettstoffwechsel.

Proteinstoffwechsel

Die Leber nimmt im **Aminosäure- und Proteinstoffwechsel** eine zentrale Rolle ein. Hier erfolgt die Synthese von wichtigen Proteinen wie z. B. Albumin, Globulinen und Blutgerinnungsfaktoren. Als Endprodukt des Aminosäure- und Proteinstoffwechsels bildet die Leber **Harnstoff,** der an das Blut abgegeben und über die Niere ausgeschieden wird.

Eine Einschränkung der Leberfunktion hat einen Eiweißmangel mit Aszitesbildung, erhöhter Infektanfälligkeit und Gerinnungsstörungen zur Folge.

Kohlenhydratstoffwechsel

In der Leber und im Muskel erfolgt die Speicherung von Glukose als **Glykogen.** Wenn der Blutzuckerspiegel absinkt, wird vor allem das Leber-Glykogen wieder zu Glukose abgebaut und in das Blut abgegeben.

Aufgaben der Leber im Fettstoffwechsel

In der Leber erfolgen die Neubildung von Fettsäuren aus Kohlenhydraten und die **Cholesterinbiosynthese.** Überschüssige Fette können in der Leber zum Teil gespeichert werden.

Die Leber ist die größte exokrine Drüse des menschlichen Körpers und zentrales, wichtigstes Stoffwechsel- und Entgiftungsorgan. Viele Medikamente werden von der Leber abgebaut oder inaktiviert.

ALTERSPHYSIOLOGIE

Im Alter ist die Funktion der für die Arzneistoffelimination wichtigen Leberenzyme (Cytochrom-P450-System) verringert. Bei älteren Patienten kommt es daher bei hepatisch eliminierten Medikamenten häufiger zu unerwünschten Nebenwirkungen.

6.7.3 Stauungszeichen der Leber

Erkrankungen der Leber (z. B. Leberzirrhose oder Tumoren) können zu Beeinträchtigung des Blutstroms durch die Leber führen, in dessen Folge sich Umgehungskreisläufe zwischen Pfortader (V. portae) und unterer Hohlvene (V. cava inferior) ausbilden (portokavale Anastomosen). Wichtige portokavale Anastomosen sind:

Ösophagusvarizen

Die Venen der kleinen Kurvatur des Magens bilden eine Verbindung zwischen Pfortader und dem Venensystem der Speiseröhre. Werden diese gestaut, kommt es zur Ausbildung von Ösophagusvarizen, die zu lebensbedrohlichen Blutungen führen können.

Bauchwandvenen

Umgehungskreisläufe über die Venen der Bauchwand, die sich bei verstärktem Blutdurchfluss zum **Caput medusae** (Schlangenhaupt) erweitern können.

6.8 Gallenblase und Gallenwege

Die Gallenblase (➤ Abb. 6.16) ist ein 12 cm langer und 4 cm breiter bindegewebiger Sack an der Unterseite der Leber zur Speicherung und Eindickung des Lebersekrets (Galle). Der Gallenblasengang (Ductus cysticus) vereinigt sich mit dem Gallengang der Leber (Ductus hepaticus communis) zum **Ductus choledochus,** der an der **Papilla vateri** in den Zwölffingerdarm mündet.

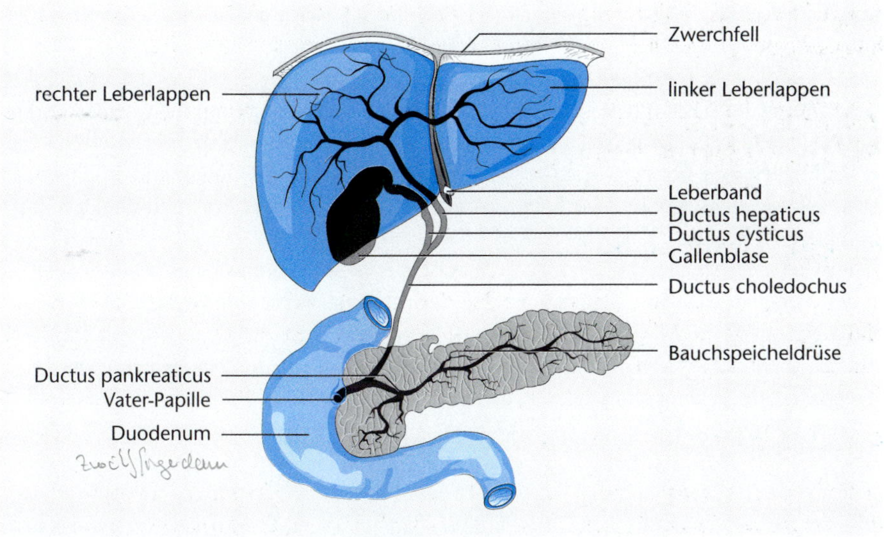

Abb. 6.16 Leber, Gallenblase, Pankreas und Gallenwege.

6.8.1 Funktionelle Bedeutung der Gallenblase

Galle wird kontinuierlich von der Leber produziert und von der Gallenblase zwischengespeichert. Ein Reflexmechanismus bei der Nahrungsaufnahme sowie die Ausschüttung der Hormone Cholezystokinin oder Sekretin veranlassen die Kontraktion der Gallenblase und Abgabe der Galle in den Darm.

Galle

In der Leber werden ca. 500–1.000 ml Galle pro Tag gebildet. Wichtige Bestandteile der Galle ist der gelbe Farbstoff **Bilirubin,** ein Abbauprodukt des roten Blutfarbstoffs Hämoglobin, sowie **Gallensäuren.**

Die **Gallensäuren** sind zur Fettverdauung notwendig. Sie emulgieren die im Darmtrakt wasserunlöslichen Lipide (Fette) und ermöglichen dadurch die Resorption im Dünndarm. Ein Großteil der Gallensäuren im Dünndarm wird wieder rückresorbiert und zirkuliert zwischen Darm und Leber **(entero-hepatischer Kreislauf).**

6.8.2 Bilirubin

Bilirubin (Gelbfarbstoff) ist das Abbauprodukt des roten Blutfarbstoffs Hämoglobin. Es ist wasserunlöslich und wird in der Leber an Glukuronsäure gekoppelt, um mit der Galle ausgeschieden zu werden. Im Darm wird Bilirubin in Sterkobilin und Urobilinogen umgewandelt und ist für die charakteristische Stuhlfarbe verantwortlich.

In der Klinik wird das wasserunlösliche, unmodifizierte Bilirubin als **indirektes oder unkonjugiertes Bilirubin** bezeichnet. Nach Bindung an Glukuronsäure spricht man von **direktem oder konjugiertem Bilirubin.**

Ein Verschluss der Gallenwege geht oft mit einer helleren Stuhlfarbe einher.

6

6.8.3 Ikterus

Eine Erhöhung der Bilirubinkonzentration im Blut über 2 mg % resultiert in einer sichtbaren Gelbfärbung der Haut und der Augenbindehäute. Man spricht auch von Gelbsucht oder Ikterus. Nach dem Entstehungsmechanismus werden drei Formen (➤ Tab. 6.1) unterschieden:

- **Prähepatischer Ikterus:** Ursache vor der Leber, z. B. durch Hämolyse und erhöhtem Anfall von Hämoglobin. Eine Folge ist der Anstieg des unkonjugierten, indirekten Bilirubins
- **Posthepatischer Ikterus:** Ursache nach der Leber, z. B. durch mechanische Verlegung der Gallenwege (Steine, Tumore). Es resultiert ein Anstieg des konjugierten, direkten Bilirubins
- **Intrahepatischer Ikterus:** Ursache innerhalb der Leber, z. B. durch Schädigung der Leberzellen bei Leberzirrhose oder Hepatitis. Hier ist sowohl das direkte als auch das indirekte Bilirubin erhöht.

Tab. 6.1 Ikterusformen.

	Prähepatischer Ikterus	Posthepatischer Ikterus	Intrahepatischer Ikterus
Häufigste klinische Ursache	Hämolyse	Gallengangs-verschluss	Leberschädigung
Direktes Bilirubin	normal	erhöht	erhöht
Indirektes Bilirubin	erhöht	normal	erhöht
Stuhlfarbe	dunkel	entfärbt	entfärbt

Ein Sonderfall des Ikterus ist der physiologische **Neugeborenenikterus.** Ursache ist eine Unreife der Bilirubinkonjugation an Glukuronsäure in der Leber.

6.9 Bauchspeicheldrüse

Die 15 cm lange, keilförmige Bauchspeicheldrüse (Pankreas) liegt im Oberbauch hinter dem Bauchfell (retroperitoneal). Man unterscheidet Pankreaskopf, -körper und -schwanz. Der Pankreaskopf wird vom C-förmigen Duodenum umfasst, während der Pankreasschwanz bis zur Milz reicht.

Das Pankreas ist sowohl eine exokrine als auch endokrine Drüse. Das Sekret des exokrinen Pankreas mit den Verdauungsenzymen (z. B. Lipase, Amylase und Trypsin) mündet über den **Pankreasgang (Ductus pancreaticus)** in das Duodenum. Hormonproduzierende endokrine Zellen befinden sich in den **Langerhans-Inseln** des Pankreas.

Funktionelle Bedeutung des Pankreas

Das Pankreas ist eine Kombination von exokriner Drüse (Sekretion von Verdauungsenzymen) und endokriner Drüse (Insulin- und Glukagonproduktion).

Exokrine Funktion

Es werden ca. 1,5–2 l Pankreassekret pro Tag produziert, das hauptsächlich aus Bikarbonat und Verdauungsenzymen besteht. Die Sekretion wird durch den N. vagus sowie hormonell durch Sekretin und Cholezystokinin (CCK) stimuliert. Die Enzyme werden als inaktive Vorstufen sezerniert und erst im Darm aktiviert.

Zusammensetzung des Pankreassekretes

- **Bikarbonat:** zur Pufferung des pH-Werts im Darm für die Enzymfunktionen
- **Trypsinogen und Chymotrypsinogen:** Enyzme für die Proteinverdauung; werden im Darm durch Enterokinasen zu Trypsin und Chymotrypsin aktiviert
- **Pankreaslipase, Phospholipase:** Enzyme zur Fettverdauung
- α-**Amylase:** Enzym zur Kohlenhydratspaltung.

KLINISCHER HINWEIS

Bei Verschluss der Gallenwege können die angestauten Pankreasenzyme zu einer lebensbedrohlichen Selbstverdauung des Pankreas führen.

Endokrine Funktion

Die Hauptfunktion des endokrinen Pankreas ist die Produktion von Hormonen für die Regulation der Blutzuckerkonzentration, die konstant 80–120 mg % beträgt. Dies wird durch die gegensinnige (antagonistische) Wirkung zweier Pankreashormone aus den **Langerhans-Inseln** erreicht:

- **Insulin:** senkt den Blutzuckerspiegel, fördert die Glukoseaufname aus dem Blut in das Gewebe und die Speicherung als Glykogen
- **Glukagon:** erhöht den Blutzuckerspiegel, hemmt die Aufnahme von Glukose in die Zelle und die Produktion von Glykogen.

KLINISCHER HINWEIS

Eine gestörte Insulinproduktion des Pankreas resultiert in einer pathologisch erhöhten Blutzuckerkonzentration (Typ-I-Diabetes mellitus).

6

6.10 Gefäßversorgung der Bauchorgane

Obwohl schon im Kapitel des Blutkreislaufs erwähnt, wird wegen der klinischen Bedeutung nochmals auf die Gefäßversorgung der Bauchorgane (➤ Abb. 6.17) eingegangen.

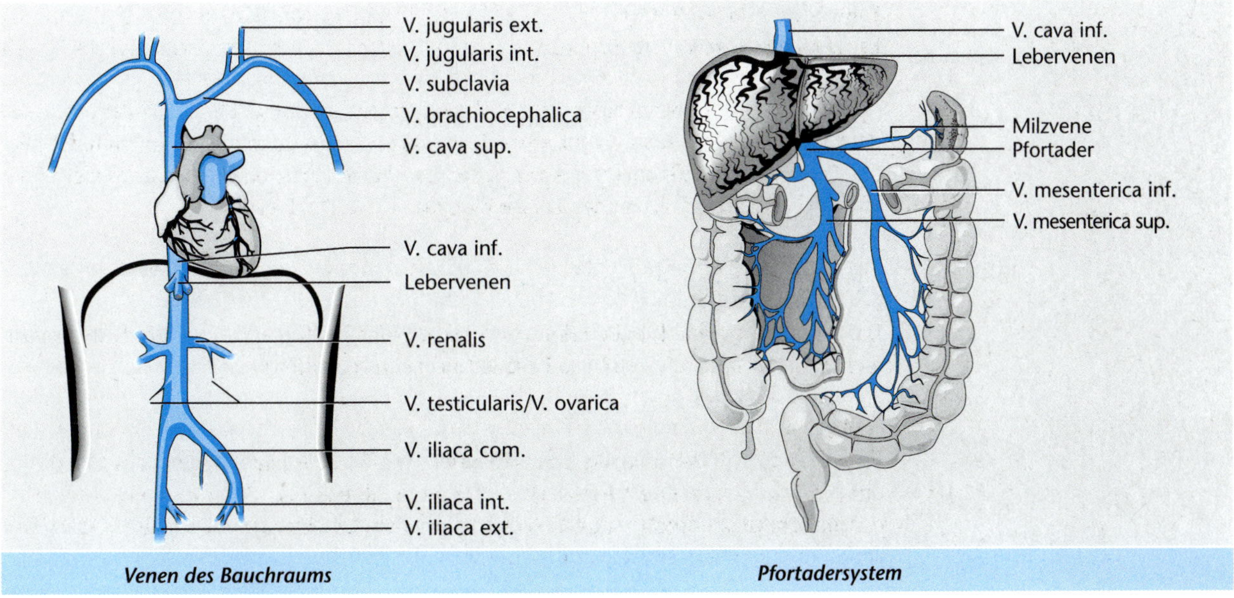

Abb. 6.17 Venöse Entsorgung des Bauchraums und Zuflussgebiete der Pfortader.

6.10.1 Arterielle Versorgung der Baucheingeweide

Die arterielle Versorgung der Baucheingeweide erfolgt aus den Abgängen der Bauchaorta (Aorta abdominalis):

Truncus coeliacus

Erster Abgang der Aorta unterhalb des Zwerchfells. Er teilt sich in drei Gefäße auf:
- **Leberarterie (A. hepatica communis):** Versorgung von Leber, Magen, Duodenum und Pankreas
- **A. gastrica sinistra:** Versorgung des Magens
- **Milzarterie (A. lienalis):** Versorgung der Milz.

A. mesenterica superior

Sie geht unterhalb des Truncus coeliacus aus der Aorta ab und dient der Versorgung des Dünn- und Dickdarms bis zur linken Kolonflexur (Übergang von Colon transversum in Colon descendens).

A. mesenterica inferior

Dritter Abgang aus der Aorta unter dem Zwerchfell. Dient der Versorgung von Colon descendens, Sigma und oberen zwei Drittel des Rektums.

Das untere Drittel des Rektums wird aus Gefäßen der A. iliaca interna versorgt.

6.10.2 Venöser Abfluss der Bauchorgane

Das Blut des Darmes und der Baucheingeweide wird größtenteils durch die **V. portae (Pfortader)** abtransportiert. Nur die Organe des kleinen Beckens und die unteren Rektumteile werden über V. iliaca und V. cava entsorgt.
Die Pfortader entsteht durch Zusammenfluss dreier Venen:
- **V. lienalis (Milzvene)**
- **V. mesenterica superior**
- **V. mesenterica inferior.**

Das Drainagegebiet der Venen entspricht in etwa dem Versorgungsgebiet der gleichnamigen Arterien.

6.10.3 Bauchfell

Das Bauchfell (Peritoneum) überzieht als dünne Haut die Bauchwand **(parietales Peritoneum)** und einen Großteil der Baucheingeweide **(viszerales Peritoneum).**

Nach Lage und Bezug zum Peritoneum werden die Bauchorgane in intraperitoneale oder retroperitoneale Organe unterteilt. **Intraperitoneal** gelegene Organe liegen frei in der Bauchhöhle und sind allseits mit Peritoneum überzogen (Beispiel: Dünndarm). **Retroperitoneal** gelegene Organe sind nur an der Vorderseite von Bauchfell überzogen (Beispiel: Nieren, Pankreas). Extraperitoneale Organe liegen außerhalb der Bauchhöhle und sind nicht von Peritoneum überzogen (Beispiel: Harnblase).

Die Bereiche, in denen sich die Schichten des Bauchfells nach einem Organüberzug alle berühren und eine Duplikatur entsteht, heißen **Mesenterium** (Darmgekröse).

KLINISCHER HINWEIS

Entzündungen des Bauchfells (Peritonitis), z. B. bei Darmverletzungen, verlaufen oft hochakut mit starken Schmerzen.

6.11 Ernährungsphysiologie

Unter Ernährung versteht man die Zufuhr von Nahrungsmitteln, die dem Organismus die benötigte Energie zur Instandhaltung seiner Stoffwechselprozesse liefern. Diese Energie wird in Form von Fetten, Eiweißen und Kohlenhydraten geliefert.

6.11.1 Energiebedarf

Der tägliche Energiebedarf ist von Art und Schwere der körperlichen Arbeit sowie von Geschlecht und Konstitution abhängig. Bei leichter körperlicher Arbeit (z. B. Büroarbeit) sind 2.000–2.500 kcal/Tag notwendig, bei schwerer körperlicher Arbeit (z. B. Bauarbeiter) können 4.000 und mehr kcal/Tag benötigt werden.

Der durchschnittliche Kalorienbedarf beträgt 2.000–2.500 kcal/Tag.

6.11.2 Nahrungsstoffe

Alle Stoffe, die der Organismus in bestimmten Mengen für den Fortbestand seines Stoffwechsels und damit seines Lebens benötigt, bezeichnet man als Nahrungsstoffe. Hierzu gehören die Kalorienlieferanten Proteine, Kohlenhydrate und Fette. Der Energiegehalt dieser Nahrungsmittel wird in Kilokalorien (kcal) oder Kilojoule (kJ) angegeben (1 kcal = 4,187 kJ).

Proteine
- Etwa 20 % der Gesamtkalorien
- Tagesbedarf: 50–70 g
- Energiegehalt: 4,1 kcal/g.

Kohlenhydrate
- Etwa 50 % der Gesamtkalorien
- Tagesbedarf: 300–500 g
- Energiegehalt: 4,1 kcal/g.

Fette
- Etwa 30 % der Gesamtkalorien
- Tagesbedarf: 60 g
- Energiegehalt: 9,3 kcal/g.

Fette haben den höchsten Brennwert aller Nahrungsstoffe.

Wasser und Elektrolyte

Wasser und die im Wasser gelösten Salze (Elektrolyte) sind von zentraler Bedeutung für das Funktionieren des Gesamtorganismus.

Wasser

- 70–75 % des Körpergewichts
- Tagesbedarf: 1,5–3 l (bei warmem Wetter und körperlicher Anstrengung erheblich mehr)
- Lösungs- und Transportmittel.

Die Wasserausscheidung erfolgt über Niere, Darm, Haut und Lunge.

KLINISCHER HINWEIS

Bei einer Wasser-Bilanzierung müssen alle Verlustwege (Niere, Darm, Haut, Lunge) mit einberechnet werden.

Elektrolyte

- Aufrechterhaltung des osmotischen Drucks
- Tagesbedarf an NaCl: etwa 3 g.

Vitamine

Vitamine (➤ Tab. 6.2) sind Stoffe, die der Organismus nicht selbst synthetisieren kann und die daher ständig mit der Nahrung zugeführt werden müssen. Man unterscheidet fettlösliche (A, D, E, K) und wasserlösliche Vitamine.

Tab. 6.2 Vitamine mit Hauptfunktionen.

Vitamin	Hauptfunktion	Mangelerscheinungen
A	Ausgangsprodukt für Sehfarbstoff	Nachtblindheit
B	Nervenstoffwechsel (B_1, B_6), Erythrozytenbildung (B_{12})	Nervenreizungen, Anämien
C	Radikalfänger	Infektneigung, Müdigkeit, Appetitlosigkeit (Skorbut)
D	Knochenaufbau	Rachitis (Kindesalter)
E	Antioxidans	Stoffwechselstörungen
K	Mithilfe bei der Synthese diverser Gerinnungsfaktoren	Gerinnungsstörungen
Folsäure	Synthese von Erythrozyten	Anämien
H	Bestandteil von Enzymen	Dermatitis

Spurenelemente

Spurenelemente kommen nur in geringen Mengen in der Nahrung und im Organismus vor. Die wichtigsten Spurenelemente sind:

- **Eisen:** Bestandteil des Hämoglobins
- **Jod:** Bestandteil der Schilddrüsenhormone
- **Fluor:** Bestandteil des Zahnschmelzes
- **Kobalt:** Bestandteil des Vitamin B_{12}
- **Chrom, Kupfer, Selen, Zink:** Bestandteile von Enzymen.

Ballaststoffe

Ballaststoffe sind unverdauliche, meist pflanzliche Verbindungen wie z. B. Zellulose oder Pektin. Sie quellen im Darm auf und fördern die Darmperistaltik und den Transport des übrigen Nahrungsbreis. Ballaststoffe sind z. B. in Vollkornprodukten, Kartoffeln oder Obst enthalten.

Ballaststoffe beschleunigen die Darmpassage und beugen der Verstopfung (Obstipation) vor.

Fragen

1. Welche Zellart ist für die Produktion von Salzsäure (HCl) im Magen verantwortlich? (➤ Kap. 6.4.2)
2. Wie kommt es zur perniziösen Anämie? (➤ Kap. 6.5.2)
3. Welche Wirkung hat das Hormon Cholezystokinin? (➤ Kap. 6.9)
4. Welche Funktion hat die Peristaltik im Magen-Darm-Trakt? (➤ Kap. 6.4.4)
5. Wie kommt es zur Ödembildung bei schweren Lebererkrankungen? (➤ Kap. 6.7.2)
6. Beschreiben Sie Aufbau und Funktionsweise eines Leberläppchens. (➤ Kap. 6.7.1)
7. Beschreiben Sie den Schichtbau der Speiseröhre. (➤ Kap. 6.3)
8. An welchen Stellen ist die Speiseröhre physiologisch enger? (➤ Kap. 6.3)
9. Nennen Sie Besonderheiten des Kolons gegenüber den anderen Darmabschnitten. (➤ Kap. 6.6)
10. Welche Organe sind der Leber benachbart? (➤ Kap. 6.8)
11. Beschreiben Sie den Aufbau der Magenwand. (➤ Kap. 6.4)
12. Welche Gefäße treten an der Leberpforte ein und aus? (➤ Kap. 6.7.1)
13. Wo mündet der D. choledochus in den Dünndarm? (➤ Kap. 6.8)
14. Was versteht man unter innerer und äußerer Sekretion des Pankreas? (➤ Kap. 6.9)
15. Welche Strukturen dienen der Oberflächenvergrößerung im Dünndarm? (➤ Kap. 6.5.1)
16. Nennen Sie die Speicheldrüsen des Mundraums. (➤ Kap. 6.1.4)
17. Wo befinden sich die Mündungen der Speicheldrüsen? (➤ Kap. 6.1.4)

KAPITEL 7 Nieren und ableitende Harnwege

Die Nieren reinigen das Blut von Stoffwechselendprodukten und scheiden sie über die Harnwege aus. Weitere Nierenfunktionen sind die Regulation des Flüssigkeits- und Säure-Basen-Haushalts sowie des Blutdrucks. Durch die Produktion von Erythropoetin steuern die Nieren die Blutbildung.

7.1 Lage und Bau der Nieren

Die paarig angelegten Nieren befinden sich retroperitoneal neben der Wirbelsäule auf Höhe des 12. Brust- bis 3. Lendenwirbels (➤ Abb. 7.1). Aufgrund der Leber steht die rechte Niere etwas tiefer als die linke. Am medialen Rand der Niere befindet sich der **Nierenhilus,** durch den die Nierengefäße ein- bzw. austreten. Das **Nierenbecken** sammelt den Harn und leitet ihn an die **Harnleiter (Ureteren)** weiter.

Die Niere liegt geschützt im Nierenlager und ist von einer Kapsel aus Fett- und Bindegewebe umgeben **(Nierenkapsel).**

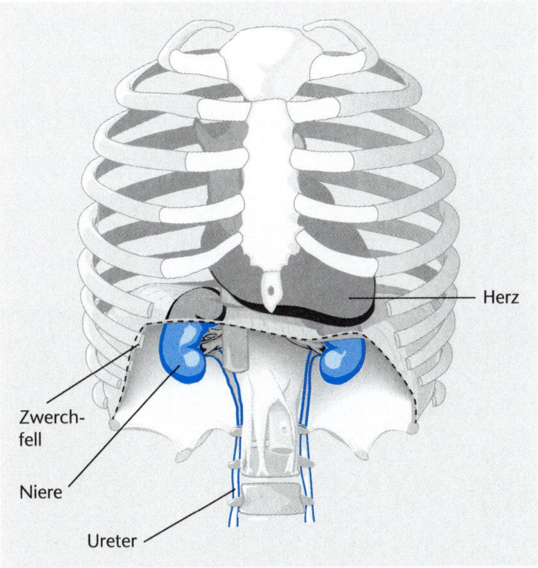

Abb. 7.1 Lage der Nieren unterhalb des Zwerchfells.

Maße der Niere

- Gewicht einer Niere: 150 g
- Größe: 10 cm lang, 5 cm breit.

Funktion der Nieren

- Ausscheidung harnpflichtiger Substanzen (Harnstoff, Kreatinin, Harnsäure)
- Ausscheidung von Giftstoffen und Medikamenten
- Regulation des Wasser- und Elektrolythaushalts
- Regulation des Säure-Basen-Haushalts

- Kontrolle des arteriellen Blutdrucks und zirkulierenden Flüssigkeitsvolumens
- Bildung des Hormons Erythropoetin (EPO) für die Blutbildung im Knochenmark.

7.1.1 Innerer Aufbau der Niere

Im Längs- und Querschnitt (➤ Abb. 7.2) wird eine Gliederung der Niere in Rinde und Mark sichtbar.

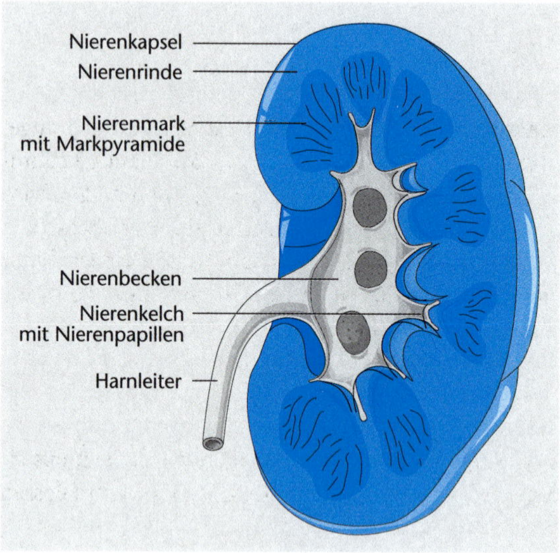

Abb. 7.2 Niere im Querschnitt mit Mark und Rinde.

Nierenrinde

Die **Nierenrinde** liegt direkt unter der Nierenkapsel. Sie ist gegliedert in Rindenläppchen und enthält die **Nierenkörperchen** (Glomeruli) für die Filtration des Blutes und Abscheidung des Harns.

Nierenmark

Das **Nierenmark** ist aufgebaut aus den kegelförmigen **Markpyramiden,** die zum Nierenbecken hin gerichtet sind. Es enthält die **Nierenkanälchen** für die Rückresorption von Flüssigkeit und Salzen aus dem Harn.

Die Markpyramiden enden mit der **Nierenpapille** in den **Nierenkelch,** in dem der fertige Urin gesammelt und in das Nierenbecken geleitet wird.

7.1.2 Gefäßversorgung

Die **Nierenarterie (A. renalis)** entspringt beidseits aus der Aorta und versorgt die Niere mit etwa 25 % des Herzminutenvolumens. Innerhalb der Nieren teilen sich die Nierenarterien weiter auf und enden in den Nierenkörperchen (Glomeruli). Hier findet die Filtration des Blutes und Abscheidung des Primärharns statt. Die **Nierenvene (V. renalis)** gehen aus den Glomeruli hervor und verlässt die Niere im Nierenhilus.

7.2 Feinbau der Niere

Die Niere besitzt neben den Blutgefäßen ein kompliziertes System aus Organen der Harnbildung und Harnleitung.

Die kleinste funktionelle Einheit der Niere ist das Nephron.

7.2.1 Nephron

Ein Nephron besteht aus dem **Nierenkörperchen (Corpusculum renale)** und den angeschlossenen **Nierenkanälchen (Tubulussystem).** Die Niere besitzt ca. 1,6 Millionen Nephrone, die für die Urinbildung verantwortlich sind. In den Gefäßschlingen des Glomerulum wird kontinuierlich durch Filtration **Primärharn** (Vorharn) gebildet, der in den Nierenkanälchen durch Rückresorption und Sekretion von Flüssigkeit und Salzen zum **Sekundärharn** (Endharn) modifiziert wird. Mehrere Nierenkanälchen münden in jeweils ein **Sammelrohr,** die auf der Spitze der Markpyramiden in das Nierenbecken münden.

Nierenkörperchen

Das 0,1–3 mm breite Nierenkörperchen (Corpusculum renale; ➤ Abb. 7.3) besteht aus einem kapillären Gefäßknäuel **(Glomerulum),** das von einer **Bowman-Kapsel** umschlossen wird.

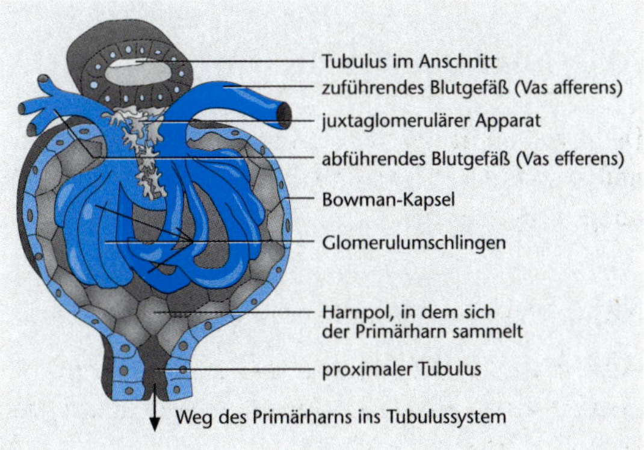

Abb. 7.3 Nierenkörperchen mit Gefäßknäuel im Querschnitt.

Glomerulum

Jedes Glomerulum wird von einer zuführenden Kapillare (Vas afferens) gespeist und durch ein ableitendes Gefäß (Vas efferens) drainiert. Eine Gruppe spezialisierter Zellen **(juxtaglomerulärer Apparat)** reguliert die Durchblutung des Glomerulums.

Bowman-Kapsel

Die Bowman-Kapsel besteht aus einem inneren Blatt, das mit spezialisierten Zellen **(Podozyten)** die Kapillaren des Glomerulum überzieht und an der Ausbildung der **Blut-Harn-Schranke** beteiligt ist. Das äußere Blatt umfasst das gesamte Glomerulum und sammelt den Primärharn wie ein Trichter.

Blut-Harn-Schranke

Primärharn ist ein Filtrat des Blutes. Die Filtermembran zwischen Blut- und Harnwegen wird als **Blut-Harn-Schranke** bezeichnet. Sie besteht aus dem Kapillarendothel, den Podozyten und der dazwischen liegenden Basalmembran.

Nierenkanälchen

Am unteren Pol der Bowman-Kapsel beginnen die Nierenkanälchen (**Tubulussystem;** ➤ Abb. 7.4). Es besteht aus drei Hauptabschnitten:
- **Hauptstück (proximaler Tubulus)**
- **Überleitungsstück (Intermediärtubulus)**
- **Mittelstück (distaler Tubulus).**

Mehrere Tubulussysteme münden in ein Sammelrohr und weiter in das Nierenbecken.

> Die geraden Abschnitte vom proximalen und distalen Tubulus sowie das Überleitungsstück bilden eine Schlinge, die als **Henle-Schleife** bezeichnet wird.

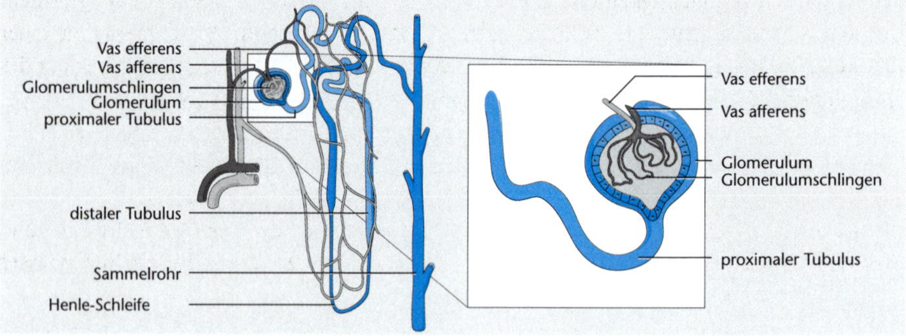

Abb. 7.4 Nierenkanälchen (Tubulussystem) mit Ursprung im Nierenkörperchen, in dem der Primärharn gebildet wird.

7.2.2 Juxtaglomerulärer Apparat

Der juxtaglomeruläre Apparat ist eine Zellgruppe an der Kontaktstelle zwischen Vas afferens und dem distalen Nierentubulus. Hier wird das für die Regulation des Elektrolyt- und Wasserhaushalts wichtige Enzym **Renin** gebildet (➤ Kap. 3.4.5).

7.3 Harnbildung

Während im Nephron der Primärharn durch Filtration gebildet wird, erfolgt im Tubulussystem die weitere Modifikation zum Sekundärharn (Urin). Nierenbecken und die ableitenden Harnwege (Harnleiter, -blase und -röhre) dienen dem Abtransport des Urins.

7.3.1 Bildung des Primärharns

Die Bildung des Primärharns **(Vorharn)** erfolgt im Glomerulum durch Filtration des Blutes durch die Blut-Harn-Schranke.

Primärharn stellt somit ein Filtrat des Blutes dar, das in seiner Zusammensetzung dem Blutplasma ähnelt. Lediglich die Blutkörperchen und Eiweiße verbleiben im Gefäßsystem, da die Blut-Harn-Schranke nur Moleküle bis zu einer bestimmten Größe passieren lässt. Auf diese Weise wird pro Tag ca. 180 l Primärharn gebildet **(glomeruläre Filtrationsrate)** und an die Nierenkanälchen weitergeleitet.

Treibende Kraft für die glomeruläre Filtration ist der Blutdruck und damit die Herzleistung. Fällt der Blutdruck unter den notwendigen Filtrationsdruck (Schock, Volumenverluste), kommt es zu gefährlichen Einschränkungen der Nierenfunktion.

7.3.2 Bildung des Sekundärharns

Auf seinem Weg durch das Tubulussystem (Nierenkanälchen) wird der Primärharn durch Rückresorption von Salzen und Wasser auf ca. 1 % seiner ursprünglichen Menge vermindert, die der täglichen Urinmenge von ca. 1,5 l entspricht. Durch diesen Konzentrationsprozess ist die Konzentration von Harnstoff, NaCl und anderen Stoffen im Urin ca. 3–4-mal höher als im Blut.

Im Nierenmark verlaufen Blutgefäße und Nierentubuli parallel und ermöglichen damit den Austausch von Flüssigkeit und Salzen nach dem **Gegenstromprinzip.** Hierbei führt ein Konzentrationsgradient (wie z. B. die hohe Salzkonzentration im Nierenmark) zu einer Rückresorption von Wasser aus dem Tubulussystem. Da sich der Salzgehalt im Verlauf des Tubulussystems ändert, stellt sich ein bestimmter Salzgehalt des Endharns ein.

Hauptstück

Im Hauptstück (proximaler Tubulus) werden durch aktive Transportvorgänge Glukose und Elektrolyte rückresorbiert sowie ein Großteil des Wassers (ca. 70 %). Hierbei folgt Wasser passiv dem Natrium.

Henle-Schleife

Im aufsteigenden Teil der Henle-Schleife erfolgt hauptsächlich die aktive Natrium-Rückresorption, während er für Wasser undurchlässig ist.

Mittelstück – Verbindungsstück – Sammelrohr

Im Mittelstück (distaler Tubulus), Verbindungsstück und Sammelrohren wird die endgültige Harnmenge durch die Wirkung von Mineralkortikoiden (Aldosteron und ADH) festgelegt.

ALTERSPHYSIOLOGIE

Die Nierenfunktion nimmt im Laufe des Lebens kontinuierlich ab. Ursachen sind die Verringerung der Nephronanzahl sowie sklerotische Veränderungen des renalen Gefäßsystems. Medikamente, die überwiegend über die Nieren ausgeschieden werden, müssen bei älteren Patienten daher besonders vorsichtig dosiert werden.

7.3.3 Urin und Urindiagnostik

Urin ist eine gelbliche, klare Flüssigkeit mit einem spezifischen Gewicht von 1.015–1.025 g/l und einem pH-Wert von 4,8–7. Die jeweilige Zusammensetzung und Konzentration des Urins ist von verschiedenen Faktoren, wie Flüssigkeitsaufnahme und -verlust (Schwitzen), Nahrung oder dem Blutdruck abhängig.

Das normale tägliche Urinvolumen beträgt ca. 1.000–2.500 ml/Tag.

Urin besteht zu 98 % aus Wasser und enthält Stoffwechselendprodukte wie Harnstoff, Harnsäure und Kreatinin sowie Salze. Die gelbliche Farbe des Urins stammt vom Urobilinogen, dem Abbauprodukt des Bilirubins. Darüber hinaus können Hormone (Schwangerschaftstest!) und viele Medikamente im Urin nachgewiesen werden.

Urindiagnostik

Die Zusammensetzung des Urins kann wertvolle Hinweise auf Erkrankungen liefern. Mit Hilfe von Teststreifen oder Labordiagnostik wird Urin in der Klinik auf folgende Bestandteile untersucht:

- **Proteine** → Ausscheidung von Proteinen im Harn **(Proteinurie)** bei Entzündungen der Nierenkörperchen (Glomerulonephritis)
- **Glukose** → Ausscheidung von Zucker im Harn **(Glukosurie)** bei Zuckerkrankheit (Diabetes mellitus)
- **Erythrozyten** → Ausscheidung von roten Blutkörperchen im Harn **(Hämaturie)** bei Entzündungsprozessen, Tumoren
- **Leukozyten** → Ausscheidung von weißen Blutkörperchen im Harn **(Leukozyturie)** bei Entzündungsprozessen der Nieren oder ableitenden Harnwegen.

Beim Gesunden kommen Proteine, Glukose und Blutkörperchen sowie Bakterien im Urin nicht oder nur in minimalen Mengen vor.

7.3.4 Hormonelle Kontrolle der Salz- und Wasserausscheidung

Die Harnproduktion und damit der Salz- und Wasserhaushalt wird durch die Mineralkortikoidhormone Aldosteron und Adiuretin (ADH) reguliert.

Aldosteron

Aldosteron wird in der Nebennierenrinde gebildet und bei Durst vermehrt ausgeschüttet. Es führt in der Niere zu einer verstärkten Rückresorption von Natrium und Wasser. Die Folge ist eine Zunahme des Blutvolumens und eine Steigerung des Blutdrucks.

KLINISCHER HINWEIS

Medikamente, die die Wirkung des Aldosterons hemmen, können als Blutdrucksenker eingesetzt werden (Spironolacton).

Adiuretin (ADH)

Adiuretin (antidiuretisches Hormon, ADH) ist ein im Hypophysenhinterlappen gebildetes Hormon, das bei einem Anstieg der Plasmaosmolarität (Konzentrationsanstieg im Blut) oder einem Abfall des Plasmavolumens verstärkt ins Blut abgegeben wird. ADH erhöht die Rückresorption von Wasser und vermindert damit die Harnmenge.

Alkohol hemmt ADH und führt dadurch zur verstärkten Urinproduktion.

7.3.5 Diuretika

Diuretika sind Medikamente zur Steigerung der Harnausscheidung. Das Wirkprinzip der Diuretika beruht im Wesentlichen auf einer Steigerung der Natriumausscheidung (Natrium bleibt vermehrt im Tubuluslumen). Das Wasser folgt dem Natrium dann passiv nach.

7.4 Ableitende Harnwege

Zu den ableitenden Harnwegen (➤ Abb. 7.5) gehören alle Strukturen, die nicht an der Harnbildung beteiligt sind: Nierenbecken, Harnleiter, Harnblase und Harnröhre. Die Schleimhaut der ableitenden Harnwege besteht aus **Übergangsepithel,** das sich den wechselnden Füllungszuständen besonders gut anpassen kann.

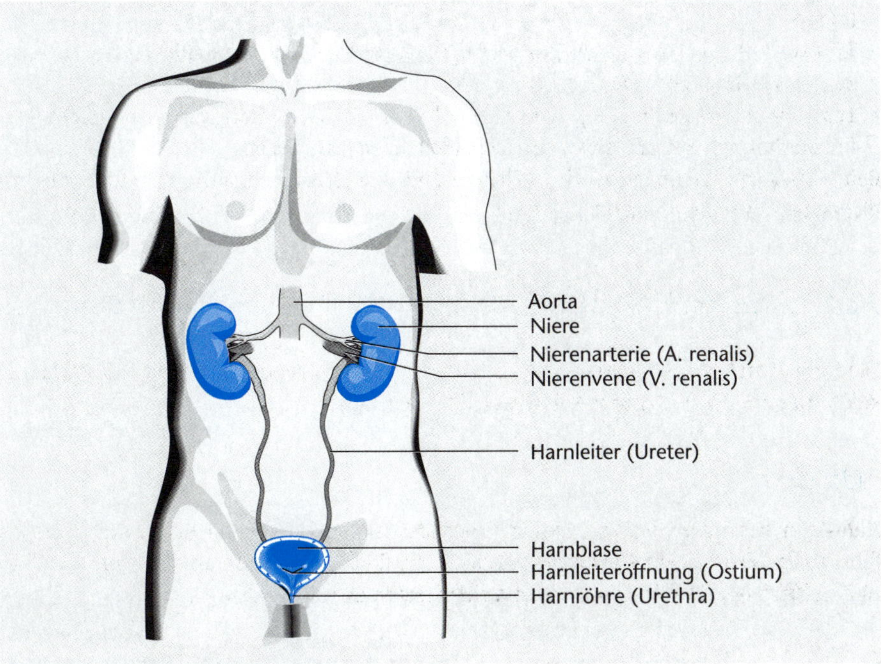

Abb. 7.5 Darstellung der ableitenden Harnwege.

7.4.1 Nierenbecken und Harnleiter

Im Nierenbecken sammelt sich der produzierte Urin für den Abtransport durch die Harnleiter (Uretern). Die beiden 5 mm breiten und 30 cm langen Harnleiter verbinden das Nierenbecken mit der Harnblase und sind zu aktiven Kontraktionen befähigt. Sie verlaufen hinter dem Bauchfell (retroperitoneal) und münden schräg in der Blasenhinterwand ein. Die Eintrittstelle der Harnleiter in die Harnblase ist so angelegt, dass die Füllung der Harnblase zu einem Verschluss der Harnleiteröffnung führt und somit ein Rückfließen (Reflux) von Urin verhindert wird.

7.4.2 Harnblase

Die Harnblase (Vesica urinaria) dient der Zwischenspeicherung des Urins. Sie befindet sich im kleinen Becken dorsal des Schambeins (Os pubis).

Die Harnblasenwand enthält glatte Muskelfasern, die in ihrer Gesamtheit als **M. detrusor vesicae** bezeichnet werden und durch Kontraktion die Entleerung der Harnblase unterstützen. Ab ca. 300 ml Füllung lösen Spannungssensoren in der Harnblasenwand den Harndrang aus. Willkürlich können mehr als 700 ml zurückgehalten werden.

7.4.3 Harnröhre

Die Harnröhre (Urethra) leitet den in der Harnblase gesammelten Harn nach außen ab. Sie ist bei Männern und Frauen unterschiedlich lang.

Männliche Harnröhre

Die männliche Harnröhre ist ca. 20–25 cm lang und verläuft durch das Glied (Penis). In den hinteren Teil der Harnröhre münden die Ausführungsgänge der inneren Geschlechtsorgane (Spermien, Prostatasekret). Der vordere Anteil verläuft im Glied zwischen den Schwellkörpern.

Weibliche Harnröhre

Die weibliche Harnröhre ist nur ca. 2,5–4 cm lang und verläuft zwischen Symphyse und vorderer Scheidenwand. Sie mündet zwischen Klitoris und Scheideneingang an der äußeren Harnröhrenöffnung (Ostium urethrae externum).

KLINISCHER HINWEIS

Wegen der Kürze der Harnröhre sind Frauen wesentlich häufiger als Männer von Infektionen der ableitenden Harnwege betroffen.

7.4.4 Miktion

Bei normaler Flüssigkeitsaufnahme wird die Harnblase vier bis sechs Mal pro Tag entleert **(Miktion),** wobei jeweils 300 bis 400 ml Urin ausgeschieden werden. Wird mit zunehmender Blasenfüllung ein Schwellenwertes (ca. 300 ml) überschritten, melden Dehnungssensoren der Harnblasenwand Harndrang und leiten die Miktion ein.

Die Entleerung der Harnblase wird durch einen Sphinktermechanismus kontrolliert. Der **äußere, quergestreifte Sphinkter** ist Teil des muskulären Beckenbodens und wird willkürlich innerviert. Dem hingegen unterliegt der **innere, glattmuskuläre Sphinkter** der Kontrolle durch das vegetative Nervensystem. Hierbei fördert der Parasympathikus die Miktion durch Kontraktion des M. detrusor vesicae und Erschlaffung des inneren Sphinkters, während der Sympathikus die Miktion durch Relaxation der Harnblase und Kontraktion des inneren Sphinkters hemmt.

Weiterhin unterstützt die Kontraktion der Bauchmuskulatur indirekt die Entleerung der Harnblase bei der Miktion (Bauchpresse).

Als **Kontinenz** wird die Fähigkeit zur kontrollierten Entleerung der Harnblase bezeichnet. Störungen führen zur **Inkontinenz.**

Nach einer Durchtrennung des Rückenmarks oberhalb des Blasenzentrums im Sakralmark fällt die reflektorische Blasenentleerung zunächst für einige Wochen aus. Erst im chronischen Stadium der Lähmung bildet sich eine reflektorische Blasenentleerung aus **(Reflexblase).**

7.5 Wasser- und Elektrolythaushalt

Wasser ist zentraler Bestandteil des Stoffwechsels und Grundlage aller Körperfunktionen. Der Elektrolythaushalt ist mit dem Wasserhaushalt eng verknüpft. Er wird in strengen Grenzen reguliert, da bereits geringe Abweichungen zu lebensgefährlichen Dysfunktionen des Körpers (z. B. Herzrhythmusstörungen bei gestörtem Kaliumhaushalt) führen können.

7.5.1 Wasserhaushalt

Das Gesamtwasser des Erwachsenen beträgt etwa 60–70 % des Körpergewichts und ist damit ein Hauptbestandteil des Organismus.

Wasserverteilung

Etwa 65 % des Körperwassers befinden sich in den Zellen (Intrazellulärraum), etwa 35 % im Extrazellulärraum (➤ Abb. 7.6). Letzteres findet sich vorwiegend im Zwischengewebe (Interstitium) sowie in den Blutgefäßen. Die Verteilung des intra- und extrazellulären Wassers wird durch die Salz- und Proteinkonzentration der Kompartimente beeinflusst.

ALTERSPHYSIOLOGIE

Der Wasseranteil des Körpers ist im Alter aufgrund des geringeren Fett- und Muskelanteils auf bis zu 45 % reduziert. Ältere Patienten besitzen daher geringere Flüssigkeitsreserven (➤ Abb. 7.6) und entwickeln schneller einen klinisch relevanten Flüssigkeitsmangel (Exsikkose).

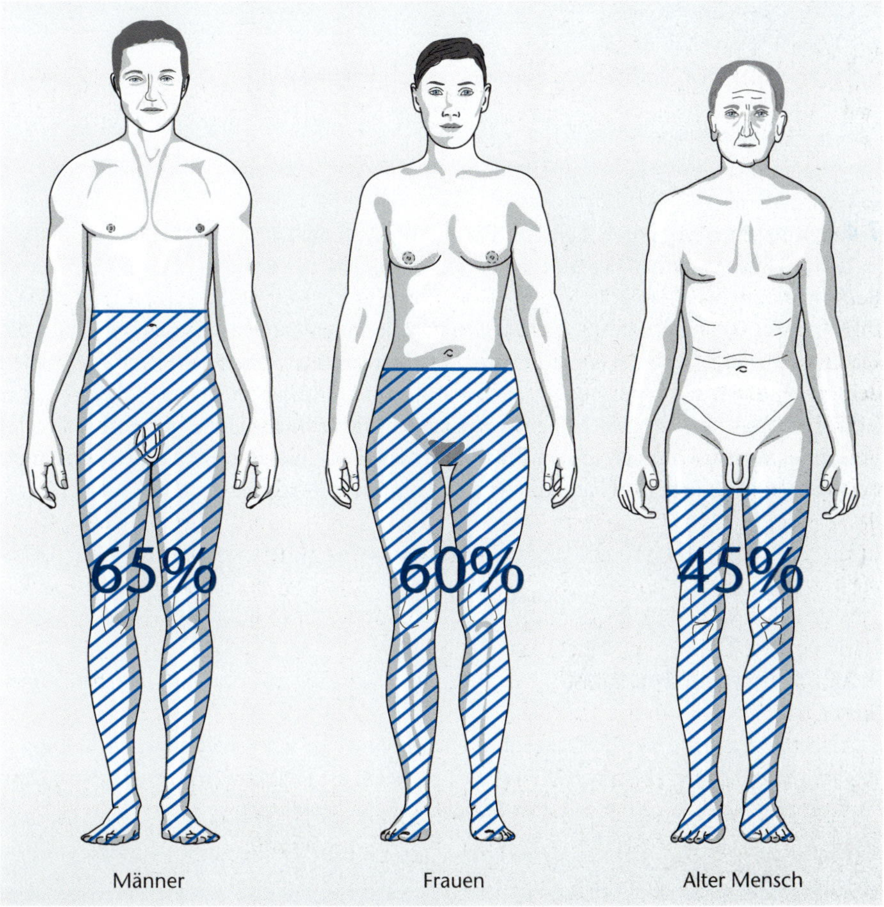

Abb. 7.6 Wasserverteilung im menschlichen Körper.

Wasserbilanz

In der Klinik ist es von eminenter Bedeutung, auf eine ausgeglichene **Wasserbilanz** (➤ Abb. 7.7) des Patienten zu achten, d.h. ob die Aufnahme und Abgabe von Flüssigkeit im Gleichgewicht steht.

7

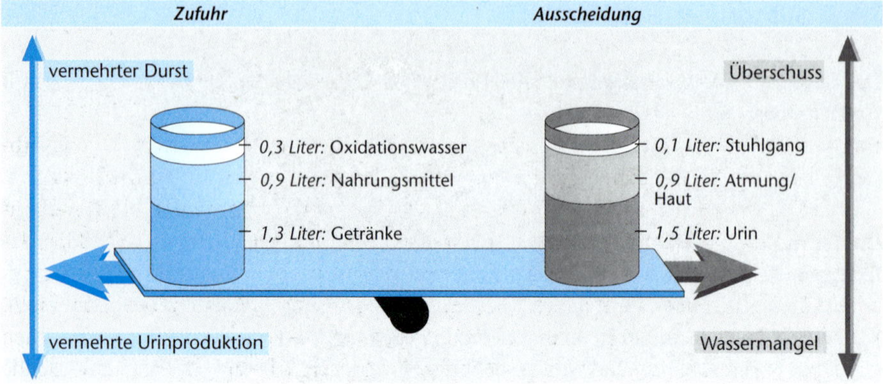

Abb. 7.7 Wasserbilanz mit Aufstellung der Zufuhr und Ausfuhr.

Tägliche Wassereinfuhr

Die tägliche Wasseraufnahme beträgt ca. 2.500 ml/Tag und wird durch das Durstgefühl reguliert. Die Gesamtzufuhr setzt sich zusammen aus:

- 1.300 ml Trinkmenge
- 900 ml Wassergehalt der Nahrung
- 300 ml Wasser, das bei Stoffwechselvorgängen gebildet wird.

Tägliche Wasserausfuhr

Die gesamte Wasserabgabe entspricht im Normalfall der Wassereinfuhr (2.500 ml/Tag):

- 1.500 ml Urin
- 500 ml Verdunstung durch die Haut (Perspiratio insensibilis)
- 400 ml Abgabe während der Atmung durch die Lunge
- 100 ml Stuhl.

Verschiedene Faktoren können die Wasserbilanz beeinflussen. Beispielsweise resultiert ein erhöhter Wasserverlust, z. B. aufgrund von Diarrhö oder vermehrten Schwitzens bei Fieber, in einer erhöhten Wasserabgabe. In diesem Fall gibt der Körper mehr Flüssigkeit ab als er aufnimmt. Man spricht auch von einer **negativen Wasserbilanz.** Im Normalfall führt das Wasserdefizit durch Stimulation des Durstzentrums im Gehirn zum Empfinden von **Durst.** Gerade bei älteren Patienten kann das Durstempfinden gestört sein.

> Es ist besonders bei hohen Temperaturen auf eine ausreichende Wasserzufuhr zu achten. Bei Fieber steigt der Wasserverlust pro 1 °C um bis zu 1.000 ml pro Tag.

7.5.2 Elektrolythaushalt

Verschiebungen der Elektrolytkonzentrationen können zu lebensbedrohlichen Störungen verschiedener Körperfunktionen führen. Insbesondere die Funktion des Herzens wird stark von bestimmten Elektrolyten, wie zum Beispiel Kalium, beeinflusst.

Tab. 7.1 Elektrolyte.

Elektrolyt	Funktion	Konzentration
Natrium	Quantitativ wichtigstes Kation (positiv geladenes Ion) des Extrazellularraums, reguliert indirekt den Wasserhaushalt	135–150 mmol/l
Kalium	Wichtigstes Elektrolyt im Intrazellulärraum, Bedeutung bei der Erregungsübertragung am Nervensystem und Herzen	3,5–5,5 mmol/l
Kalzium	Aufbau von Knochen und Zähnen, Bedeutung bei der Muskelkontraktion	2,15–2,75 mmol/l
Magnesium	Bedeutung bei der Muskelkontraktion	0,66–0,91 mmol/l
Chlorid	Quantitativ wichtigstes Anion (negativ geladenes Ion) des Extrazellularraums	98–112 mmol/l

7.5.3 Störungen des Wasser- und Elektrolythaushalts

Störungen des Natriumhaushalts

Die Natriumkonzentration ist eng mit der Wasserbilanz verbunden. Daher resultieren Abweichungen der Natriumkonzentration immer auch in Störungen des Wasserhaushalts.

Eine **Hyponatriämie** ist eine Verminderung der Natriumkonzentration im Serum auf unter 135 mmol/l. Die Verminderung kann absolut oder relativ sein, d. h. auf einem echten Natriummangel oder einem Verdünnungseffekt bei Überwässerung beruhen.

Eine **Hypernatriämie** ist eine Erhöhung der Natriumkonzentration auf über 150 mmol/l. Der Hypernatriämie liegt ein relativer oder absoluter Wassermangel zugrunde. Ursachen können z. B. eine exzessive Natriumzufuhr (z. B. über Infusionstherapie) oder unzureichende Wasseraufnahme (z. B. Störung des Durstmechanismus) sein.

Störungen des Kaliumhaushalts

Kalium steuert über das Ruhepotenzial der Zelle die elektrischen Vorgänge an Nerven, Muskeln und Herz. Änderungen der Kaliumkonzentration haben neuromuskuläre Störungen zur Folge.

Kaliumkonzentrationsstörungen sind die häufigsten und klinisch bedeutsamsten Elektrolytstörungen.

Während die **Hypokaliämie** zu Muskelschwäche und Herzrhythmusstörungen führt, kann es bei der **Hyperkaliämie** zu lebensbedrohlichem Kammerflimmern mit Herzstillstand kommen.

Störungen des Wasserhaushalts

Ein Wasserdefizit bezeichnet man als **Dehydratation,** einen Wasserüberschuss als **Hyperhydratation.** Sowohl De- als auch Hyperhydratation kann mit erhöhter (hyperton), normaler (isoton) oder erniedrigter (hypoton) Plasmaosmolarität einhergehen.

Die Plasmaosmolarität wird hauptsächlich durch die Natriumkonzentration bestimmt.

7.6 Säure-Basen-Haushalt

Im Blut herrscht in der Regel ein pH-Wert zwischen 7,37 und 7,43, der in engen Grenzen konstant gehalten werden muss. Ein Anstieg des pH-Wertes wird als **Alkalose** bezeichnet, ein Abfall des pH-Wertes als **Azidose.**

Jede Alkalose oder Azidose geht mit erheblichen Elektrolytverschiebungen und Stoffwechselstörungen einher, die die physiologischen Abläufe im Organismus behindern. Es stehen dem Blut gewisse Systeme **(Puffersysteme)** zur Verfügung, die die Konstanz des pH-Wertes gewährleisten und Verschiebungen ausgleichen können.

7.6.1 Blutgasanalyse

Im klinischen Alltag wird durch die **Blutgasanalyse** (BGA oder Astrup) der aktuelle Säure-Basen-Haushalt des Körpers (Säure-Basen-Status) beschrieben (➤ Abb. 7.8).

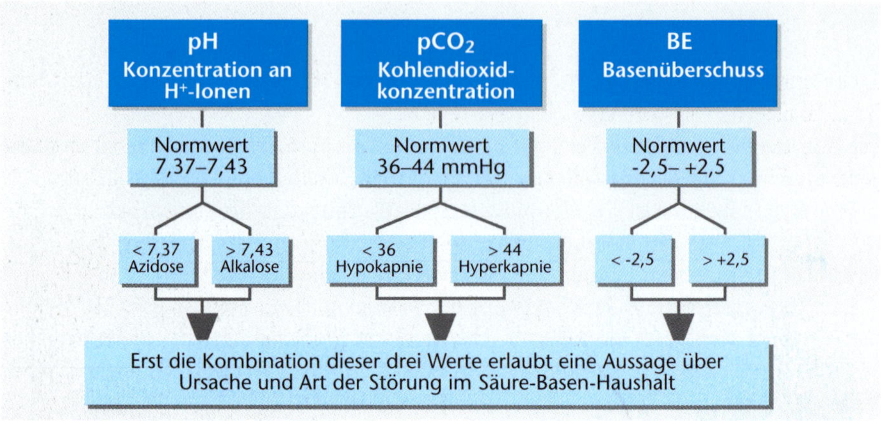

Abb. 7.8 Kenngrößen des Säure-Basen-Status.

pH-Wert

Der pH-Wert ist ein Maß für die Konzentration an Wasserstoffionen (H^+) und damit für den Säuregehalt des Blutes.

Normwert

- 7,37–7,43
- pH < 7,37: Azidose
- pH > 7,43: Alkalose.

Der pH-Wert zeigt das Vorliegen einer Übersäuerung (Azidose) oder Basenüberladung (Alkalose) an. Dem hingegen schließt ein normaler pH-Wert noch nicht eine kompensierte Störung des Säure-Basen-Haushalts aus.

Ein Anstieg des pH-Wertes wird als Alkalose, ein Abfall des pH-Wertes als Azidose bezeichnet. Ein pH-Wert < 7,0 oder > 7,8 ist nicht mehr mit dem Leben vereinbar.

Kohlendioxidgehalt

Der Kohlendioxidgehalt (Partialdruck, pCO_2) des Blutes wird durch mehrere Mechanismen (Atmung, Umwandlung in Bikarbonat) reguliert und hat Einfluss auf den pH-Wert.

Normwert

- 36–44 mmHg
- pCO_2 < 36 mmHg: Hypokapnie
- pCO_2 > 44 mmHg: Hyperkapnie.

Der pCO_2-Wert erlaubt die Entscheidung, ob eine Störung primär respiratorisch bedingt ist. Liegt der Wert unter 35 mmHg, so ist vermehrt CO_2 abgeatmet worden und der pH-Wert in den alkalischen Bereich verschoben. Umgekehrt verhält es sich bei pCO_2-Werten über 45 mmHg.

Basenüberschuss

Der Basenüberschuss (BE) ist die Abweichung von der normalen Pufferbasenkonzentration im Blut. **Normwert:** –2,5 bis +2,5.

Ein Puffer ist eine chemische Substanz, die den pH-Wert durch Abfangen von H^+-Ionen in einen bestimmten Bereich konstant halten kann.

Bikarbonat

Bikarbonat macht den Hauptteil der Pufferbasen aus und ist somit von zentraler Bedeutung für die Einstellung des pH-Wertes (➤ Kap. 7.6.3).

Eine stoffwechselbedingte Störung des Säure-Base-Haushalts resultiert in einer Erniedrigung von Bikarbonat und Basenüberschuss. **Normwert:** 24 mmol/l.

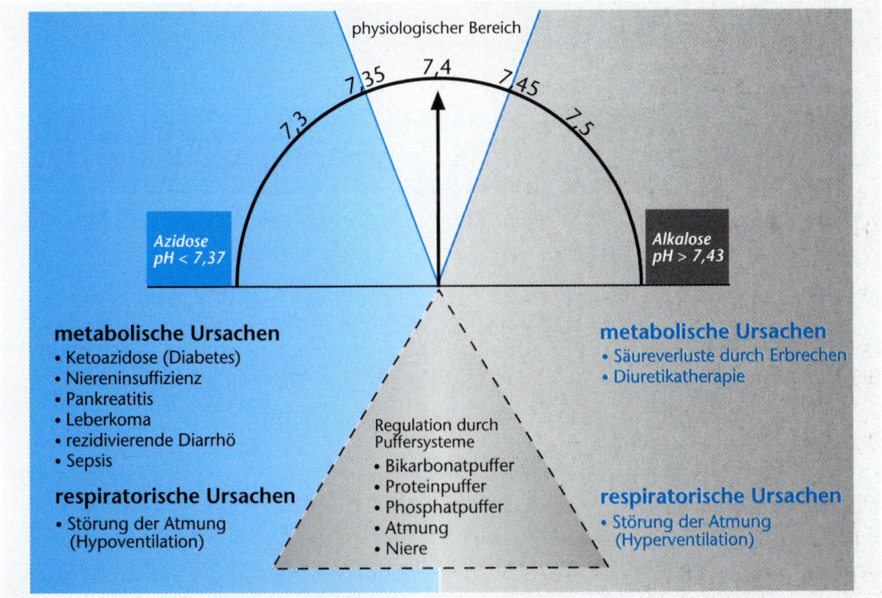

Abb. 7.9 Ursachen von Azidosen und Alkalosen.

7.6.2 Störungen des Säure-Basen-Haushalts

Eine Verschiebung des pH-Wertes kann unterschiedliche Ursachen haben (➤ Abb. 7.9):

- **Respiratorische Alkalose:** bei vermehrter Abatmung (Hyperventilation) von CO_2
- **Respiratorische Azidose:** bei verminderter Abatmung (Hypoventilation) von CO_2
- **Metabolische Alkalose:** verminderte stoffwechselbedingte Produktion oder erhöhter Verlust von H^+-Ionen
- **Metabolische Azidose** entsteht durch einen stoffwechselbedingten, vermehrten Anfall von H^+-Ionen oder durch einen Verlust von Bikarbonat.

Bei Vorliegen einer respiratorischen Störung wird der Säure-Basen-Haushalt metabolisch kompensiert, bei einer metabolischen Störung übernimmt die Atmung die Kompensation.

7.6.3 Regulationssysteme

Man unterscheidet mehrere Regulationssysteme, die für eine Konstanthaltung des pH-Wertes in engen Grenzen sorgen.

Bikarbonatsystem

Das Bikarbonatsystem beruht darauf, dass im Falle einer Azidose die vermehrt anfallenden Wasserstoffionen (H^+) mit Bikarbonat (HCO_3^-) zu Wasser (H_2O) und Kohlendioxid (CO_2) reagieren. Das Kohlendioxid wird vermehrt abgeatmet, und der Blut-pH-Wert steigt wieder an. Dieser wichtige Regelmechanismus ist zu ca. 70 % an der Gesamtpufferkapazität des Blutes beteiligt.

Verstärkte Abatmung von Kohlendioxid erhöht den pH-Wert.

Proteinpuffersystem

Proteine können als negativ geladene Moleküle (Anionen) Wasserstoffionen (H^+) binden und dadurch den pH-Wert beeinflussen. Ein wichtiger Proteinpuffer ist das Hämoglobin.

Rolle der Atmung für die Regulation des pH-Wert

Die Atmung ist eng mit dem Bikarbonatsystem verbunden und spielt somit eine wichtige Rolle für die Regulation des Säure-Basen-Haushalts.

- Bei verstärkter Atmung (Hyperventilation) kommt es zur Kohlendioxidabatmung und zur Steigerung des pH-Wertes (Alkalisierung)
- Bei eingeschränkter Atmung (Hypoventilation) wird Kohlendioxid zurückgehalten, der pH-Wert fällt (Ansäuerung).

Aufgaben der Niere

Die Niere kann durch Ausscheidung von Säuren und Bikarbonat den pH-Wert regulieren.

Fragen

7

1. Welche Wirkung hat das Hormon Aldosteron auf den Wasser- und Elektrolythaushalt? (➤ Kap. 7.3.4)
2. Beschreiben Sie die Lage der Nieren im menschlichen Körper. (➤ Kap. 7.1)
3. Welche Strukturen sind an der Bildung des Sekundärharnes beteiligt? (➤ Kap. 7.3)
4. Welche Aufgabe hat der juxtaglomeruläre Apparat zu erfüllen? (➤ Kap. 7.2.2)
5. In welche Anteile gliedert sich das Tubulussystem? (➤ Kap. 7.2.1)
6. In welchem Anteil des Tubulus wirkt das antidiuretische Hormon ADH? (➤ Kap. 7.3.4)
7. Welche beiden Hormone werden in der Niere gebildet? Wie wirken sie? (➤ Kap. 7.1)

KAPITEL

8 Geschlechtsapparat und Fortpflanzung

Der Geschlechtsapparat besteht aus den männlichen und weiblichen Geschlechtsorganen (Genitalien), die in der Embryonalentwicklung aus einer gemeinsamen Anlage hervorgehen. Sie differenzieren sich erst mit Beginn der Pubertät unter dem Einfluss der Geschlechtshormone vollständig aus und ermöglichen die Fortpflanzung. Die bei der Geburt vorhandenen Geschlechtsorgane werden als **primäre Geschlechtsmerkmale** bezeichnet. Die **sekundären Geschlechtsmerkmale** entwickeln sich erst während der Pubertät unter dem Einfluss von Sexualhormonen (Östrogen und Testosteron) vollständig aus (z. B. Brustentwicklung, Schambehaarung). Anatomisch werden die Genitalien von Mann und Frau in äußere und innere Geschlechtsorgane unterteilt.

8.1 Männliche Geschlechtsorgane

Zu den männlichen Geschlechtsorganen (➤ Abb. 8.1) zählen:

Innere Geschlechtsorgane
- Hoden (Testis)
- Nebenhoden (Epididymis) mit Samenstrang
- Samenleiter (Ductus deferens)
- Geschlechtsdrüsen: Bläschendrüse (Vesicula seminalis) und Vorsteherdrüse (Prostata).

Äußere Geschlechtsorgane
- Glied (Penis)
- Hodensack (Scrotum)

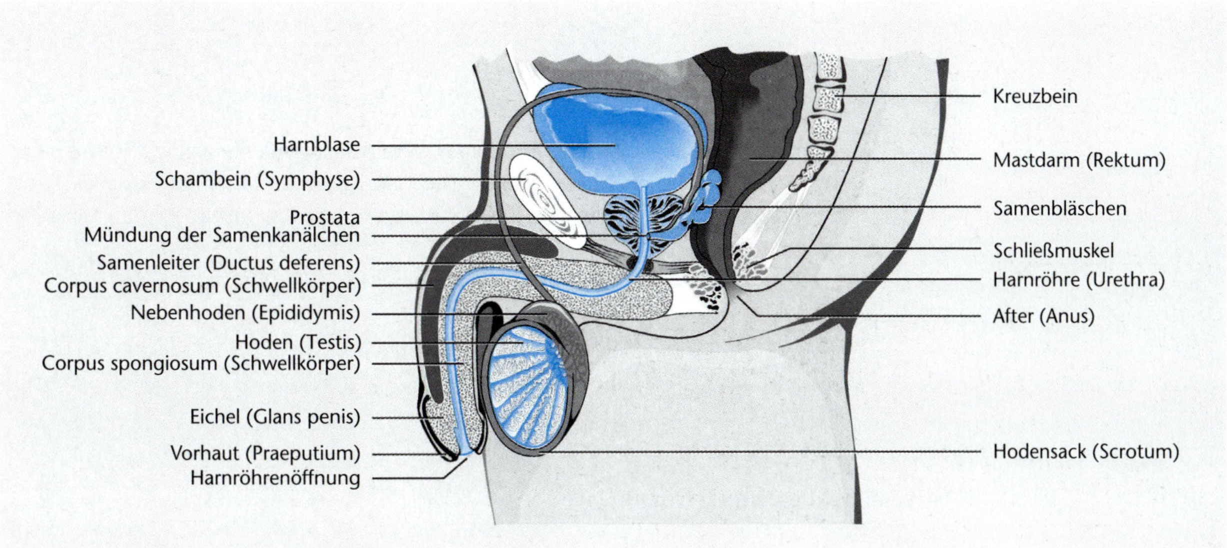

Abb. 8.1 Längsschnitt durch das männliche Becken mit den männlichen Geschlechtsorganen.

8.1.1 Hoden

Die etwa 5 cm langen Hoden (Testis; ➤ Abb. 8.2) sind die Keimdrüsen des Mannes. Sie dienen der Produktion von Geschlechtshormon (Testosteron) und Samenzellen (Spermien). Die Hoden sind im Hodensack (Scrotum) am Samenstrang (Funiculus spermaticus) aufgehängt, der Gefäße und Nerven sowie den Samenleiter (Ductus deferens) enthält. Histologisch kann jeder Hoden weiter in 200–300 Hodenläppchen unterteilt werden, die jeweils mehrere **Hodenkanälchen (Tubuli seminiferi)** für die Spermienproduktion enthalten.

Hoden befinden sich in der Fetalperiode im kleinen Becken und wandern vor der Geburt in den Hodensack **(Descensus testis).** Der Stand des Hodens bei der Geburt gilt daher als Reifezeichen.

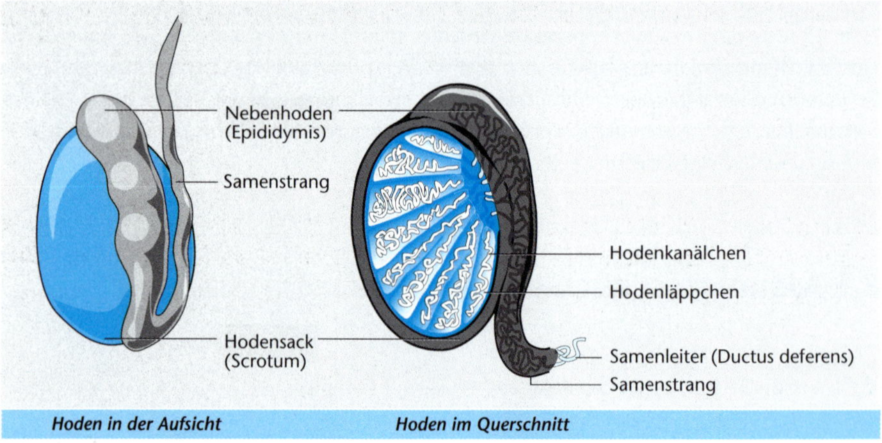

Abb. 8.2 Hoden im Querschnitt.

8.1.2 Nebenhoden

Im Nebenhoden (Epididymis) erfolgt die Speicherung des Samens für die Ejakulation. Er liegt dem Hoden schweifförmig auf und besteht auf dem stark aufgewundenen, etwa 5 m langen **Nebenhodengang (Ductus epididymidis).** Der Nebenhoden steht über Ductuli efferentes mit dem Hoden in Verbindung und geht in den Samenleiter (Ductus deferens) über.

8.1.3 Hodensack

Der Hodensack (Scrotum) ist eine Ausstülpung der Bauchwand, die sich während des Descensus testis in der Fetalperiode ausbildet. Die Temperatur im Hodensack ist etwa 2–4 °C geringer als in der Bauchhöhle und schützt die temperaturempfindliche Spermienproduktion (Spermatogenese).

KLINISCHER HINWEIS

Aufgrund der Temperaturempfindlichkeit der Spermatogenese führt ein nicht deszendierter Leisten- oder Bauchhoden meist zu Unfruchtbarkeit.

8.1.4 Samenstrang

Der Samenstrang ist ein Bündel von Leitungsbahnen, das vom kleinen Becken zum Hoden verläuft und die Bauchwand im Leistenkanal durchläuft. Er führt folgende Strukturen:

- Samenleiter (Ductus deferens)
- Hodenarterie und -vene
- Nerven.

8.1.5 Samenleiter

Der ca. 50 cm lange Samenleiter (Ductus deferens) dient dem Transport der Spermien vom Nebenhoden zur Harnröhre während der Ejakulation. Er entspringt dem Nebenhoden und verläuft als Teil des Samenstrangs durch den Leistenkanal. Nach Aufnahme des Ausführungsgangs der Bläschendrüse (Vesicula seminalis) mündet er in die Harnröhre.

Der Samenleiter transportiert den Samen bei der Ejakulation von den Nebenhoden zur Harnröhre.

8.1.6 Bläschendrüse

Die Bläschendrüse (Vesicula seminalis) ist eine paarig angelegte, sackförmige 5–10 cm lange Drüse zwischen Harnblase und Prostata. Sie sondert ein alkalisches, fruktosereiches Sekret ab, das der Fortbewegung der Spermien dient.

8.1.7 Vorsteherdrüse

Die Vorsteherdrüse (Prostata) ähnelt in Form und Größe einer Kastanie. Sie befindet sich zwischen Harnblase und der Beckenbodenmuskulatur und wird von der Harnröhre und den beiden Samenleitern durchzogen. Die Prostata bildet ein dünnflüssiges, leicht saueres Sekret, das als Teil der Samenflüssigkeit bei der Ejakulation sezerniert wird.

ALTERSPHYSIOLOGIE

Bei älteren Patienten ist die Prostata oft vergrößert (benigne Prostatahyperplasie) und führt durch Einengung der Harnröhre zu Miktionsstörungen. Ursache ist die im Alter verstärkte Umwandlung von Testosteron in Östrogen, welches die Bildung von Bindegewebe in der Prostata fördert.

Die Prostata kann vom Mastdarm (Rektum) aus getastet werden, um Größe (vergrößert bei Prostatahyperplasie) und Oberflächenbeschaffenheit (unregelmäßig bei Prostatakrebs) zu beurteilen.

8.1.8 Penis

Der Penis (Glied; ➤ Abb. 8.3) ist das äußere Geschlechtsorgan des Mannes und dient dem Transport von Urin (Miktion) sowie Samenflüssigkeit (Ejakulation). Anatomisch werden am Penis zwei Abschnitte unterschieden:

- **Penisschaft (Corpus penis):** entspringt als Peniswurzel von den Schambeinästen und der Beckenbodenmuskulatur. Er besteht aus zwei großen Schwellkörpern (Corpus cavernosa) für die Erektion des Gliedes. Der Unterseite des Penisschafts liegt die Harnröhre an
- **Eichel (Glans penis):** von der verschieblichen **Vorhaut** (Präputium) bedecktes Schaftende mit der äußeren Öffnung der Harnröhre.

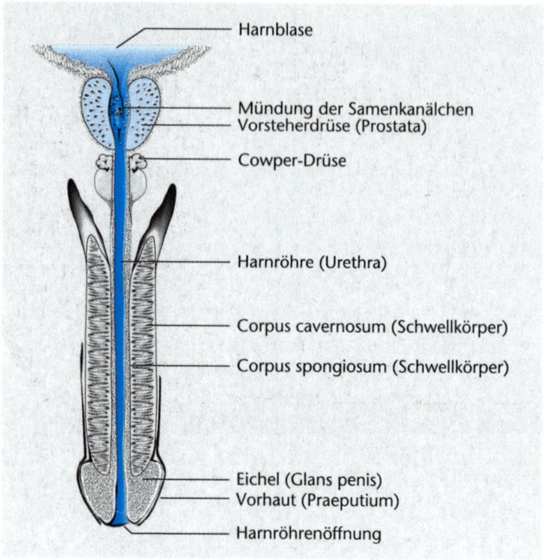

Abb. 8.3 Penis im Längsschnitt.

8.1.9 Samenflüssigkeit

Die Samenflüssigkeit (Sperma) besteht aus den Samenzellen (Spermien) und der Samenflüssigkeit, das aus dem Sekret der akzessorischen Geschlechtsdrüsen (Prostata, Bläschendrüse) besteht. Während eines Samenergusses (Ejakulation) werden 2–5 ml Samenflüssigkeit mit ca. 250–350 Millionen Spermien ausgestoßen.

Der Hauptteil der Samenflüssigkeit besteht aus dem Sekret von Prostata und Bläschendrüsen.

8.1.10 Testosteron

8

Testosteron ist das wichtigste männliche Geschlechtshormon (Androgen). Es wird von den **Leydig-Zellen** des Hodens produziert.

Testosteronwirkungen
- Ausbildung der sekundären Geschlechtsmerkmale (Maskulinisierung)
- Spermatogenese
- Geschlechtstrieb (Libido)
- Förderung der Muskelbildung (anabole Wirkung).

8.2 Weibliche Geschlechtsorgane

Die weiblichen Geschlechtsorgane (➤ Abb. 8.4) werden in innere und äußere Geschlechtsorgane eingeteilt:

Innere Geschlechtsorgane
- Scheide (Vagina)
- Gebärmutter (Uterus)
- Eileiter (Tuben)
- Eierstöcke (Ovarien).

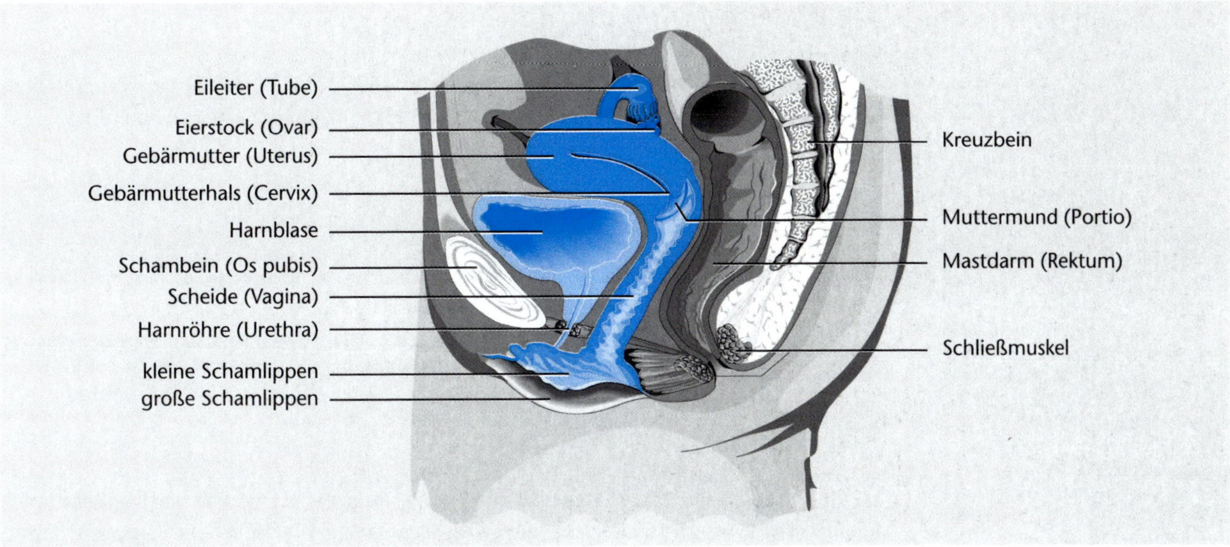

Abb. 8.4 Weibliches Becken mit Geschlechtsorganen im Längsschnitt.

Äußere Geschlechtsorgane

- Vulva.

Zu den **primären Geschlechtsorganen** zählen die bereits zur Geburt angelegten Organe wie Eierstöcke, Eileiter, Gebärmutter, Scheide und Vulva. **Sekundäre Geschlechtsorgane** entwickeln sich erst in der Zeit der Geschlechtsreife, z. B. die weibliche Brust.

8.2.1 Vulva

Die **Vulva** (➤ Abb. 8.5) besteht aus den großen und kleinen Schamlippen, der Klitoris sowie dem Scheidenvorhof mit der Mündung von Harnröhre und Vagina. Der Bereich zwischen Scheide und Anus wird **Perineum (Damm)** genannt.

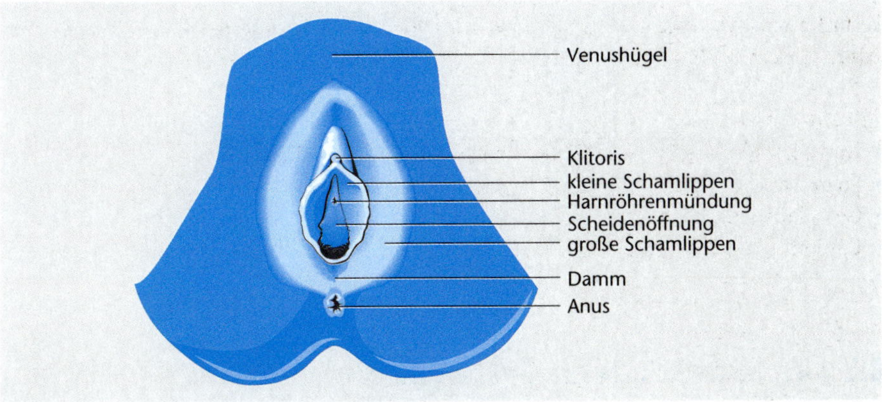

Abb. 8.5 Vulva (äußere weibliche Geschlechtsorgane).

Schamlippen

Die medial gelegenen unbehaarten **kleinen Schamlippen (Labia minora pudendi)** begrenzen den **Scheidenvorhof** (Vestibulum vaginae), in dem sich Harnröhre und Scheide (Vagina) öffnen. Weiter lateral befinden sich die behaarten **großen Schamlippen (Labia majora pudendi).**

Klitoris

Die Klitoris entspricht der Glans penis des Mannes. Sie befindet sich an der vorderen Umschlagfalte der kleinen Schamlippen, besitzt Schwellkörper und ist sensibel innerviert.

8.2.2 Scheide

Die schlauchförmige Scheide (Vagina) ist das etwa 10 cm lange primäre Geschlechtsorgan der Frau zwischen Gebärmuttermund (Portio uteri) und Scheidenvorhof. Es dient als Kohabitationsorgan und Geburtskanal. Bis zum ersten Geschlechtsakt ist der Scheideneingang durch das Jungfernhäutchen **(Hymen)** partiell verschlossen.

Scheidenmilieu

Da die Scheidenschleimhaut keine Drüsen besitzt, sorgt das Transsudat der Vaginalarterien für die Lubrikation des Scheidenkanals. Milchsäurebakterien (Döderlein-Bakterien) erzeugen einen sauren pH-Wert zum Schutz vor bakteriellen Infektionen.

8.2.3 Gebärmutter

Die Gebärmutter (Uterus; ➤ Abb. 8.6) ist ein birnenförmiges, etwa 10 cm langes und 100 g schweres glattmuskuläres Organ, in dem die befruchtete Eizelle während der Schwangerschaft heranreift.

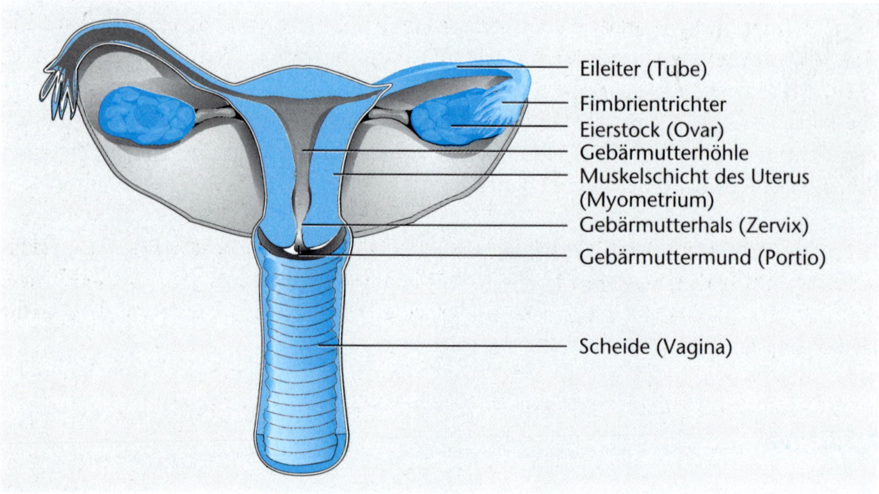

Abb. 8.6 Gebärmutter mit Scheide im Querschnitt.

Gliederung des Uterus

- Portio (Muttermund)
- Cervix uteri (Gebärmutterhals)
- Corpus uteri (Gebärmutterkörper).

Der Gebärmutterhals ragt zapfenartig als **Portio uteri** in die Scheide. Die Öffnung des Gebärmutterhalses zum Corpus uteri bezeichnet man als **inneren Muttermund,** die Öffnung zur Scheide als **äußeren Muttermund.** Am kranialen Uterusende (Fundus uteri) münden die Eileiter (Tuben) in den Uterus.

Schichten des Uterus

Die Wand des Uterus besteht aus drei Schichten:

- **Endometrium** (Schleimhaut)
- **Myometrium** (Muskelwand)
- **Perimetrium** (Peritonealüberzug).

Kontraktionen des Myometriums verursachen die Wehen während der Geburt und unterstützen die Austreibung des Kindes aus dem Uterus. Das Endometrium wird regelmäßig im Rahmen der Menstruation abgestoßen und erneuert.

Lage und Halteapparat

Die Lage des Uterus und der benachbarten Organe (Blase, Rektum) im kleinen Becken ist durch einen Halteapparat aus Bändern und glatter Muskulatur gesichert. Wichtige Haltestrukturen sind das **Ligamentum latum** (zwischen Seitenwand des Corpus uteri und der seitlichen Beckenwand), sowie das **Ligamentum cardinale** (zwischen seitlicher Beckenwand zum Gebärmutterhals).

> Der Uteruskörper ist gegen den Uterushals nach vorne abgewinkelt **(Anteversio).**

8.2.4 Eileiter

Die paarigen, etwa 15 cm langen **Eileiter** (Tuba ovarii) entspringen am Dach des Uterus (Fundus uteri) und enden mit einem trichterförmigen Ende frei in der Bauchhöhle. Sie stehen über fransenartige Fortsätze (Fimbrien) nur locker mit den Ovarien in Verbindung. Die Tubenwand beherbergt eine Muskelschicht, die mit peristaltischen Kontraktionen das ovulierte Ei in Richtung des Uterus befördert.

8.2.5 Eierstock

Die paarig angelegten **Eierstöcke** (Ovar) sind etwa 3 cm lange und 1 cm breite Organe in einer Nische der seitlichen Beckenwand. Sie enthalten bereits bei Geburt ca. 1 Million Eizellen, die ab der Geschlechtsreife in einem hormonell gesteuerten Zyklus (Ovulationszyklus) in die Eileiter abgegeben werden.

8.2.6 Weibliche Brust

Die weibliche Brust (Mamma; ➤ Abb. 8.7) liegt auf Höhe der 3. bis 6. Rippe der Faszie des großen Pectoralismuskels an. Sie besteht aus Fett- und Bindegewebe sowie der Brustdrüse (Glandula mammaria).

Brustdrüse

Die funktionelle Grundeinheit der Brustdrüse ist das **Drüsenläppchen (Lobulus glandulae mammariae),** das aus Milch bildenden Zellen besteht. Ihre Ausführungsgänge vereinigen sich zu **Milchgängen,** die an der Mamille der Brustwarze münden.

> Die Mamma ist von einem dichten Lymphgefäßnetz durchzogen, das größtenteils über die Achselhöhle drainiert wird.

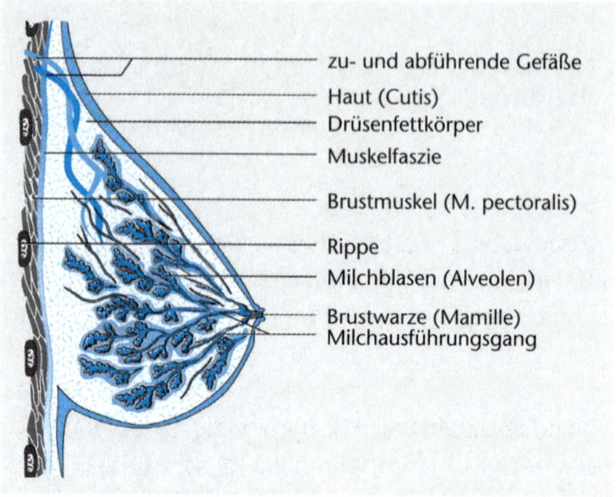

Abb. 8.7 Weibliche Brust (Mamma) im Längsschnitt – gut sichtbar sind die Milchgänge, die in der Mamille münden.

8.3 Menstruationszyklus

Die **Menstruation** (Monatsblutung) ist Ausdruck der zyklischen Vorgänge in Eierstöcken (Ovarien) und Gebärmutter (Uterus) der Frau.

8.3.1 Beteiligte Hormone

Menstruationszyklus und Schwangerschaft werden von Hormonen gesteuert. Diese werden in den Eierstöcken, Plazenta sowie der Nebennierenrinde gebildet und unterliegen der Kontrolle durch die Hypophyse und den Hypothalamus.

Östrogene

Östrogen ist das wichtigste weibliche Sexualhormon. Es bereitet den Körper auf eine Schwangerschaft vor.

Bildungsort
- Eierstöcke
- Plazenta
- Nebennierenrinde.

Wirkung
- Förderung der Follikelreifung im Eierstock
- Auslösung der ovulatorischen LH-Ausschüttung (LH = luteinisierndes Hormon)
- Aufbau des Endometriums in der ersten Zyklushälfte
- Verflüssigung des Zervixsekrets für den Spermiendurchtritt.

Gestagene

Wichtigstes Gestagen ist das **Progesteron.** Es sorgt mit seinem Konzentrationsgipfel in der zweiten Zyklushälfte für optimale Bedingungen für die Einnistung (Implantation) der Blastozyste.

Bildungsort

- Gelbkörper (Corpus luteum) des Ovars
- Plazenta
- Nebennierenrinde.

Wirkung

- Vorbereitung des Endometriums für die Implantation der Blastozyste
- Beeinflussung von Eitransport und Gesamtmilieu im Uterus.

Prolaktin

Prolaktin wird in der Hypophyse gebildet und stimuliert die Milchproduktion der Brustdrüse.

Oxytocin

Oxytocin verursacht die Kontraktion von Uterus und den Ausführungsgängen der Brustdrüse. Taktile Reizung der Brustwarzen während des Stillens fördert die Ausschüttung von Prolaktin und Oxytocin und trägt so zur Rückbildung des Uterus und Erhöhung der Milchproduktion bei.

Gonadotropine

Gonadotropine werden in der Hypophyse gebildet und steuern Wachstum und Funktion der Ovarien. Die wichtigsten Gonadotropine sind **FSH** (Follikel-stimulierendes Hormon) und **LH** (luteinisierendes Hormon), denen eine zentrale Rolle für die Regulation des Menstruations- und Ovulationszyklus zukommt.

Releasinghormone

Die Releasinghormone werden im Hypothalamus gebildet und regulieren die Freisetzung der Gonadotropine aus der Hypophyse.

8.3.2 Menstruationszyklus

Der Menstruationszyklus (➤ Abb. 8.8) ist Ausdruck einer normalen Fortpflanzungsfunktion und tritt somit nur während der Geschlechtsreife auf.

> Die erste Menstruationsblutung **(Menarche)** tritt im Alter von 10–16 Jahren auf. Die letzte Menstruationsblutung **(Menopause)** erfolgt im 40.–55. Lebensjahr. Als Klimakterium (Wechseljahre) bezeichnet man die hormonelle Umstellung nach der letzten Regelblutung.

Der Menstruationszyklus beruht auf der periodischen Reifung eines Eifollikels und Eisprung in den Ovarien. Die Dauer des Zyklus beträgt im Regelfall 28 Tage. Zentraler Steuerfaktor der Zyklusvorgänge ist die pulsförmige, regelmäßige Abgabe von Gonadotropin-Releasing-Hormon (GnRH) aus dem Hypothalamus, das zur Freisetzung der Gonadotropine FSH und LH führt (➤ Kap. 8.3.1).

> Die zyklische Hormonausschüttung von FSH und LH ist Grundlage des Menstruationszyklus.

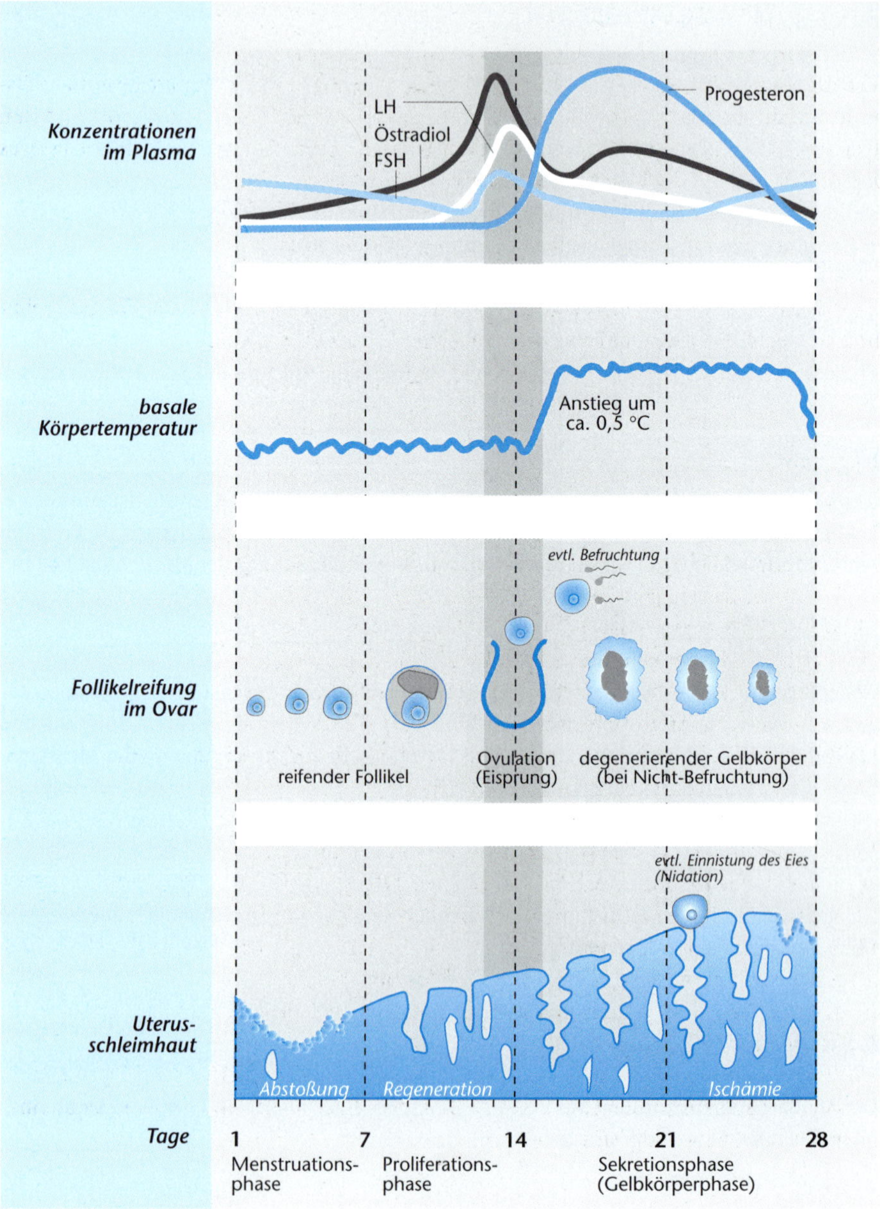

Abb. 8.8 Menstruationszyklus.

1. Tag (Zyklusbeginn)

Beginn der Menstruationsblutung mit einer Dauer von 2–6 Tagen. Bei der Menstruationsblutung werden 30–60 ml Blut abgegeben.

5.–14. Tag: Follikel- oder Proliferationsphase

Nach dem Ende der Blutung beginnt unter dem Einfluss des Gonadotropins FSH die Reifung eines Eifollikel zum sprungreifen **Graaf-Follikel.** Parallel induzieren die durch den Follikel gebildeten Östrogene den Aufbau (Proliferation) des Endometriums für die Aufnahme (Implantation) der befruchteten Eizelle.

14. Tag: Eisprung (Ovulation)

Um den 14. Tag kommt es durch einen starken LH-Anstieg (ausgelöst durch steigende Östrogenproduktion des Follikels) zur **Ovulation.** Dieser Zeitraum ist für die Befruchtung am günstigsten. Nach der Ovulation entwickelt sich aus dem gesprungenen Follikel das **Corpus luteum,** das für die Synthese von Progesteron wichtig ist.

14.–28. Tag: Sekretorische Phase, Gelbkörperphase

Die sekretorische Phase dauert konstant 14 Tage. Sie ist durch Abnahme der Uterusschleimhaut und deren Ablösung in Form der Monatsblutung gekennzeichnet.

Fragen

1. Wo befindet sich der Nebenhoden? (➤ Kap. 8.1.2)
2. Wo ist der Hoden ursprünglich angelegt? (➤ Kap. 8.1.1)
3. Welche Folgen hat ein gestörter Hodendescensus? (➤ Kap. 8.1)
4. Welche Strukturen führt der Samenstrang? (➤ Kap. 8.1.4)
5. Welche Aufgabe haben die Bläschendrüse? (➤ Kap. 8.1.6)
6. Wo werden die Androgene produziert? (➤ Kap. 8.1)
7. Erläutern Sie die wichtigsten Wirkungen des Testosterons. (➤ Kap. 8.1.10)
8. Welche Funktion hat das Ovar? (➤ Kap. 8.2.5)
9. In welche Anteile gliedert sich der Uterus? (➤ Kap. 8.2.3)
10. Beschreiben Sie den Wandaufbau des Uterus. (➤ Kap. 8.2.3)
11. Schildern Sie kurz den Ablauf des weiblichen Zyklus. (➤ Kap. 8.3.2)
12. Wann kommt es zum Eisprung? (➤ Kap. 8.3.2)
13. Was geschieht mit der Uterusschleimhaut in der Follikelphase? (➤ Kap. 8.3.2)
14. Wie lange dauert die sekretorische Phase? (➤ Kap. 8.3.2)
15. Welche Phase des Zyklus ist hinsichtlich ihrer Dauer konstant? (➤ Kap. 8.3.2)
16. Beschreiben Sie die Lage des Uterus. (➤ Kap. 8.2.3)
17. Zu welchen Störungen kann eine Vergrößerung der Prostata führen? (➤ Kap. 8.1.7)
18. Welcher Tatsache bedient sich die Verhütungsmethode, bei der eine regelmäßige Temperaturmessung nötig ist? (➤ Kap. 8.3.2)

KAPITEL

9 Hormonelles System

Das **hormonelle (endokrine) System** steuert zusammen mit dem Nervensystem die Körperfunktionen. Während die Signalübermittlung im Nervensystem auf elektrischen Impulsen beruht, kommuniziert das hormonelle System durch molekulare Botenstoffe (Hormone), die an das Blut oder umliegende Gewebe abgegeben werden.

Im Gegensatz zu den exokrinen Drüsen, die ihre Sekrete über Ausführungsgänge nach außen abführen, geben endokrine Drüsen (➤ Abb. 9.1) Hormone als **Inkrete** an das Blut oder Gewebe ab. Am Bestimmungsort vermittelt ein Hormon die biologische Wirkung durch Bindung an spezifische Rezeptoren, die spezifische Signalwege in der Zelle aktivieren.

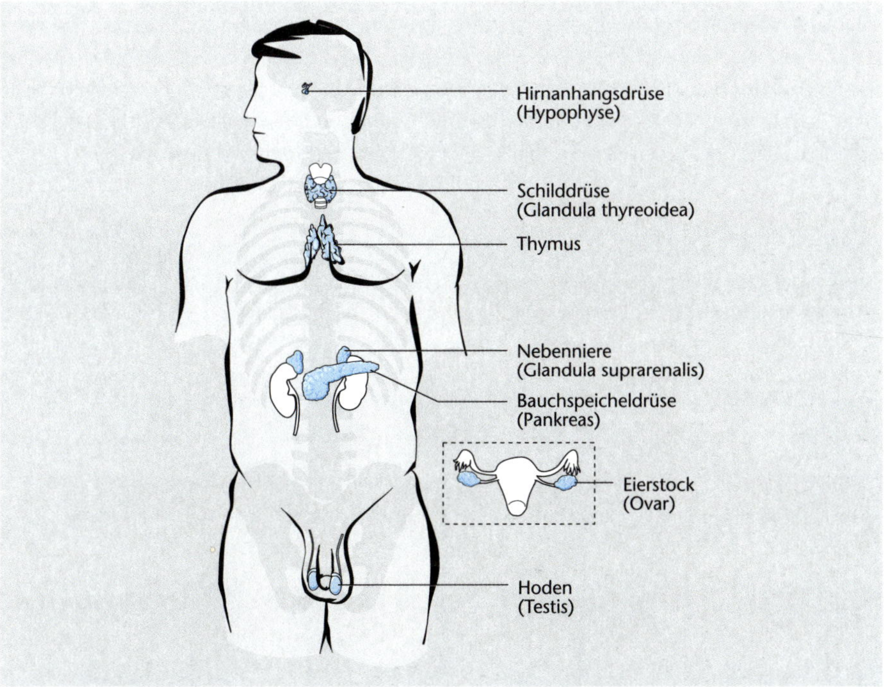

Abb. 9.1 Endokrine Drüsen.

Wichtige endokrine Drüsen

- Schilddrüse (Glandula thyroidea)
- Nebenschilddrüse (Glandula parathyroidea)
- Nebennieren (Glandula suprarenalis)
- Langerhans-Inseln des Pankreas
- Eierstöcke und Hoden
- Hypothalamus
- Hirnanhangsdrüse (Hypophyse).

Hormonarten

In Abhängigkeit von Funktionsweise und Wirkort können drei unterschiedliche Hormongruppen unterschieden werden:

- **Releasing-Hormone:** vom Hypothalamus gebildete Hormone, die zur Freisetzung von Hormonen im Hypophysenvorderlappen (Adenohypophyse) führen; Beispiel: GnRH (Gonadotropin-Releasing-Hormon). Die Gegenspieler der Releasing-Hormonen sind die Inhibiting-Hormone (Beispiel: Somatostatin)
- **Glandotrope Hormone:** vom Hypophysenvorderlappen (Adenohypophyse) gebildete Hormone, die an den peripheren Hormondrüsen die Freisetzung der effektorischen Hormone steuern; Beispiel: Follikel-stimulierendes Hormon (FSH) und Luteinisierendes Hormon (LH)
- **Effektorische Hormone:** Hormone, die unmittelbar am Zielorgan oder Zielgewebe wirken; Beispiel: Östrogen und Progesteron.

9.1 Hormonelle Regulation

Freisetzung und Wirkung der Hormone (➤ Abb. 9.2) werden meist durch einen mehrstufigen Regulationsmechanismus kontrolliert (➤ Abb. 9.3). Der Hypothalamus des Gehirns ist das übergeordnete Kontrollzentrum des endokrinen Systems. Er gibt die **Releasing-Hormone** ab, die in der **Adenohypophyse** die Ausschüttung glandotroper Hormone veranlassen. Diese wirken auf eine periphere endokrine Drüse und regen sie zur Produktion des eigentlichen, **effektorischen Hormons** an. Letzteres vermittelt seine Wirkung in der Zelle durch Bindung an spezifische Rezeptoren. Mehrere Kontrollmechanismen können diese Signalkette auf jeder Ebene entweder verstärken **(positives Feedback)** oder abschwächen **(negatives Feedback).**

Manche Hormone unterliegen einer besonderen Regulation oder Wirkung: Die Hormone des Hypophysenhinterlappens (Oxytocin, ADH) überspringen die Ebene der peripheren endokrinen Drüse und wirken direkt auf die Zielzelle. Die Hormone der Bauchspeicheldrüse (Insulin, Glukagon) werden unabhängig von Hypothalamus und Hypophyse ausgeschüttet.

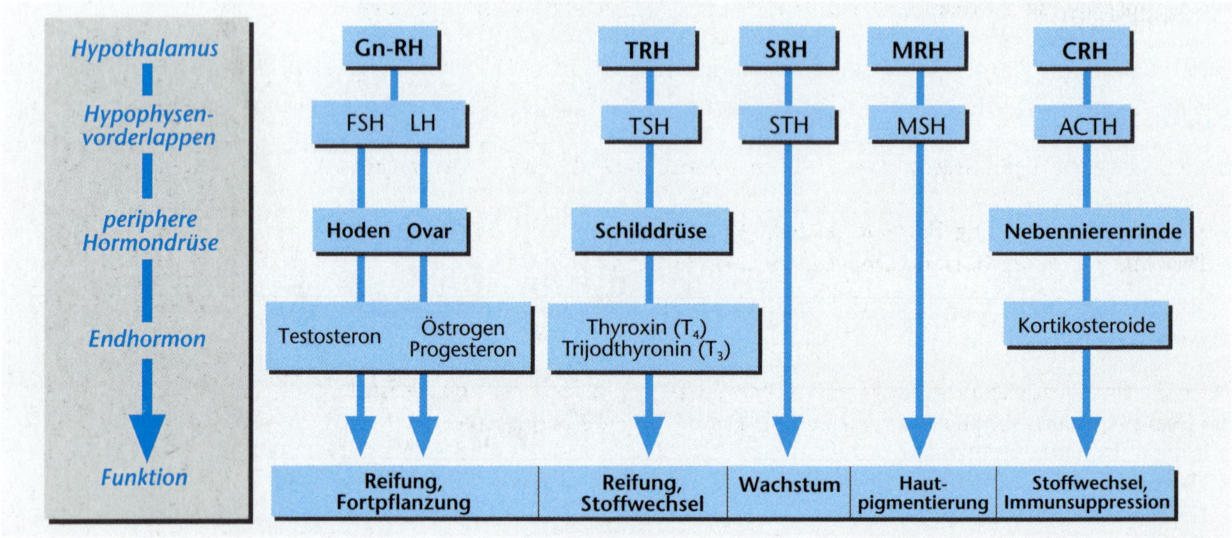

Abb. 9.2 Die wichtigsten Hormone mit ihren Zielorganen und ihren Wirkungen.

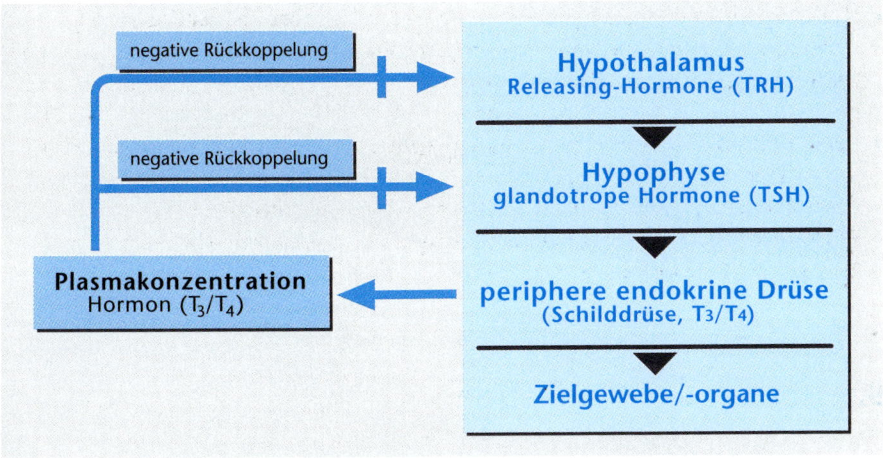

Abb. 9.3 Hormoneller Regelkreis (Beispiel: Schilddrüse).

9.2 Hormone des Hypothalamus

Wichtige Releasing-Hormone

- **GnRH (Gonadotropin-Releasing-Hormon):** stimuliert FSH (Follikel-stimulierendes Hormon) und LH (luteinisierendes Hormon)
- **TRH (Thyreotropin-Releasing-Hormon):** stimuliert TSH (Thyreoidea-stimulierendes Hormon)
- **SRH (Somatotropin-Releasing-Hormon):** stimuliert STH (somatotropes Hormon)
- **MRH (Melanotropin-Releasing-Hormon):** stimuliert MSH (Melanozyten-stimulierendes Hormon)
- **CRH (Kortikotropin-Releasing-Hormon):** stimuliert ACTH (adrenokortikotropes Hormon).

Inhibiting-Hormone

Inhibiting-Hormone sind Gegenspieler der Releasing-Hormone und hemmen die Sekretion der glandotropen Hormone.

- **Somatotropin-Inhibiting-Hormon:** hemmt STH und TSH
- **Prolaktin-Inhibiting-Hormon (Dopamin):** hemmt Prolaktin.

Oxytocin und Adiuretin

Diese Hormone werden im Hypothalamus gebildet und gelangen über den Hypophysenstiel zur **Neurohypophyse** (Hypophysenhinterlappen). Dort werden sie ins Blut abgegeben.

9.3 Hypophyse

Die Hypophyse (Hirnanhangsdrüse) liegt im Türkensattel (Sella turcica) der Schädelbasis. Sie wird aufgrund der unterschiedlichen Funktion in einen Vorderlappen (Adenohypophyse) und einen Hinterlappen (Neurohypophyse) unterteilt (➤ Abb. 9.4).

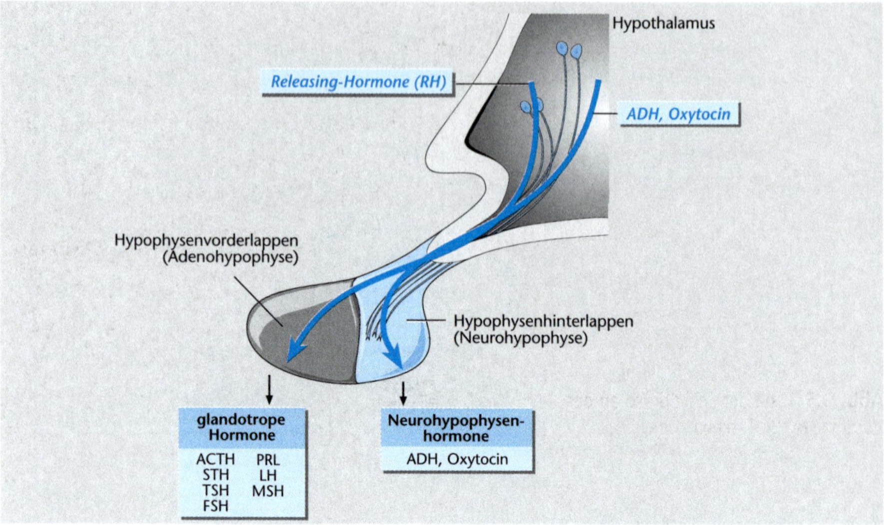

Abb. 9.4 Hormone der Hypophyse.

9.3.1 Neurohypophyse

Die Neurohypophyse ist der Hypophysenhinterlappen und steht über den Hypophysenstiel mit dem Hypothalamus in Verbindung. Die Neurohypophyse speichert die vom Hypothalamus gebildeten Hormone **Oxytocin** und **ADH** und gibt sie an das Blut ab.

Die Neurohypohyse ist keine Drüse, sondern setzt nur Hormone des Hypothalamus frei.

9.3.2 Adenohypophyse

Der Hypophysenvorderlappen ist eine echte endokrine Drüse. Ihre Hormonproduktion wird durch die Releasing-Hormone des Hypothalamus gesteuert. Wichtige Hormone der Adenohypophyse sind:

- **Somatotropin (Wachstumshormon):** stimuliert das Skelett- und Körperwachstum
- **Melanotropin:** regt die Melanozyten an und erhöhte die Hautpigmentierung
- **Prolaktin:** erhöht die Milchproduktion der Brustdrüse
- **ACTH (adrenokortikotropes Hormon):** induziert die Bildung der Kortikoide der Nebennierenrinde
- **TSH (Thyreoidea-stimulierendes Hormon):** stimuliert das Wachstum der Schilddrüse sowie die Bildung der Schilddrüsenhormone
- **LH (luteinisierendes Hormon):** stimuliert die Ausbildung des Gelbkörpers und bewirkt den Eisprung
- **FSH (Follikel-stimulierendes Hormon):** regt die Heranreifung eines Follikels im Ovar an und führt zum Anstieg des Östrogenspiegels im Blut.

9.4 Schilddrüse

Die Schilddrüse (Glandula thyreoidea; ➤ Abb. 9.5) liegt dem Schildknorpel des Kehlkopfes seitlich an. Sie besteht aus zwei Seitenlappen und einem verbindenden Mittelteil, dem Isthmus. Das Gewicht der Schilddrüse beträgt etwa 30 g.

9

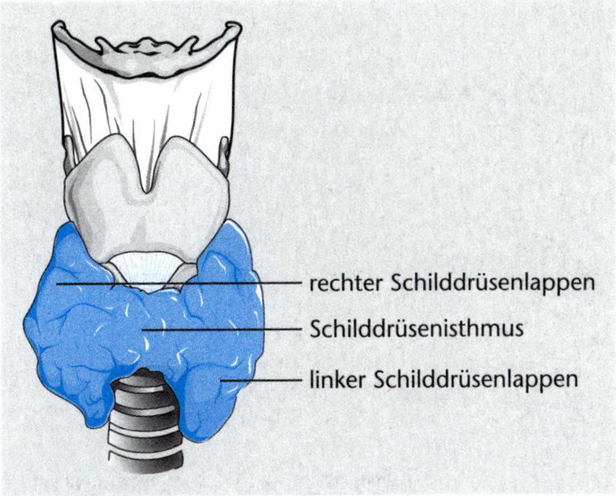

Abb. 9.5 Lage der Schilddrüse an der Vorderseite der Trachea.

9.4.1 Schilddrüsenhormone

In der Schilddrüse werden unter dem Verbrauch von Jod die Hormone **Trijodthyronin (T_3)** und **Thyroxin (T_4)** gebildet. Ein weiteres Schilddrüsenhormon ist **Kalzitonin.**

Die Schilddrüse ist für die Hormonproduktion auf eine regelmäßige und ausreichende Jodzufuhr angewiesen. Bei Jodmangel versucht die Schilddrüse durch verstärktes Wachstum den Mangel zu kompensieren (Jodmangelstruma).

Trijodthyronin (T_3) und Thyroxin (T_4)

Der Hauptteil der Schilddrüsenhormone T_3 und T_4 wird nach Abgabe an das Blut von Plasmaproteinen gebunden und ist biologisch inaktiv. Nur der freie Anteil vermittelt die Hormonwirkung.

Wirkungen
- Steigerung des Grundumsatzes, erhöhte Wärmeproduktion
- Erhöhung der Ansprechbarkeit auf Katecholamine, Steigerung der Herzfrequenz
- Fördernder Einfluss auf Wachstum, Entwicklung, geistige Reifung
- Erhöhte Erregbarkeit des Nervensystems
- Erhöhung des Muskeltonus.

Die Schilddrüsenhormone führen zur Steigerung der Stoffwechselvorgänge. Eine Schilddrüsenüberfunktion (Hyperthyreose) äußert sich daher in Gewichtsverlust, Schwitzen, Haarausfall, Herzklopfen und nervöser Übererregbarkeit.

Kalzitonin

Kalzitonin reguliert zusammen mit dem Parathormon (PTH) der Nebenschilddrüsen den Kalziumspiegel des Körpers.

Wirkungen
- Hemmung der Kalziumfreisetzung aus den Knochen
- Hemmung der Kalziumresorption aus dem Darm
- Steigerung der Kalziumausscheidung über die Niere.

Kalzitonin senkt den Blutkalziumspiegel.

9

9.4.2 Nebenschilddrüse

Vier erbsengroße Nebenschilddrüsen (Epithelkörperchen; ➤ Abb. 9.6) liegen der Schilddrüse dorsal an und produzieren Parathormon (PTH) für die Regulation des Kalziumhaushalts.

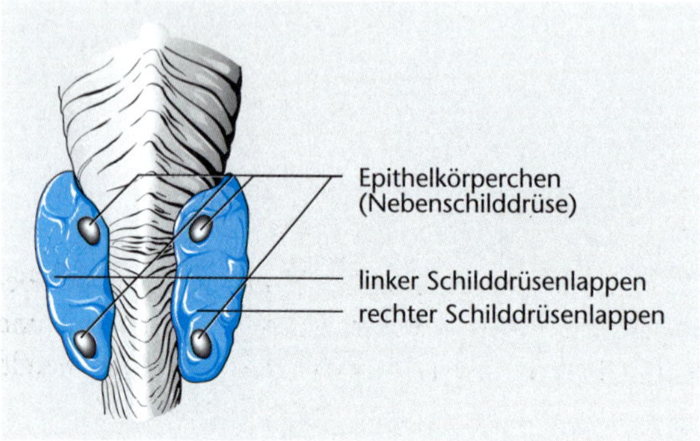

Abb. 9.6 Nebenschilddrüse.

Wirkungen

- Steigert die Kalziumfreisetzung aus den Knochen
- Steigert die Kalziumresorption aus dem Darm
- Vermindert die Kalziumausscheidung über die Niere
- Steigert die Phosphatausscheidung der Niere.

KLINISCHER HINWEIS

Eine Überfunktion der Nebenschilddrüse kann zur Hyperkalzämie führen.

9.5 Langerhans-Inseln des Pankreas

Der endokrine Anteil des Pankreas besteht aus den A- und B-Zellen der Langerhans-Inseln. Sie bilden die antagonistischen (gegensätzlich wirkenden) Hormone **Glukagon** (A-Zellen) und **Insulin** (B-Zellen) und den Blutzuckerspiegel.

Glukagon

Steigert den Blutzuckerspiegel durch Abbau von Glykogen.

Insulin

Insulin senkt den Blutzuckerspiegel durch Erhöhung der Glukoseaufname durch die insulinempfindlichen Organe (Skelett- und Herzmuskulatur, Fettgewebe, Leber). Die vermehrte Aufnahme von Glukose in die Gewebe resultiert in einer **anabolen Wirkung** (Aufbau von Muskel- und Fettgewebe).

Insulin senkt, Glukagon steigert den Blutzuckerspiegel.

9

ALTERSPHYSIOLOGIE

Diabetes mellitus ist eine Stoffwechselerkrankung, die durch chronisch erhöhte Blutglukosespiegel gekennzeichnet ist. Die meisten Patienten sind älter als 60 Jahre und leiden an Typ-II-Diabetes-mellitus (Altersdiabetes), der durch ein vermindertes Ansprechen des Körpers auf Insulin gekennzeichnet ist. Wichtige Risikofaktoren für Altersdiabetes sind Übergewicht, ungesunde Ernährung und mangelnde Bewegung.

9.6 Nebennieren

Die beiden Nebennieren (➤ Abb. 9.7) sitzen dem oberen Nierenpol kappenartig auf und bestehen aus zwei funktionell verschiedenen endokrinen Anteilen, der Nebennierenrinde und dem Nebennierenmark. Sie sind weder funktionell noch anatomisch mit den Nieren verwandt.

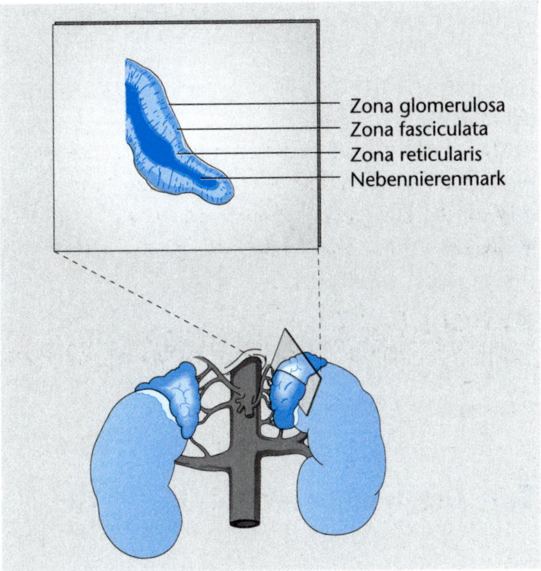

Abb. 9.7 Sitz der Nebenniere mit Darstellung der einzelnen Zonen im Querschnitt.

9.6.1 Nebennierenrinde

Die Nebennierenrinde (NNR) gliedert sich in drei verschiedene Schichten. Diese sind von außen nach innen:

- Zona glomerulosa
- Zona fasciculata
- Zona reticularis.

In der NNR werden die **Mineralkortikoide** (Hauptvertreter: Aldosteron), die **Glukokortikoide** (Hauptvertreter: Kortison) und ein Teil der **Geschlechtshormone** gebildet (➤ Abb. 9.8).

Mineralkortikoide

Mineralkortikoide beeinflussen den Wasser- und Elektrolythaushalt. Wichtigstes Mineralkortikoid ist das **Aldosteron.**

Wirkungen

- Verminderung der Natriumausscheidung der Niere
- Erhöhung der Kaliumausscheidung der Niere
- Steigerung des Blutdrucks durch Erhöhung des Blutvolumens.

9

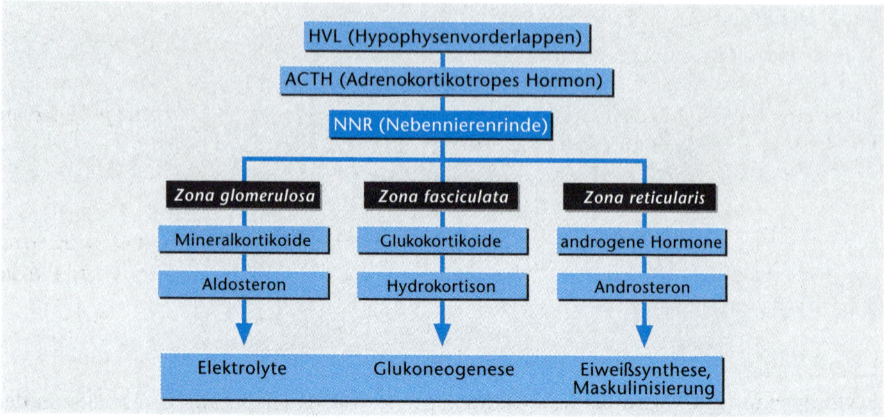

Abb. 9.8 Hormone der Nebennierenrinde.

Glukokortikoide

Hauptvertreter der Glukokortikoide ist das **Kortison.** Die Kortisonabgabe unterliegt einem typischen Tagesrhythmus.

Wirkungen
- Bereitstellung von Kohlenhydraten
- Muskel- und Knochenabbau
- Unterdrückung von Immunabwehr
- Blutdrucksteigerung
- Entzündungshemmende Wirkung.

Die Ausschüttung der Kortikoide in der NNR wird durch das Gonadotropin ACTH der Adenohypophyse reguliert.

9.6.2 Nebennierenmark

Das Nebennierenmark (NNM) ist in der Embryonalentwicklung aus Zellen des sympathischen Nervensystems entstanden. Aus diesem Grund produziert das NNM wichtige Botenstoffe des sympathischen Nervensystems, die **Katecholamine Adrenalin** und **Noradrenalin.** Bei Stimulation des Nebennierenmarks wird ein Gemisch aus etwa 80 % Adrenalin und 20 % Noradrenalin sezerniert. Die Wirkung der Katecholamine entspricht der Aktivierung des Sympathikus.

Wirkungen
- Konzentrationserhöhung von Fettsäuren und Glukose im Blut
- Erweiterung der Skelettmuskel- und Koronararterien
- Steigerung der Herzfunktion, Erweiterung der Bronchien.

Die Ausschüttung der Katecholamine unterliegt zentralnervösen Mechanismen. Bei körperlicher oder emotionaler Belastung, etwa in Notfallsituationen, kann die Ausschüttung bis auf das Zehnfache gesteigert werden.

Katecholamine dienen der Bereitstellung von Energiereserven in Stresssituationen.

9.7 Niere

Die Niere zählt nicht zu den typischen Hormondrüsen, bildet aber zwei wichtige Hormone für die Regulation des Blutdrucks und der Erythropoese: Renin und Erythropoetin.

Renin

Renin wird bei einer Minderdurchblutung der Niere aus dem juxtaglomerulären Apparat ausgeschüttet und bewirkt durch Aktivierung der Angiotensin- und Aldosteronsynthese die Steigerung des Blutdrucks (➤ Kap. 7.2.2).

Erythropoetin

Erythropoetin (EPO) wird bei Sauerstoffmangel des Blutes (Hypoxämie) vermehrt in der Niere produziert und stimuliert die Neubildung von Erythrozyten (Erythropoese) im Knochenmark.

Fragen

1. Was ist die physiologische Reaktion des Organismus auf eine Erhöhung des TSH-Spiegels? (➤ Kap. 9.4)
2. Nennen Sie einige Symptome einer Schilddrüsenüberfunktion. (➤ Kap. 9.4)
3. Wo wird das Parathormon gebildet und welche Funktion hat es? (➤ Kap. 9.4.2)
4. Nennen Sie zwei effektorische Hormone. (➤ Kap. 9.4)
5. Was ist ein Releasing-Faktor? (➤ Kap. 9.4)
6. Welche Auswirkungen hat das ADH auf den Blutdruck, und was ist der Reiz für seine Inkretion? (➤ Kap. 9.4)
7. Welche Aufgabe hat das STH, und welche Symptomatik entwickelt sich bei einem Mangel an STH? (➤ Kap. 9.4)
8. Wo wird das Kortisol gebildet? (➤ Kap. 9.6.1)
9. Durch welche zwei Hormone wird der Blutkalziumspiegel geregelt? (➤ Kap. 9.4)
10. Nennen Sie Wirkung und Bildungsort des Insulins und Glukagons. (➤ Kap. 9.5)
11. Welche Wirkungen des Kortisons werden therapeutisch genutzt? (➤ Kap. 9.6.1)
12. Welche Hormone setzt das Nebennierenmark frei? (➤ Kap. 9.6.2)

KAPITEL

10 Nervensystem

Das Nervensystem ist das zentrale Koordinations- und Steuerungssystem und dient der Aufnahme und Verarbeitung von Informationen aus dem Körper sowie aus der Umwelt.

10.1 Einteilung des Nervensystems

Das Nervensystem umfasst die Gesamtheit aller Nervenzellen und kann nach verschiedenen Kriterien eingeteilt werden (➤ Abb. 10.1).

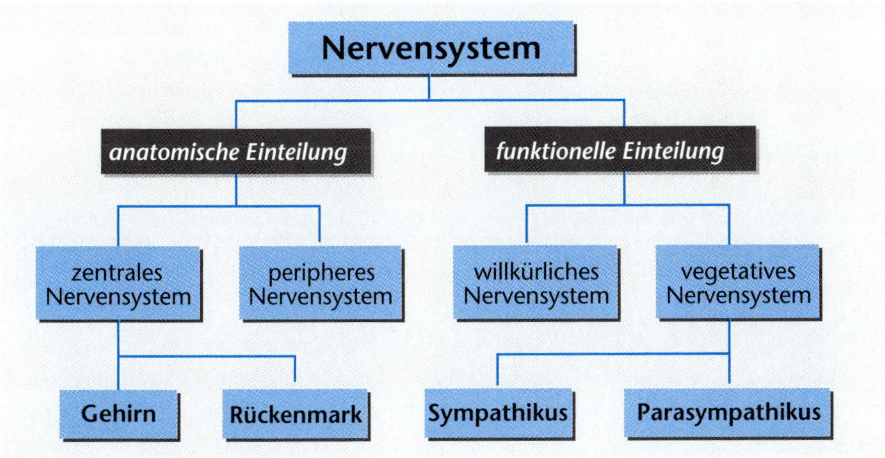

Abb. 10.1 Einteilung des Nervensystems.

10.1.1 Anatomische Einteilung

Nach anatomischen Kriterien wird das Nervensystem in das **zentrale Nervensystem (ZNS)** sowie das **periphere Nervensystem (PNS)** eingeteilt.

Zentrales Nervensystem (ZNS)

Das zentrale Nervensystem umfasst Gehirn und Rückenmark (➤ Abb. 10.2).

Peripheres Nervensystem (PNS)

Alle Nerven werden dem peripheren Nervensystem zugerechnet. Die Nerven treten aus dem Hirnstamm (Hirnnerven) oder dem Rückenmark (Spinalnerven) hervor und verlaufen zur Körperperipherie. Sie leiten Impulse vom Gehirn zum Körper weiter (z. B. motorische Nerven) und versorgen das zentrale Nervensystem mit Informationen (z. B. sensible Nerven) aus den Sinnesorganen.

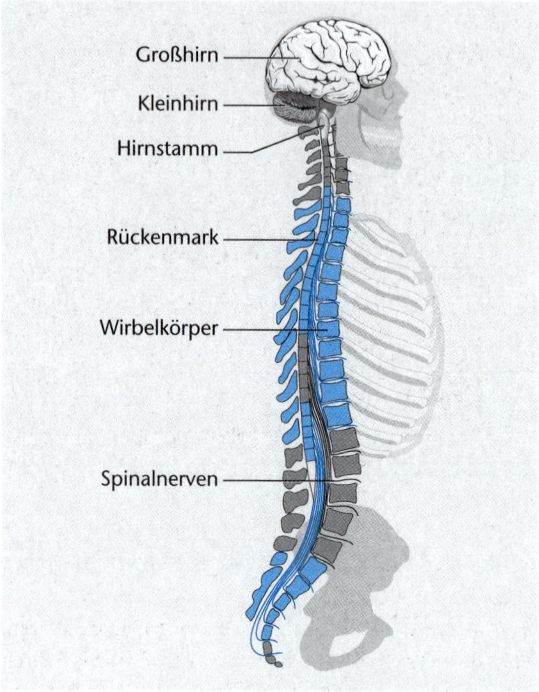

Abb. 10.2 Zentrales Nervensystem mit Gehirn und Rückenmark.

10.1.2 Funktionelle Einteilung

Nach der Funktion teilt man das Nervensystem in willkürliches (animalisches) und vegetatives (autonomes) Nervensystem ein.

Willkürliches Nervensystem

Das willkürliche Nervensystem steuert die willkürlichen Bewegungen der quergestreiften Skelettmuskulatur und leitet die Wahrnehmung der Sinnesorgane an das Gehirn weiter.

Vegetatives Nervensystem

Das vegetative Nervensystem innerviert die glatte Muskulatur der inneren Organe und Drüsen. Es besteht aus zwei Gegenspielern, dem **Sympathikus** und dem **Parasympathikus.**

10

10.2 Gehirn

Das etwa 1.400 g schwere Gehirn (➤ Abb. 10.3) liegt geschützt in der Schädelhöhle, wo es von den Gehirnhäuten und dem Liquorraum umgeben ist. Das Gehirn ist das zentrale Steuerorgan des Nervensystems. Es leitet Befehle über das Rückenmark in die Peripherie und empfängt und verarbeitet Reize aus dem Körper und den Sinnesorganen.

Das Gehirn wird in folgende Abschnitte unterteilt:

- **Großhirn (Cerebrum)**
- **Kleinhirn (Cerebellum)**
- **Zwischenhirn (Diencephalon)**
- **Hirnstamm (Truncus cerebri).**

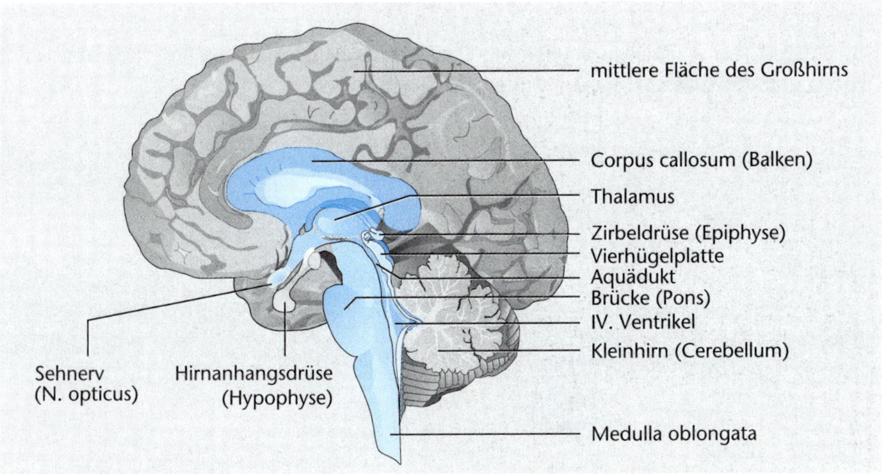

Abb. 10.3 Sagittalschnitt durch das Gehirn.

10.2.1 Großhirn

Das Großhirn stellt den Hauptteil des Gehirns dar. Es besteht aus den beiden Hemisphären, die über den Balken miteinander verbunden sind. Die Oberfläche des Großhirns ist durch zahlreiche Windungen und Furchen vergrößert. Im Inneren des Großhirns befinden sich Hohlräume (Hirnventrikel), die mit Liquor gefüllt sind. In Nachbarschaft der Hirnventrikel befinden sich Ansammlungen von Nervenzellen, die **Basalganglien.** Das Großhirn wird in vier Hirnlappen (➤ Abb. 10.4) eingeteilt:

- **Stirnlappen (Lobus frontalis)**
- **Scheitellappen (Lobus parietalis)**
- **Schläfenlappen (Lobus temporalis)**
- **Hinterhauptslappen (Lobus occipitalis).**

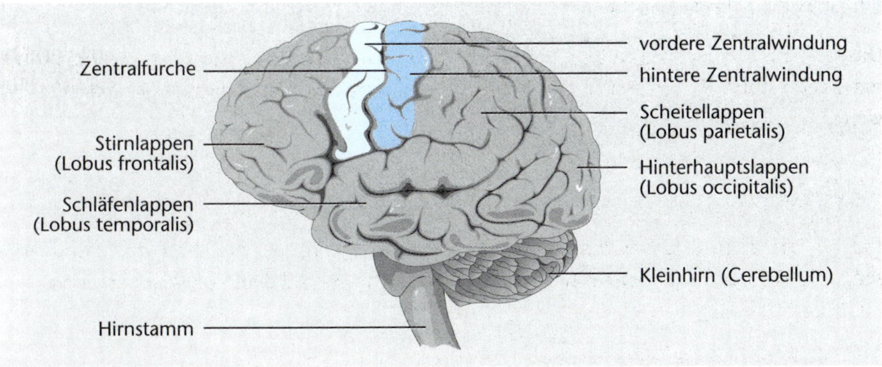

Abb. 10.4 Hirnlappen.

Graue und weiße Substanz

Im Querschnitt des Großhirns zeigen sich ein außen gelegener, grauer Saum (Hirnrinde) und eine innen gelegene, weiße Substanz (Hirnmark):

Graue Substanz

Die graue Substanz (Substantia grisea) besteht aus den Zellkörpern der **Nervenzellen.**

Weiße Substanz

Die weiße Substanz (Substantia alba) besteht aus markhaltigen Nervenfasern (Axonen) der in der grauen Substanz gelegenen Nervenzellen.

Im Großhirn liegt die graue Substanz außen, die weiße innen. Im Rückenmark ist es umgekehrt.

ALTERSPHYSIOLOGIE

Ab dem 60. Lebensjahr verringert sich das Hirnvolumens. Davon ist besonders die weiße Gehirnsubstanz betroffen. Auch die Anzahl der Synapsen nimmt im Alter ab, während die Zahl der Nervenzellen weitgehend konstant bleibt. Im Gegensatz zu diesen altersphysiologischen Veränderungen kommt es bei der Demenz zu einem Verlust an Nervenzellen.

Basalganglien

Eine Ausnahme bilden die Basalganglien, die subkortikale (d. h. innerhalb der Substantia alba) gelegene Inseln der grauen Substanz darstellen. Zu ihnen gehören der Nucleus caudatus und der Nucleus lentiformis, die eine wichtige Rolle für Bewegungsabläufe spielen.

Eine Störung der Basalganglien liegt bei der Parkinson-Krankheit vor.

Rindenfelder

Die Verarbeitung von Informationen der Körperperipherie erfolgt in spezialisierten Arealen der Gehirnrinde (Neocortex), die als **Rindenfelder** (➤ Abb. 10.5) bezeichnet werden. Wichtige Rindenfelder sind:

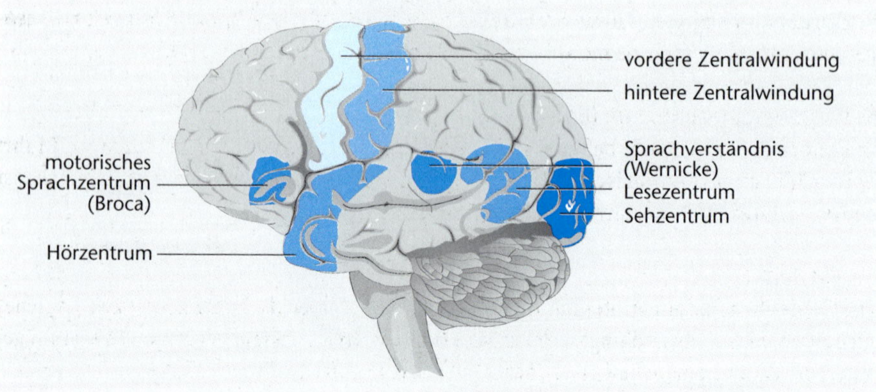

Abb. 10.5 Funktionsbereiche des Gehirns.

Gyrus postcentralis

Die dorsal der Zentralfurche (Sulcus centralis) gelegene hintere Zentralwindung (Gyrus postcentralis) ist das primäre Verarbeitungszentrum der sensiblen Informationen (somatosensibler Kortex). Die sensiblen Nervenfasern des Körpers enden in einen genau definierten Abschnitt des Gyrus postcentralis und bilden so den Körper ab (somatotope Gliederung; ➤ Abb. 10.6). Stark sensible Körperabschnitte (z. B. Hände oder Lippen) beanspruchen dabei eine relativ größere Fläche des Gyrus postcentralis als unsensible Körperteile (z. B. der Rücken).

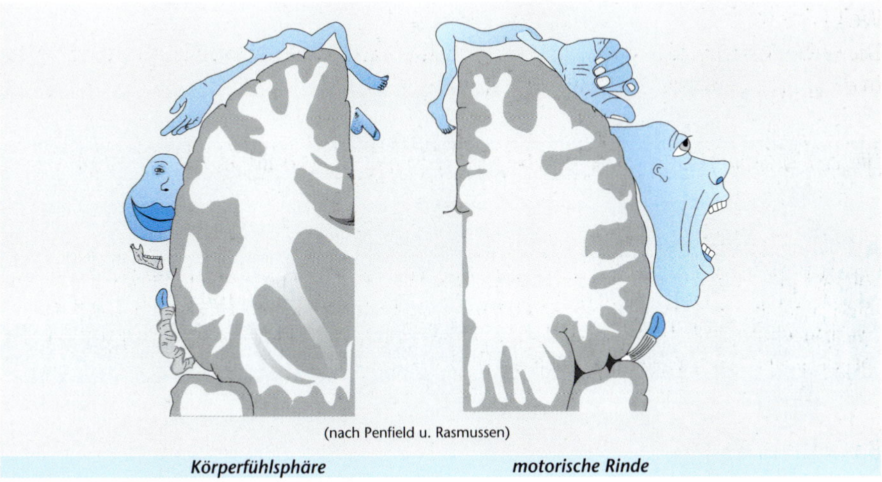

Abb. 10.6 Somatotope Gliederung. Die einzelnen Körperbereiche sind entsprechend ihrer Bedeutung unterschiedlich stark im Gehirn vertreten.

Gyrus praecentralis

Die ventral der Zentralfurche gelegene vordere Zentralwindung ist das primäre motorische Rindenareal. Auch hier ist die Rinde somatotop gegliedert, sodass die Muskulatur bestimmter Körperregionen in bestimmten Bereichen repräsentiert ist. Motorisch anspruchsvolle Bereiche wie die Hand mit den vielen kleinen Handmuskeln nehmen einen entsprechend größeren Bereich ein als z. B. der gesamte restliche Arm.

Sensorisches Sprachzentrum (Wernicke-Feld)

Das Wernicke-Sprachzentrum liegt im Schläfenlappen und ist für das Verstehen und die Interpretation von Wörtern zuständig. Eine Schädigung des Sprachzentrums (z. B. durch einen Schlaganfall) führt zu sinnlosen Wortneubildungen und Wortverständnisstörungen **(sensorischen Aphasie),** ohne die motorische Sprachartikulation zu beeinflussen.

Motorisches Sprachzentrum (Broca-Feld)

Das Broca-Sprachzentrum befindet sich im Bereich der unteren Frontalwindung und führt bei Schädigung zur **motorischen Aphasie,** d. h. die motorische Artikulation der Sprache ist gestört, während das Sprachverständnis erhalten ist.

Sehzentrum

Das Sehzentrum ist im Hinterhauptslappen lokalisiert. Über die Netzhaut aufgenommenes Licht wird nach Umwandlung in elektrische Impulse über den Sehnerv zum Sehzentrum geleitet und dort zu einem bewussten Seheindruck verarbeitet.

Riechzentrum

Das Riechzentrum ist im Schläfenlappen lokalisiert. Die über den Riechnerven aufgenommenen Riecheindrücke werden als elektrischer Impuls zum Riechzentrum geleitet und dort zum bewussten Geruchseindruck verarbeitet.

Hörrinde

Die Hörrinde verarbeitet die vom Ohr eintreffenden Reize zu bewussten Hörempfindungen.

10.2.2 Kleinhirn

Das Kleinhirn (Cerebellum) liegt unterhalb der Großhirnhälften in der hinteren Schädelgrube. Es besteht aus zwei Hälften, deren Oberflächen durch Windungen vergrößert sind.

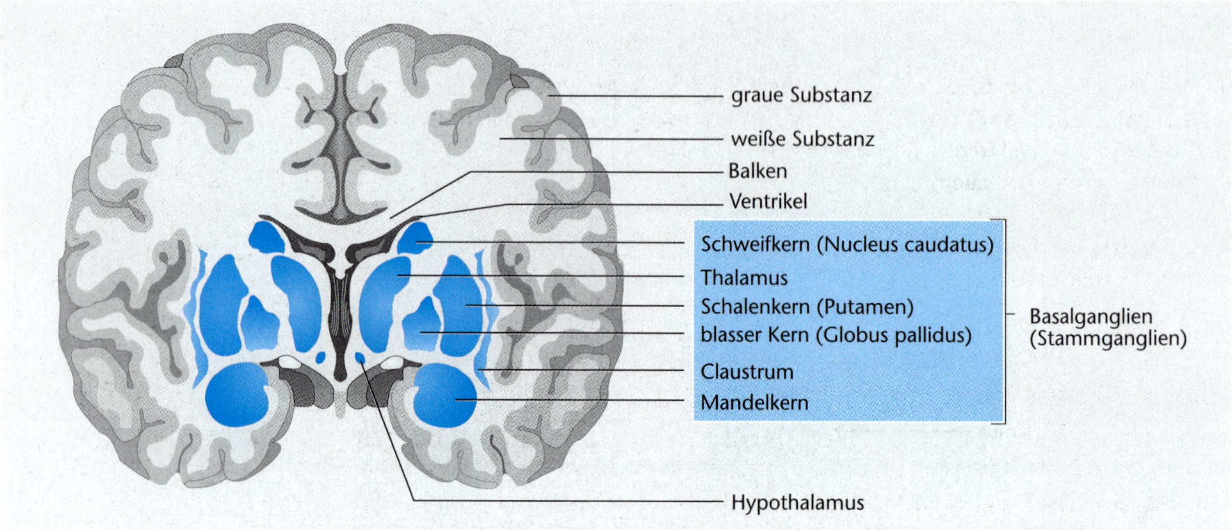

Abb. 10.7 Kerngebiete des Gehirns.

Funktion

Die Hauptaufgabe des Kleinhirns besteht in der **Feinregulation und Koordination** von:

- Bewegung
- Muskeltonus
- Gleichgewicht.

Erreicht wird diese Feinregulation durch komplexe Verschaltungen mit den „Befehlszentren" der Motorik im Großhirn sowie einer permanenten Rückkopplung mit den Sinnesorganen, die es dem Kleinhirn erlauben, in geplante oder laufende Bewegungsmuster einzugreifen. Das physiologische Prinzip der Feinregulation besteht aus hemmenden Einflüssen auf Befehle, die beispielsweise aus der Großhirnrinde kommen.

Kleinhirnschäden zeigen sich in Gleichgewichtsstörungen und unkoordiniert wirkenden Bewegungen.

10.2.3 Zwischenhirn

Das Zwischenhirn (Diencephalon) befindet sich zwischen Großhirn und Hirnstamm. Es wird in zwei Abschnitte untergliedert:

- **Thalamus**
- **Hypothalamus,** der mit der Hypophyse (Hirnanhangdrüse) verbunden ist.

Thalamus

Der Thalamus ist eine Ansammlung von Nervenzellen beiderseits des 3. Ventrikels. Die Hauptfunktion des Thalamus besteht in der initialen Verarbeitung der Sinnesempfindung. Er wird daher auch als „Tor zum Bewusstsein" bezeichnet.

Hypothalamus

Der Hypothalamus liegt unterhalb des Thalamus im Zwischenhirn. Er ist das übergeordnete Steuerorgan des endokrinen Systems und des vegetativen Nervensystems.

Der Hypothalamus ist das übergeordnete Steuerorgan aller vegetativen Funktionen.

10.2.4 Hirnstamm

Die Abschnitte des Gehirns, die das Großhirn mit dem Rückenmark verbinden, werden als Hirnstamm (➤ Abb. 10.8) bezeichnet. Sie stellen den entwicklungsgeschichtlich ältesten Teil des Gehirns dar und werden in drei Abschnitte unterteilt:

- **Mittelhirn (Mesencephalon)**
- **Brücke (Pons)**
- **Verlängertes Rückenmark (Medulla oblongata)**
- **Formatio reticularis.**

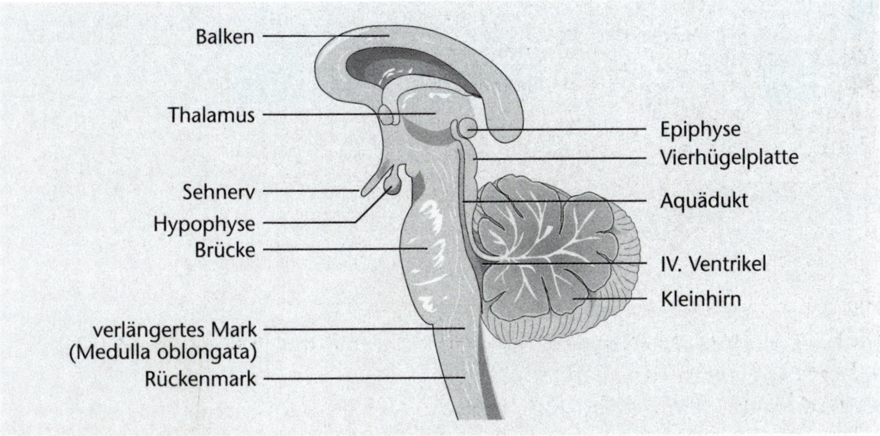

Abb. 10.8 Hirnstamm.

Mittelhirn

Das Mittelhirn (Mesencephalon) enthält Umschaltstellen für Hör- und Sehnerven und ist Ursprung einiger Hirnnerven. Im Mittelhirn befindet sich die **Vierhügelplatte,** die akustische und optische Reflexbahnen enthält. Das Mittelhirn wird von einem dünnen Kanal **(Aquädukt)** durchzogen, der den 3. und 4. Ventrikel verbindet.

Brücke

Die Brücke (Pons) ist der mittlere Teil des Hirnstamms. Durch die Brücke ziehen u.a. die Pyramidenbahnen, die motorische Informationen aus der Großhirnrinde leiten.

Verlängertes Rückenmark

Das verlängerte Rückenmark (Medulla oblongata) grenzt an das Rückenmark und enthält wichtige Zentren für die Steuerung von Atmung (Atemzentrum) und Kreislauf. Außerdem sind dort verschiedene Reflexzentren wie Husten-, Nies- und Schluckreflex lokalisiert.

Im Hirnstamm befinden sich das Atemzentrum und einige Regulationsmechanismen für die Kreislauffunktionen.

Formatio reticularis

Die Formatio reticularis ist ein netzartiger Verband von Nerven- und Ganglienzellen, die sich von der Medulla oblongata bis ins Zwischenhirn ziehen. Die Formatio reticularis ist verantwortlich für reflektorische Steuerungen, vegetative Funktionen (Schlaf-Wach-Rhythmus), die Koordination von Reflexen zu Bewegungsabläufen sowie für Regulationszentren für die Bewusstseinslage.

Limbisches System

Das limbische System umfasst eine Reihe von Strukturen im Grenzgebiet (limbus = Grenze) zwischen Großhirn und Hirnstamm. Es enthält u. a. die Amygdala (Mandelkern) sowie den Hippokampus. Das limbische System steuert Gemüt, Sexualtrieb, Lust und Emotionen.

ALTERSPHYSIOLOGIE

Ein fortschreitender Verlust von Nervenzellen im Hippokampus ist eine Ursache für die Verschlechterung des Kurzzeitgedächtnisses im Alter.

10.3 Hirnhäute

Das Gehirn wird von drei Hirnhäuten (Meningen; ➤ Abb. 10.9) umhüllt, die sich auf das Rückenmark fortsetzen. Man unterscheidet:
- **Dura mater (harte Hirnhaut)**
- **Arachnoidea (Spinngewebshaut)**
- **Pia mater (weiche Hirnhaut).**

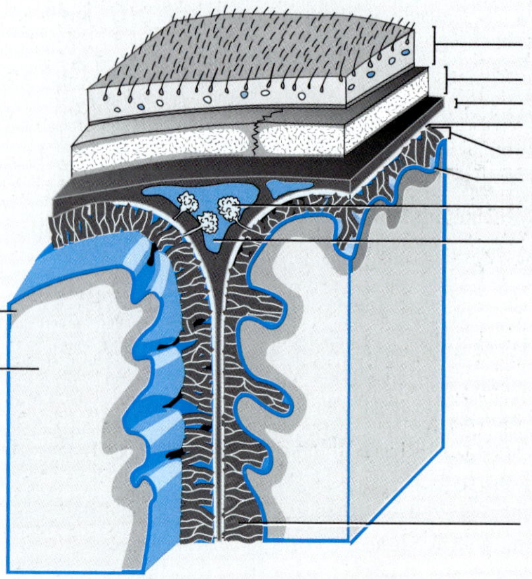

10

Abb. 10.9 Hirnhäute.

Harte Hirnhaut

Die harte Hirnhaut (Dura mater) kleidet die Innenfläche des Schädelknochens aus. Innerhalb der Dura mater verlaufen die venösen Blutleiter des Gehirns (Sinus).

Spinngewebshaut

Die Spinngewebshaut (Arachnoidea) liegt der Innenfläche der Dura dicht an und ist mit der Pia mater durch ein Trabekelwerk verbunden. Unterhalb der Arachnoidea befindet sich der

Subarachnoidalraum, in dem der **Liquor** zirkuliert. Die Arachnoidea bildet **Arachnoidalzotten** aus, die in die großen Blutleiter ragen und der Ableitung des Liquors dienen.

Innere Hirnhaut

Die innere Hirnhaut (Pia mater) liegt direkt der Hirnsubstanz an. Sie führt Blutgefäße für die Versorgung des Gehirns.

Arachnoidea und Pia mater werden zusammen als **Leptomeninx** (weiche Hirnhaut) bezeichnet.

10.4 Gehirnventrikel

Im Inneren des Gehirns befindet sich ein System von Hohlräumen (Gehirnventrikel; ➤ Abb. 10.10), die mit Gehirnwasser (Liquor cerebrospinalis) gefüllt sind. Es werden vier Gehirnventrikel unterschieden:

- **Seitenventrikel (1. und 2. Ventrikel):** schweifförmige Ventrikel in den beiden Großhirnhemisphären
- **3. Ventrikel:** im Zwischenhirn gelegenes Ventrikel, der mit den Seitenventrikeln und dem 4. Ventrikel in Verbindung steht
- **4. Ventrikel:** zeltförmiger Hohlraum zwischen Kleinhirn und Medulla oblongata.

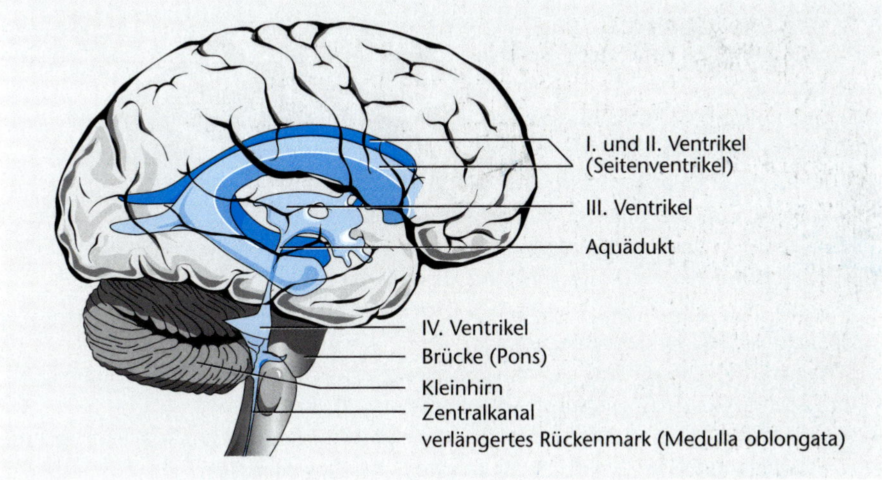

Abb. 10.10 Ventrikelsystem.

10

10.5 Liquor cerebrospinalis

Der Liquor cerebrospinalis ist eine klare Flüssigkeit, die durch ein Gefäßgeflecht **(Plexus choroideus)** der Seitenventrikeln gebildet wird. Die Resorption in das venöse Blut erfolgt in den **Arachnoidalzotten.** Liquor dient dem Schutz des Gehirns vor Erschütterungen und dem Austausch von Stoffwechselprodukten zwischen Blut und Gehirn. Er zirkuliert in den **inneren und äußeren Liquorräumen.**

KLINISCHER HINWEIS

Viele Erkrankungen des Gehirns (z. B. Hirnhautentzündungen, Blutungen) verändern die Zusammensetzung des Liquors. Eine Entnahme von Liquor durch eine Lumbalpunktion kann wichtige Hinweise auf vorliegende Krankheiten geben.

Äußere Liquorräume

Der äußere Liquorraum ist der **Subarachnoidalraum** zwischen Arachnoidea und Pia mater.

Innere Liquorräume

Die inneren Liquorräume entsprechen dem **Ventrikelsystem** des Gehirns.

10.6 Hirnnerven

Die zwölf paarigen Hirnnerven (➤ Abb. 10.11) entspringen der Hirnbasis und dem Hirnstamm. Sie dienen überwiegend der motorischen und sensiblen Versorgung von Kopf und Hals und leiten sensorische Informationen der Sinnesorgane (Auge, Ohr, Nase, Zunge) zum Gehirn. Der zehnte Hirnnerv (N. vagus) ist der zentrale Nerv des parasympathischen Nervensystems.

In der Reihenfolge ihres Austritts aus dem Gehirn werden die Hirnnerven in römischen Ziffern von I bis XII nummeriert:

- **N. olfactorius (I):** Riechnerv
- **N. opticus (II):** Sehnerv
- **N. oculomotorius (III):** Augenmuskelnerv, Innervation eines Augenmuskels, Pupillenverengung
- **N. trochlearis (IV):** Augenmuskelnerv, Innervation eines Augenmuskels
- **N. trigeminus (V):** Drillingsnerv, Innervation von Kaumuskeln; überwiegend sensibel
- **N. abducens (VI):** Augenmuskelnerv, Innervation von Augenmuskeln
- **N. facialis (VII):** Gesichtsnerv, Innervation von mimischer Muskulatur und von Tränen-, Mund-, Nasen- und Rachendrüsen
- **N. vestibulocochlearis (VIII):** Hör- und Gleichgewichtsnerv
- **N. glossopharyngeus (IX):** Zungen- und Rachennerv, Innervation von Ohrspeicheldrüse, Rachenmuskeln, Glomus caroticum
- **N. vagus (X):** Hauptnerv des vegetativen Nervensystems zu parasympathischen Innervation der Eingeweide bis zur linken Kolonflexur
- **N. accessorius (XI):** Halsnerv, Innervation von M. sternocleidomastoideus, M. trapezius
- **N. hypoglossus (XII):** Zungennerv, Innervation der Zungenmuskeln.

N. olfactorius (I)

Im oberen Teil der Nase werden Gerüche von den Fila olfactorii wahrgenommen und durch den N. olfactorius zum Riechzentrum des Gehirns weitervermittelt. Dort erfolgt die weitere Verschaltungen mit dem limbischen System.

N. opticus (II)

Lichtstrahlen lösen in den sensorischen Zellen der Retina (Stäbchen und Zapfen) einen elektrischen Impuls aus, der über den N. opticus über Schaltstationen in die Sehrinde weitergeleitet wird. Lichtreize, die nasenwärts auf die Retina auftreffen, werden in der **Sehnervenkreuzung (Chiasma opticum)** zur gegenüber liegenden Hirnseite geleitet. Dagegen bleiben temporal (schläfenwärts, also seitlich der Netzhaut) auftreffende Reize auf der gleichen Seite.

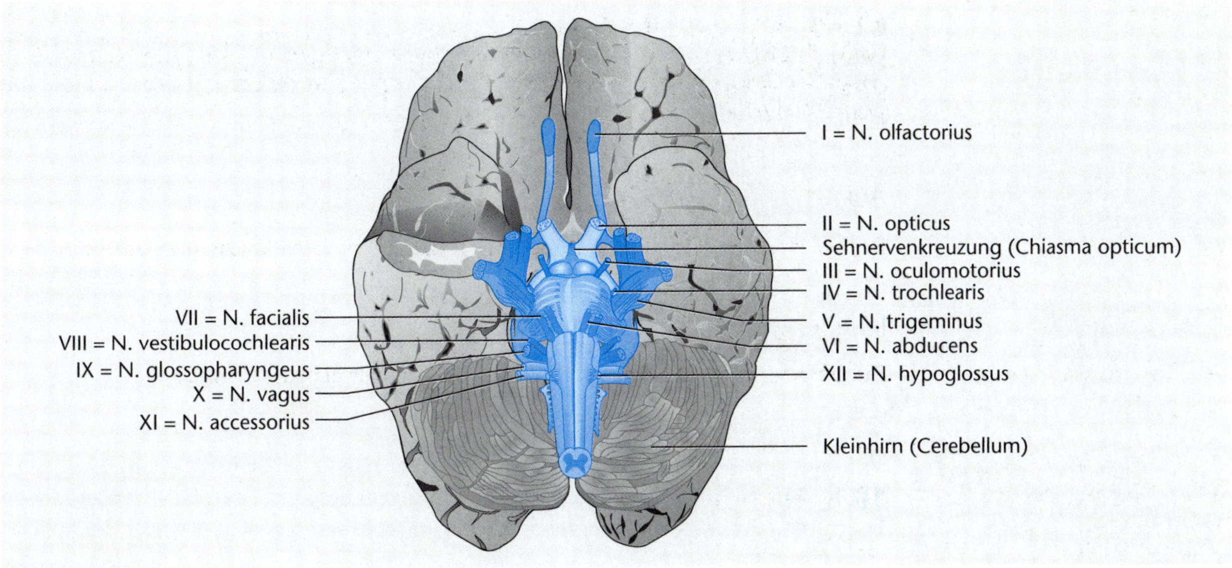

Abb. 10.11 Hirnnerven.

N. oculomotorius (III), N. trochlearis (IV) und N. abducens (VI)

Diese drei Hirnnerven verantworten die Innervation der äußeren Augenmuskeln. Unterbrechung einer der Nerven resultiert in gestörter Augenmotorik und Doppelbildern.

N. trigeminus (V)

Der N. trigeminus versorgt die Gesichtshaut und Nasenschleimhäute und vermittelt die Geschmacksempfindungen. Der dritte Ast (N. mandibularis) innerviert zudem die Kaumuskulatur. Der N. trigeminus teilt sich in drei Äste:

- N. ophthalmicus (N. V1)
- N. maxillaris (N. V2)
- N. mandibularis (N. V3).

N. facialis (VII)

Der N. facialis ist ein gemischter Nerv aus motorischen, sensorischen und parasympathischen Fasern. Er innerviert die mimische Muskulatur des Gesichts, überträgt die Geschmacksempfindung des vorderen Teils der Zunge und innerviert durch den parasympathischen Anteil die Tränendrüse und die Drüsen des Nasen-, Rachen- und Mundraums.

Bei einseitiger peripherer Fazialislähmung ist der Patient durch Ausfall der mimischen Muskulatur unfähig, das Auge zu schließen, die Stirn zu runzeln und die Lippen aktiv zu bewegen.

N. vestibulocochlearis (VIII)

Der N. vestibulocochlearis leitet Impulse für Hören und Gleichgewichtsempfinden an das Gehirn.

N. glossopharyngeus (IX)

Der N. glossopharyngeus versorgt die Schlundmuskulatur motorisch und ist für den Schluckakt zuständig. Außerdem leitet er Geschmacksempfindungen aus dem hinteren Zungenanteil weiter.

N. vagus (X)

Der N. vagus („der Umherschweifende") ist der größte Hirnnerv und übt eine Vielzahl von Funktionen aus.

Motorische Versorgung im Halsbereich
- Kehlkopfmuskeln (bei Schädigung: Stimmbandlähmung)
- Teile der Rachenmuskulatur.

Sensible Versorgung im Hals- und Ohrenbereich
- Hintere Zungen- und Rachenanteile, Kehlkopfschleimhaut
- Äußerer Gehörgang.

Vegetative Versorgung
Der Hauptstamm des N. vagus begleitet den Ösophagus durch den Thorax und gibt Fasern an das Herz ab. Im Bauchraum innerviert er Magen, Leber und den Darm bis zur linken Kolonflexur. Er ist der wichtigste parasympathische Nerv und Gegenspieler des Sympathikus.

N. accessorius (XI)

Dieser ausschließlich motorische Nerv dient der Innervation von M. sternocleidomastoideus und M. trapezius.

Bei Schädigung des N. accesorius kommt es zur Schiefhaltung des Kopfes.

N. hypoglossus (XII)

Der N. hypoglossus versorgt alle Zungenmuskeln motorisch. Bei einer einseitigen Schädigung atrophiert die betroffene Zungenhälfte und die Zunge weicht zur geschädigten Seite ab.

10.7 Gefäßversorgung des Gehirns

Die Gefäßversorgung des Gehirns erfolgt über ein dichtes Netz von Arterien und Venen.

10.7.1 Arterien

Die arterielle Versorgung des Gehirns (➤ Abb. 10.12) erfolgt von ventral durch die **Arteria carotis interna** und dorsal aus der **Arteria vertebralis.** An der Hirnbasis stehen diese Gefäße über den **Circulus arteriosus** in Verbindung.

Karotisgefäße

Die A. carotis interna entspringt der A. carotis communis an der Karotisgabel auf Höhe des Kieferwinkels und verläuft durch den Canalis caroticus durch die Schädelbasis zum Gehirn. Dort teilt sie sich in zwei Äste auf:
- **A. cerebri anterior:** Versorgung der vorderen Hirnhälfte
- **A. cerebri media:** Versorgung der mittleren und seitlichen Gehirnabschnitte.

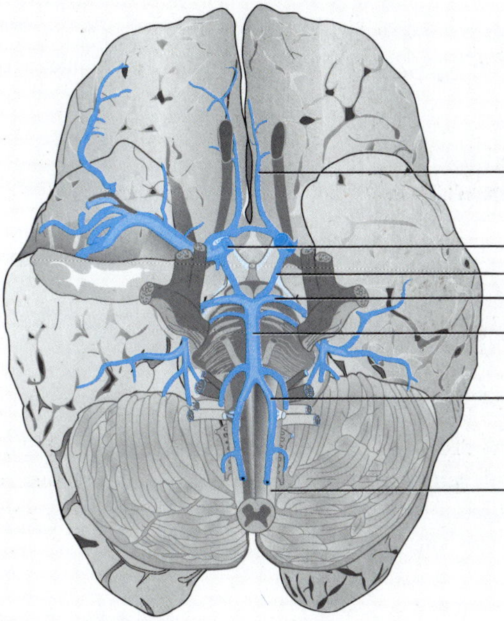

Abb. 10.12 Arterielle Versorgung des Gehirns (Blick von unten auf die Hirnbasis).

Vertebralgefäße

Die A. vertebralis geht aus der A. subclavia ab und tritt durch das **Foramen magnum** in die Schädelhöhle ein. Die linke und rechte A. vertebralis vereinigen sich am Oberrand der Medulla oblongata zur unpaaren **A. basilaris,** die sich dann weiter in die **Aa. cerebri posteriores** aufteilt und die hinteren Hirnanteile versorgt. Die Vertebralarterien sind im Bereich der Hirnbasis mit den Karotiden durch den **Circulus arteriosus** verbunden.

KLINISCHER HINWEIS

Der einseitige Verschluss einer Hirnarterie führt zur Ischämie und Absterben des versorgten Gehirnareals (Apoplex). Aufgrund der Kreuzung der Nervenfasern im Hirnstamm resultiert ein Ausfall der motorischen und sensiblen Versorgung in der gegenüberliegenden Körperhälfte.

10.7.2 Venen und Sinus

Die klappenlosen Venen des Gehirns fließen über starre endothelialisierte Duplikaturen der Dura mater (Sinus durae matris) an der Schädelbasis ab und münden in die Jugularvenen.

10.8 Rückenmark

10.8.1 Anatomie des Rückenmarks

Das etwa 40 cm lange Rückenmark (Medulla spinalis) liegt umschlossen von der knöchernen Wirbelsäule im Wirbelkanal. Es geht aus dem verlängerten Mark (Medulla oblongata) des Gehirns hervor und endet auf Höhe des 1. bis 2. Lendenwirbelkörpers. Es wird, wie das Gehirn, von Gehirnhäuten (Meningen) und Liquor umgeben.

Ein Querschnitt durch den Wirbelkanal zeigt folgende Schichtung (innen nach außen):
- **Pia mater** (weiche Hirnhaut): liegt dem Rückenmark direkt an
- **Subarachnoidalraum:** zwischen Pia mater und Arachnoidea; enthält den Liquor cerebrospinalis
- **Arachnoidea** (Spinngewebshaut)
- **Subduralraum:** zwischen Arachnoidea und Dura mater; enthält Fettgewebe
- **Dura mater** (harte Rückenmarkshaut): ist am Foramen magnum angeheftet und bildet den Duralsack
- **Epiduralraum:** zwischen Dura mater und Wirbelbögen; enthält Fettgewebe und Spinalnerven
- **Wirbelkörperknochen.**

Segmentaler Aufbau des Rückenmarks

Das Rückenmark führt motorische Nervenfasern für die Innervation der Skelettmuskeln und sensible Nervenfasern aus der Körperperipherie. Über die ganze Länge des Rückenmarks entspringt beidseits für jedes Wirbelkörpersegment ein Paar von Nervenwurzeln, das sich dann zu den Spinalnerven vereinigt (➤ Abb. 10.13):
- 8 Halssegmente (C1–C8)
- 12 Brustsegmente (Th1–Th12)
- 5 Lendensegmente (L1–L5)
- 5 Kreuzbeinsegmente (S1–S5)
- 1 Steißbeinsegment.

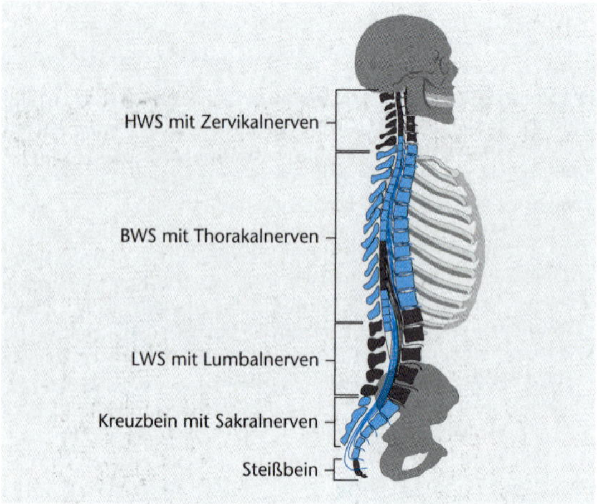

Abb. 10.13 Segmente des Rückenmarks.

Innerer Aufbau des Rückenmarks

Ein Querschnitt des Rückenmarks zeigt die schmetterlingsförmig graue Substanz mit den Nervenzellkörpern, die von der weißen Substanz umgeben ist (➤ Abb. 10.14). Den ventralen Teil des Schmetterlingsflügels bezeichnet man als Vorderhorn, den dorsalen als Hinterhorn. Dazwischen befindet sich das Seitenhorn.
- **Vorderhorn:** enthält die motorischen Nervenzellen zur Versorgung der quergestreiften Muskulatur
- **Hinterhorn:** enthält sensible Nervenfasern aus der Körperperipherie für Schmerz-, Temperatur, Druck- und Tastempfindung. Diese werden zur weiteren Verarbeitung an das Gehirn weitergeleitet
- **Seitenhorn:** enthält Nervenzellen des vegetativen Nervensystems.

Motorische Leitungsbahnen

Motorische Nervenfasern (1. motorisches Neuron) des Gyrus praecentralis verlaufen über die **Pyramidenbahn** zum Vorderhorn des Rückenmarks. Hierbei kommt es in der **Pyrami-**

denkreuzung (Decussatio pyramidum) zur Kreuzung auf die Gegenseite. Im jeweiligen Rückenmarkssegment erfolgt die Umschaltung auf ein 2. motorisches Neuron, dessen Axone über die vordere Spinalnervenwurzel das Rückenmark verlassen und als Spinalnerv den Muskel erreichen.

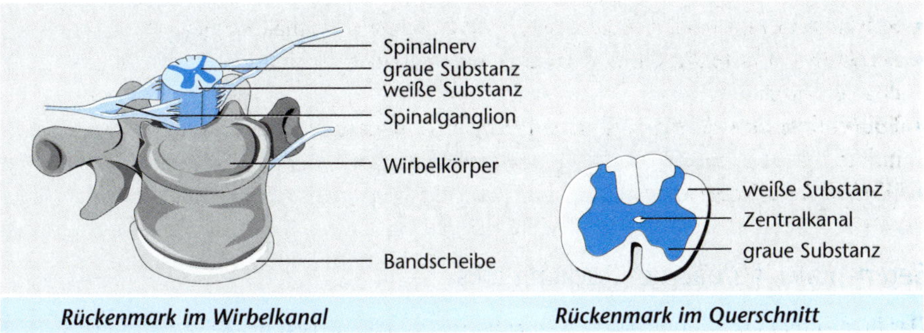

Abb. 10.14 Lage und Querschnitt des Rückenmarks.

10.8.2 Spinalnerven

Die aus dem Vorderhorn und Hinterhorn des Rückenmarks abgehenden Nervenwurzeln vereinigen sich zu einem Spinalnerv, der dann **segmentweise** den Wirbelkanal durch das Zwischenwirbelloch verlässt. Jeder Spinalnerv ist somit ein gemischter Nerv aus motorischen und sensiblen Fasern. Die Gesamtheit aller Spinalnerven bildet das periphere Nervensystem. Ein von einem bestimmten Rückenmarkssegment sensibel versorgter Körperabschnitt wird als **Dermatom** bezeichnet (➤ Abb. 10.15).

Sensibilitätsstörungen in einem Dermatom lassen sich einem bestimmten Spinalnerv und Rückenmarkssegment zuordnen.

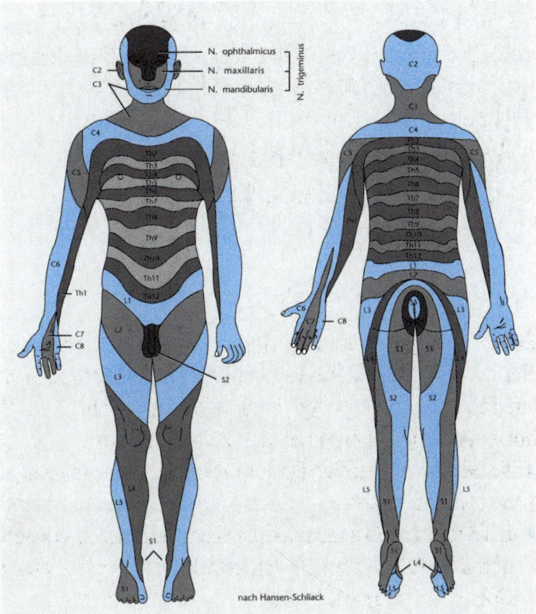

Abb. 10.15 Ein Spinalnervenpaar versorgt sensibel jeweils ein Segment.

10.8.3 Reflexe

Reflexe sind vom Willen unabhängige Reaktionen. Sie dienen u. a. der schnellen Gefahrenabwehr und der Regulation der Muskelgrundspannung und werden so über **Reflexbögen** vermittelt. Man unterscheidet **Eigenreflexe** von **Fremdreflexen.**

Eigenreflexe

Der Eigenreflex (➤ Abb. 10.16) wird durch einen Dehnungssensor innerhalb eines Muskels initiiert, der den Impuls an das jeweilige Rückenmarkssegment weiterleitet (afferenter Schenkel). Dort erfolgt die Umschaltung auf ein 2. Neuron, das den Muskel innerviert (efferenter Schenkel). Beispiel: Ein Schlag auf die Patellarsehne aktiviert die Dehnungssensoren des M. quadriceps femoris und führt zu dessen Kontraktion **(Patellarsehnenreflex).**

Beim Eigenreflex erfolgen Reizaufnahme und Reizantwort am selben Organ.

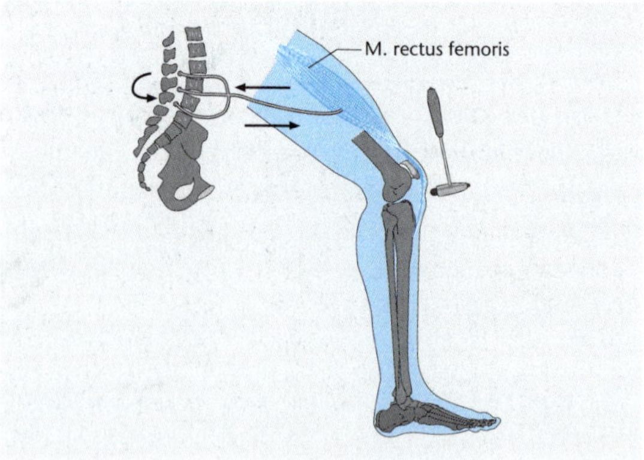

Abb. 10.16 Reflexbahn eines Eigenreflexes. Die nervale Erregung bleibt auf dem gleichen Rückenmarkssegment.

Fremdreflexe

Beim Fremdreflex ist der Reflexbogen komplizierter und die Reflexauslösung und -antwort umfasst verschiedene Organe oder Muskeln. Beispiel: das Berühren einer heißen Herdplatte (Temperatursensoren der Haut) resultiert in dem reflexartigen Wegziehen der Hand (Innervation der Armmuskulatur).

Beim Fremdreflex finden Reizaufnahme und Reizantwort an unterschiedlichen Organen statt.

10.9 Peripheres Nervensystem

Das periphere Nervensystem (PNS) ist die Gesamtheit aller Nerven. Sie entspringen als Hirnnerven oder Spinalnerven dem zentralen Nervensystem (ZNS; Gehirn und Rückenmark). Die Nerven für die Extremitäten durchmischen sich im Bereich des Halses, der Achselhöhle und des Beckens in Nervengeflechten (Plexus).

Jeder peripherer Nerv führt motorische Nervenimpulse (Efferenzen) zur Peripherie und leitet sensible Informationen (Afferenzen) von der Peripherie zum ZNS.

Plexus cervicalis

Das Halsnervengeflecht (Plexus cervicalis) geht aus den Spinalnerven der **Segmente C1–C4** hervor und dient der sensiblen Innervation der Schulter-Hals-Region. Zudem geht der **N. phrenicus** für die Innervation des Zwerchfells (Atemmuskel!) aus dem Segment C4 hervor.

Plexus brachialis

Der Plexus brachialis ist das Armnervengeflecht aus den **Segmenten C5–Th1** mit den drei großen Armnerven (➤ Abb. 10.17):

- N. radialis (Speichennerv)
- N. medianus (Mittelnerv)
- N. ulnaris (Ellennerv).

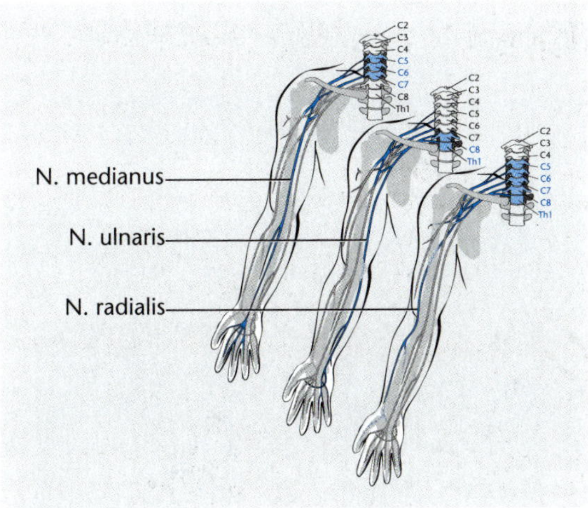

Abb. 10.17 Die drei großen Armnerven aus dem Plexus brachialis.

Plexus lumbalis

Das Lendennervengeflecht (Plexus lumbalis) entsteht aus den **Segmenten L1–L4** für die Versorgung von unterer Bauchwand und Muskulatur der Beine. Sein Hauptvertreter ist der **N. femoralis.**

Plexus sacralis

Die Spinalnerven der Segmente L4–S3 bilden das größte Nervengeflecht des Menschen, den **Plexus sacralis** (➤ Abb. 10.18). Aus ihm geht u. a. der **Ischiasnerv** ab, der größte und längste Nerv des menschlichen Körpers.

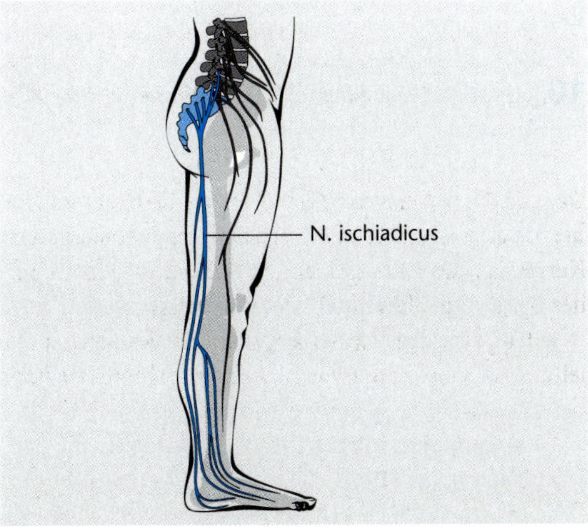

Abb. 10.18 Plexus sacralis mit N. ischiadicus.

10.10 Vegetatives Nervensystem

Das **vegetative Nervensystem** innerviert die glatte Muskulatur der inneren Organe und Drüsen. Es ist verantwortlich für die Aufrechterhaltung der unbewussten (d. h. nicht willentlich gesteuerten) Körperfunktionen wie die Regulation des Herz-Kreislaufsystems, der Drüsenfunktion und der Verdauung. Die beiden funktionellen Gegenspieler (Antagonisten) des vegetativen Nervensystems sind der Sympathikus und der Parasympathikus.

10.10.1 Sympathikus

Eine Erregung des Sympathikus dient der Steigerung der körperlichen Leistung und Aufmerksamkeit in Stress- oder Notfallsituationen (➤ Abb. 10.19). Man bezeichnet den Sympathikus aus diesem Grund auch als „Kampf- oder Fluchtnerv".

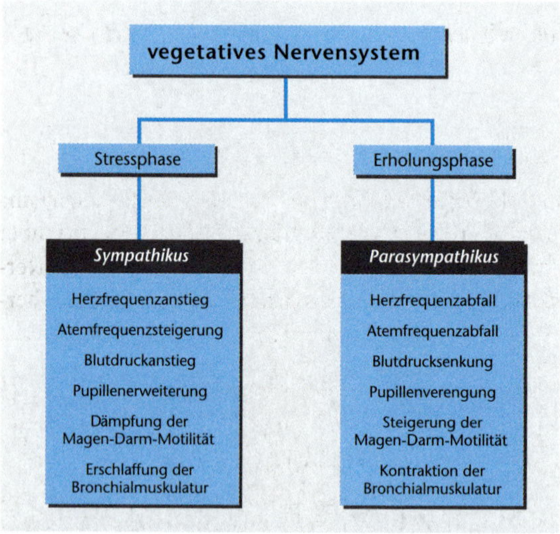

Abb. 10.19 Wirkungen des Sympathikus und Parasympathikus.

Wirkungen
- Erhöhung des Blutdrucks
- Umverteilung des Blutes aus Haut und Verdauungstrakt zur Muskulatur
- Beschleunigung von Herz- und Atemfrequenz
- Erweiterung der Pupillen
- Sträuben der Haare, vermehrte Schweißsekretion
- Dämpfung der Magen-Darm-Motilität
- Weitstellung der Bronchien
- Erhöhung des Blutzuckerspiegels.

Die Wirkungen des Sympathikus werden durch die Überträgerstoffe **Adrenalin** und **Noradrenalin** aus dem Nebennierenmark (➤ Kap. 9.6.2) vermittelt.

10.10.2 Parasympathikus

Der Parasympathikus dient der Regeneration des Körpers und dem Aufbau körperlicher Reserven und hat somit einen gegenteiligen Effekt zum Sympathikus (➤ Abb. 10.19).

Wirkungen
- Verlangsamung von Herz- und Atemfrequenz
- Verengung der Pupillen

- Verstärkung der Magen- und Darmmotilität
- Der Überträgerstoff des Parasympathikus ist das **Acetylcholin.**

10.11 Feinbau des Nervensystems

10.11.1 Nervenzelle

Die Nervenzelle **(Neuron)** ist die kleinste funktionelle Einheit des Nervensystems. Neurone unterscheiden sich in vielen Eigenschaften von anderen Körperzellen:
- Nervenzellen können sich nach Abschluss der Entwicklung nicht mehr teilen oder regenerieren
- Nervenzellen stehen untereinander über Zellfortsätze (Dendriten und Axone) in Verbindung
- Die Informationsübertragung innerhalb der Nervenzellen erfolgt über elektrische Signale.

Aufbau der Nervenzelle

Eine Nervenzelle besteht aus einem Zellkörper (Perikaryon) mit Kern und Zytoplasma (➤ Abb. 10.20). Vom Perikaryon entspringen feine Fortsätze (Dendriten), die über Synapsen Impulse von anderen Nervenzellen erhalten. Das **Axon (Neurit)** ist die Nervenfaser, die elektrische Impulse zu anderen Nerven, Muskeln oder Drüsenzellen übermittelt.

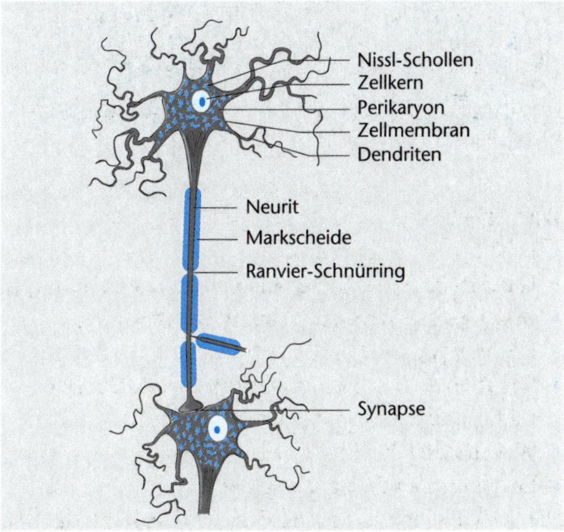

Abb. 10.20 Bau einer Nervenzelle mit Markscheide.

10.11.2 Glia

Die Neurone werden von Bindegewebe (Gliazellen) umgeben, die dem Schutz und der Ernährung der Neurone dienen. Bei peripheren Nerven werden die Gliazellen als **Schwann-Zellen** bezeichnet, die dann das Axon schlauchförmig umhüllen und eine elektrische Isolationsschicht **(Myelinscheide)** bilden. Für eine schnellere Erregungsübertragung ist die Myelinscheide in regelmäßigen Abständen von **Ranvier-Schnürringen** unterbrochen.

10

10.11.3 Synapse

Eine Synapse ist die Kontaktstelle zwischen zwei Nervenzellen bzw. zwischen Axon und dem Erfolgsorgan.

Bau einer Synapse

Eine Synapse besteht aus drei Bereichen (➤ Abb. 10.21):

- **Präsynaptischer Endknopf** des Axons
- **Synaptischer Spalt:** zwischen Axon und Zielzelle
- **Postsynaptische Membran** der Zielzelle (z. B. Muskel).

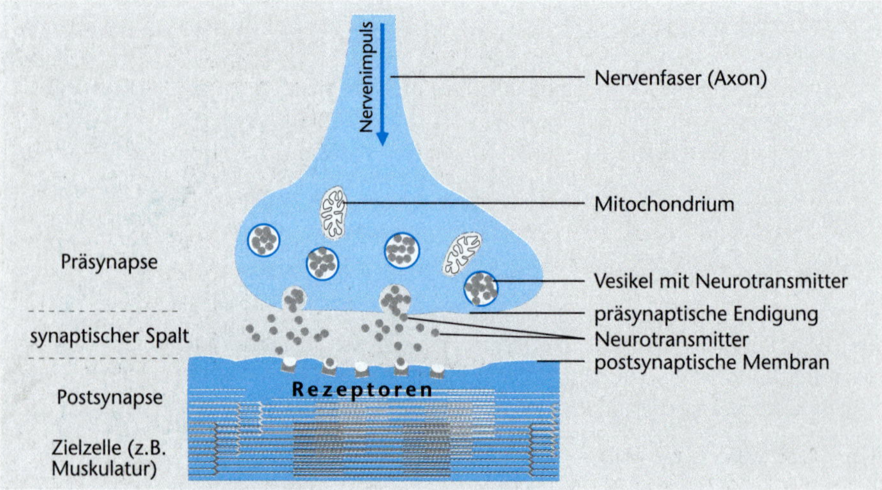

Abb. 10.21 Synapse mit Vesikeln.

Erregungsübertragung an die Synapse

Durch das elektrische Signal im Axon wird ein **Überträgerstoff (Neurotransmitter)** aus den Speichervesikeln des präsynaptischen Endknopfs eines Axons in den synaptischen Spalt ausgeschüttet. Der Transmitter diffundiert zur postsynaptischen Membran und bindet an Rezeptoren, was zum Ioneneinstrom und Änderung des Membranpotenzials der Zielzelle führt. Wichtige Neurotransmitter sind z. B.:

- **Acetylcholin:** Transmitter der motorischen Endplatte zwischen Axon und Muskel sowie im vegetativen Nervensystem
- **Noradrenalin:** wichtiger Transmitter des Sympathikus
- **Dopamin:** pathogenetische Rolle bei Morbus Parkinson und Schizophrenien
- **Serotonin:** u. a. bedeutsam bei Depressionen
- **GABA** (Gamma-Amino-Buttersäure): bedeutsam z. B. bei Epilepsien.

10.11.4 Ruhepotenzial, Aktionspotenzial und Erregungsleitung

Jede Zellmembran weist eine elektrische Spannung **(Ruhepotenzial)** auf, die durch den Ionengradienten zwischen Intra- und Extrazellularraum zustande kommt. Das normale Ruhepotenzial beträgt etwa –60–100 mV, da das Zytoplasma mehr negative Ionen (Anionen) als die Zellumgebung enthält. Die Reizung einer Nervenfaser führt zur spannungsabhängigen Öffnung und Schließung von Ionenkanälen mit der Auslösung eines **Aktionspotenzials,** das sich entlang der Nervenfasern selbstständig fortpflanzt.

Entstehung eines Aktionspotenzials

Nach Erreichen einer kritischen Reizschwelle **(Schwellenpotenzial)** kommt es zum schnellen Anstieg der Na^+-Leitfähigkeit, was in Positivierung des Ruhepotenzials **(Depolarisation)** resultiert. Die Depolarisation erfolgt nach dem „Alles-oder-Nichts Prinzip", d. h. sobald der kritische Schwellenwert erreicht wird, kommt es unabhängig von der Reizstärke zur Depolarisation. Dadurch werden Kaliumkanäle aktiviert, die zur gegenteiligen Verschiebung des Membranpotenzials **(Repolarisation)** führen und das normale Ruhepotenzial wieder herstellen. In Anschluss an das Aktionspotenzial erfolgt eine **Refraktärzeit,** in der auch starke Reize den Nerv nicht erregen können (➤ Abb. 10.22).

In der Refraktärzeit ist die Nervenfaser nicht erregbar.

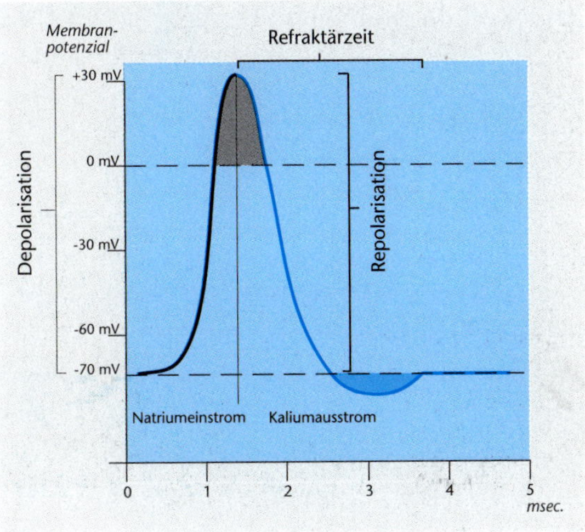

Abb. 10.22 Messung des Membranpotenzials während Depolarisation und Repolarisation.

Fragen

1. Aus welchen Teilen besteht der Hirnstamm? (➤ Kap. 10.2.4)
2. Wo liegen graue und weiße Substanz in Hirn und Rückenmark? (➤ Kap. 10.8.1)
3. Wo befindet sich die Sehrinde? (➤ Kap. 10.2.1)
4. Von welcher Struktur aus gehen bewusste Befehle an die Muskeln? (➤ Kap. 10.2.1)
5. Was ist der Unterschied zwischen sensorischer und motorischer Aphasie? (➤ Kap. 10.2.1)
6. Welche Aufgabe hat der Hypothalamus? (➤ Kap. 10.2.3)
7. Nennen Sie die drei Hirnhäute. (➤ Kap. 10.3)
8. Welches sind die zwei wesentlichen Arterien zur Versorgung des Gehirns? (➤ Kap. 10.7.1)
9. Nennen Sie mindestens drei große venöse Blutleiter des Gehirns. (➤ Kap. 10.7.2)
10. Zeichnen Sie einen schematischen Querschnitt des Rückenmarks. (➤ Kap. 10.8.1)
11. Wo befindet sich der Spinalnerv? (➤ Kap. 10.8.2)
12. Beschreiben Sie die wesentlichen Merkmale von Eigen- und Fremdreflexen, und nennen Sie jeweils ein Beispiel. (➤ Kap. 10.8.3)
13. Erläutern Sie die Anordnung der Ventrikel. (➤ Kap. 10.4)
14. Nennen Sie Bildungsort und Resorptionsort des Liquors. (➤ Kap. 10.5)
15. Welchen Effekt hat eine Stimulierung des N. vagus? (➤ Kap. 10.6)
16. In welche Anteile gliedert sich das vegetative Nervensystem? (➤ Kap. 10.10)

17. Nennen Sie mindestens fünf Wirkungen des Sympathikus. (➤ Kap. 10.10.1)
18. Welches ist der Überträgerstoff des Sympathikus? (➤ Kap. 10.10.1)
19. Welche Vorgänge spielen sich bei emotionaler Erregung und Stress ab? (➤ Kap. 10.10.1)
20. Wie findet die Informationsübertragung an der Synapse statt? (➤ Kap. 10.11.3)

KAPITEL

11 Sinnesorgane

Die Sinnesorgane empfangen Eindrücke und Reize aus der Umwelt und wandeln diese in nervale Erregungen um. Im Gehirn werden diese Impulse verarbeitet und als Sinnesempfindungen wahrgenommen. Zu den Sinnesorganen gehören:

- **Auge:** Sehen
- **Ohr:** Hören
- **Gleichgewichtsorgan:** Gleichgewichtssinn
- **Nase:** Riechen
- **Haut:** Tasten
- **Zunge:** Schmecken.

11.1 Auge

Das Auge (➤ Abb. 11.1) ermöglicht das Sehen, die visuelle Wahrnehmung der Umwelt. Der kugelförmige **Augapfel (Bulbus oculi)** liegt von einem Fettpolster umgeben in der knöchernen **Augenhöhle.** An der Rückseite des Augapfels tritt der **Sehnerv (N. opticus)** aus und zieht ins Schädelinnere zum Gehirn.

Das Auge verfügt über einige äußere Schutzeinrichtungen, die das wichtige Organ vor schädlichen Einflüssen schützen. Dazu gehören vor allem die **Wimpern,** bei deren Berührung es zum **reflektorischen Lidschluss** kommt, sowie die Tränenflüssigkeit.

Die quergestreiften **äußeren Augenmuskeln** steuern die Bewegung des Augapfels, während die glattmuskulären **innere Augenmuskeln** (M. ciliaris, M. sphincter pupillae und M. dilatator pupillae) Pupillenweite und Linsenstellung (Akkommodation) kontrollieren.

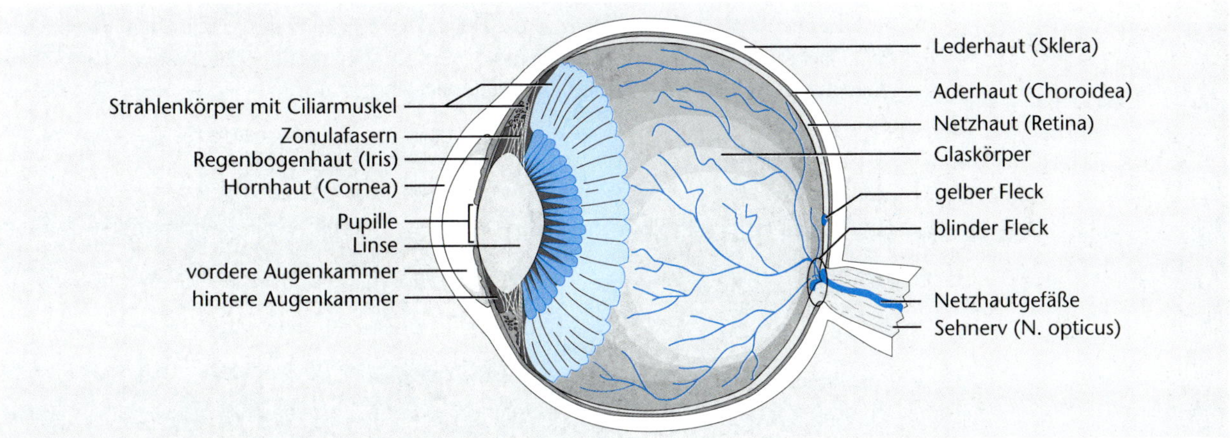

Abb. 11.1 Querschnitt durch das Auge.

11.1.1 Wandaufbau des Augapfels

Die Wand des Augapfels ist aus drei Schichten, den Augenhäuten, aufgebaut:

Lederhaut

Die Lederhaut (Sklera) ist die äußerste Schicht des Augapfels. Sie besteht aus festem Bindegewebe und geht vorne in die **Hornhaut** (Cornea) über.

ALTERSPHYSIOLOGIE

Als Greisenbogen (Arcus senilis) wird eine harmlose gräuliche Verfärbung im Randbereich der Hornhaut bezeichnet, die im Alter häufig auftritt.

Aderhaut

Die Aderhaut (Choroidea) ist die mittlere gefäßreiche Schicht. Sie geht im vorderen Bereich in den **Ziliarkörper** mit dem M. ciliaris über, an dem die Linse aufgehängt ist. An den Ziliarkörper schließt sich die **Regenbogenhaut (Iris)** an. Die Iris bildet die Pupille und kann über die Veränderung ihrer Weite den Lichteinfall in das Auge steuern.

Netzhaut

Die Netzhaut (Retina) stellt die innerste Schicht des Augapfels dar. Sie enthält die für das Sehen notwendigen Sinneszellen, die **Stäbchen** und **Zapfen.** Die eingehende Information wird über Nervenzellen, die sich in der Netzhaut befinden, weitergeleitet. Diese Nervenzellen vereinigen sich im hinteren Bereich des Augapfels zum **Sehnerv** und ziehen weiter ins Gehirn.

ALTERSPHYSIOLOGIE

Die Altersbedingte Makuladegeneration (AMD) ist in den Industriestaaten die häufigste Ursache für Erblindungen bei Menschen über 50 Jahre. Der Erkrankung liegt eine Zerstörung der Netzhaut im Bereich des gelben Flecks (Macula lutea), der Stelle des schärfsten Sehens, zugrunde.

11.1.2 Tränenapparat

Der Tränenapparat (➤ Abb. 11.2) besteht aus den Tränendrüsen und den Tränenwegen. Die **Tränenflüssigkeit** wird von der **Tränendrüsen (Glandula lacrimalis),** die sich lateral oben in der Augenhöhle befinden, gebildet. Die wässrige Flüssigkeit wird durch den Lidschlag über die Hornhaut verteilt. Anschließend wird sie über die beiden **Tränenkanälchen** am Ober- und Unterlid in den **Tränensack** und von dort aus über den **Tränen-Nasen-Gang (Ductus nasolacrimalis)** in die Nasenhöhle abgeleitet.

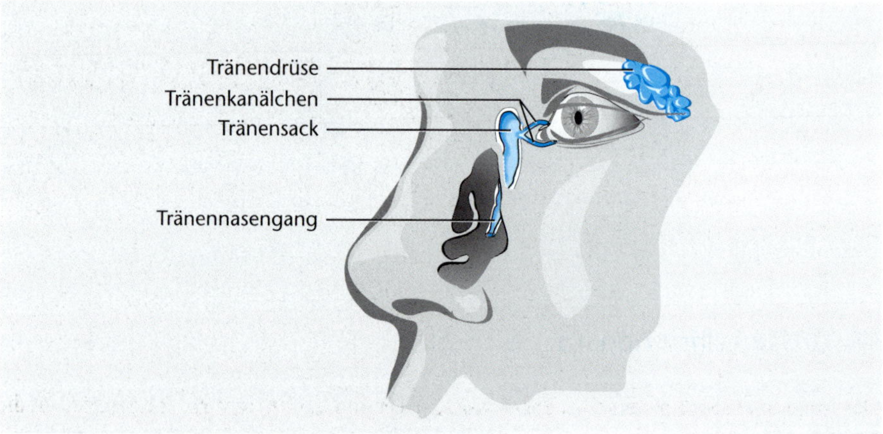

Abb. 11.2 Tränenapparat des Auges.

Funktion der Tränenflüssigkeit
- Schutz vor Austrocknung und „Gleitmittel“ für die Lider
- Spülflüssigkeit zum Auswaschen von Fremdkörpern
- Erregerabwehr durch Gehalt an Immunglobulinen (IgA).

11.1.3 Kammerwasser

Das Kammerwasser ist eine klare Flüssigkeit, die sich in der vorderen und hinteren **Augenkammer** befindet. Es wird von spezifischen Zellen in die hintere Augenkammer abgegeben, fließt von dort zur vorderen Augenkammer und wird schließlich über ein System kleiner Kanälchen im Kammerwinkel durch den sog. **Schlemm-Kanal** in das venöse Gefäßsystem abgeleitet.

KLINISCHER HINWEIS

Bei einer Abflussbehinderung des Kammerwassers kommt es zu einer pathologischen Erhöhung des Augeninnendrucks, dem sog. Glaukom (grüner Star). Der Kammerwasserabfluss wird durch Pupillen verengende Medikamente verbessert, durch Pupillen erweiternde Mittel verschlechtert.

11.1.4 Regenbogenhaut

Die Regenbogenhaut (Iris) liegt vor der Linse und regelt die Menge des Lichteinfalls ins Auge. Sie kann durch ihre Muskulatur die Pupille erheblich verengen und erweitern und so den Lichteinfall je nach Bedarf regulieren. Beteiligt sind daran zwei gegensinnig wirkende glatte Muskeln, der **M. sphincter pupillae** und der **M. dilatator pupillae.**

11.1.5 Äußere Augenmuskeln

Die äußeren Muskeln am Auge dienen der Augenmotorik (> Abb. 11.3). Sie entspringen an der knöchernen Augenhöhle und setzen am Augapfel an. Die Innervation der Augenmuskeln erfolgt über die III., IV. und VI. Hirnnerven.

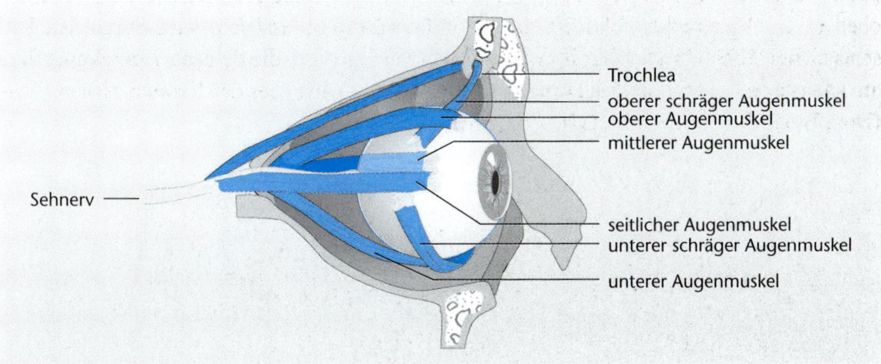

Abb. 11.3 Augenmuskeln.

11

11.1.6 Optischer Apparat des Auges

Das Auge ist ein System verschiedener Linsen, das ein umgekehrtes verkleinertes Bild auf die Netzhaut wirft. Es besteht aus:
- **Hornhaut (Cornea)**
- **Kammerwasser** (zwischen Hornhaut und Linse)

- **Linse**
- **Glaskörper.**

Linse

Die durchsichtige, bikonvex geformte Linse ist an den sog. **Zonulafasern** befestigt, durch deren Spannung die Krümmung und damit die Brechkraft der Linse verändert werden kann (➤ Abb. 11.4).

Die Linse ist der einzige anpassungsfähige Anteil des optischen Apparates im Auge.

Abb. 11.4 Bei der Nahakkommodation sind die Zonulafasern erschlafft und die Linse stärker gekrümmt, dadurch nimmt die Brechkraft zu.

Die Spannung der Zonulafasern wird durch den parasympathisch innervierten **Ziliarmuskel (M. ciliaris)** reguliert. Hierbei bewirkt eine Kontraktion des Muskels die Entspannung der Zonulafasern, was aufgrund der Eigenelastizität der Linse in einer verstärkten Linsenkrümmung resultiert.

Je stärker die Linsenkrümmung ist, desto stärker ist die Brechkraft der Linse, d. h. die Ablenkung des Lichtstrahls.

Die Anpassung der Brechkraft bezeichnet man als **Akkommodation.** Sie dient der scharfen Abbildung unterschiedlich weit vom Auge entfernter Gegenstände. Weit entfernte Gegenstände bedürfen nur einer geringen Brechkraft, nahe gelegene Gegenstände (z. B. beim Lesen) einer hohen Brechkraft der Linse.

Fernakkommodation

- Ziliarmuskel erschlafft → Zonulafasern gespannt → Linse abgeflacht → geringe Brechkraft.

Nahakkommodation

- Ziliarmuskel gespannt → Zonulafasern erschlafft → Linse stärker gekrümmt → stärkere Brechkraft.

11

ALTERSPHYSIOLOGIE

Als grauer Star (Katarakt) wird eine Trübung der Linse bezeichnet, die häufig im höheren Lebensalter auftritt und zu einem langsamen Sehverlust führt.

11.1.7 Störungen der Sehfunktion

Im Folgenden sind die häufigsten Störungen der Sehfunktion kurz aufgeführt (➤ Abb. 11.5):

Myopie

Bei der Kurzsichtigkeit ist der Augapfel zu lang, sodass ein Gegenstand nicht scharf auf der Retina abgebildet werden kann. Zu Korrektur werden konkave Zerstreuungslinsen verwendet.

Hypermetrie

Bei der Weitsichtigkeit ist der Augapfel zu kurz. Zur Korrektur werden konvexe Sammellinsen verwendet.

Presbyopie

Die Altersweitsichtigkeit beruht auf einem Elastizitätsverlust der Linse mit Verlust der Akkommodation. Sie betrifft insbesondere die Nahakkommodation (z. B. das Lesen) und wird durch konvexe Sammellinsen korrigiert.

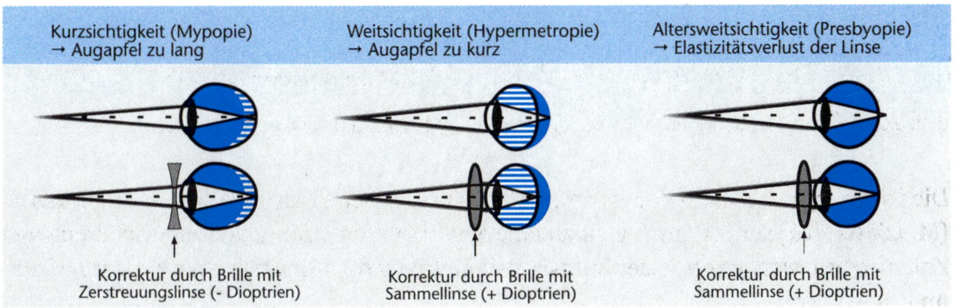

Abb. 11.5 Fehlsichtigkeiten.

11.1.8 Sehen

Der Sehvorgang besteht aus folgenden Einzelabläufen:

- Aufnahme von Licht verschiedener Wellenlänge und Helligkeit
- Scharfe Abbildung auf der Netzhaut durch den optischen Apparat des Auges (Akkommodation)
- Umwandlung der Lichtreize in Nervenimpulse durch Stäbchen und Zapfen der Netzhaut
- Weiterleitung der Impulse durch den Sehnerven (N. opticus) zum Gehirn
- Verarbeitung der Impulse in der primären Sehrinde des Hinterhauptslappen und Generierung einer bewussten Empfindung.

11.1.9 Stäbchen und Zapfensystem

Die Umwandlung der optischen Signale in elektrische Impulse in der Netzhaut (Retina) erfolgt durch die Sensoren der Stäbchen und Zapfen.

Stäbchen

Die Stäbchen dienen der Wahrnehmung von **Hell-Dunkel** und sind insbesondere für das Sehen in der Dämmerung und bei Nacht von Bedeutung.

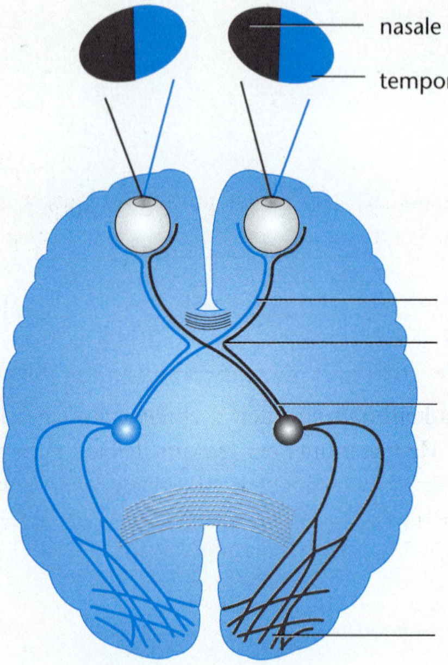

Abb. 11.6 Sehbahn mit Sehnervenkreuzung (Chiasma opticum).

Zapfen

Die Zapfen dienen dem **Farbensehen.** Drei Arten von Zapfen sind auf die Aufnahme von Licht der Grundfarben rot, grün und blau spezialisiert.

11.1.10 Untersuchung des Sehvermögens

Mit unterschiedlichen Methoden kann das Sehvermögen gemessen werden.

Sehschärfe

Die Sehschärfe (Visus) wird mit Hilfe der **Landolt-Ringe** bestimmt. Die **Landolt-Ringe** befinden sich auf einer Tafel, sie sind unterschiedlich groß und dick und haben auf einer Seite eine Aussparung, deren Richtung der Patient angeben muss.

Bestimmung des Gesichtsfeldes

Das Gesichtsfeld ist die Summe aller Orte im Raum, die mit beiden geöffneten, aber unbewegten Augen wahrgenommen werden können. Das Gesichtsfeld wird mit Hilfe der **Perimetrie** bestimmt. Dabei können typische Gesichtsfeldausfälle erkannt werden.

11.2 Hör- und Gleichgewichtsorgan

Das Hör- und Gleichgewichtsorgan befindet sich in der Felsenbeinpyramide des Schläfenbeins. Der achte Hirnnerv (N. vestibulocochlearis) überträgt die Information zum Gehirn.

11.2.1 Aufbau des Ohrs

Das Ohr besteht aus drei Anteilen.

Äußeres Ohr

Das äußere Ohr besteht aus der Ohrmuschel und dem äußeren Gehörgang, der durch das Trommelfell vom Mittelohr abgetrennt ist. Es dient der Aufnahme des Schalls. Der äußere Gehörgang enthält Drüsen, die Ohrenschmalz (Cerumen) bilden.

Mittelohr

Das Mittelohr besteht aus der **Paukenhöhle** mit den drei **Gehörknöchelchen** (Hammer, Amboss, Steigbügel). Während der **Hammer** mit dem Trommelfell fest verwachsen ist, steht der **Steigbügel** mit dem **ovalen Fenster** des Innenohrs in beweglicher Verbindung. Zum Druckausgleich steht das Mittelohr mit dem Nasen-Rachen-Raum über die **Ohrtrompete** (Eustachische Röhre) in Verbindung.

Innenohr

Das Innenohr (➤ Abb. 11.7) liegt in der Felsenbeinpyramide des Schädels. Es enthält die Sinneszellen des Hör- und Gleichgewichtsorgans und dient der Verarbeitung der Schallempfindung und der Registrierung der Körperlage.

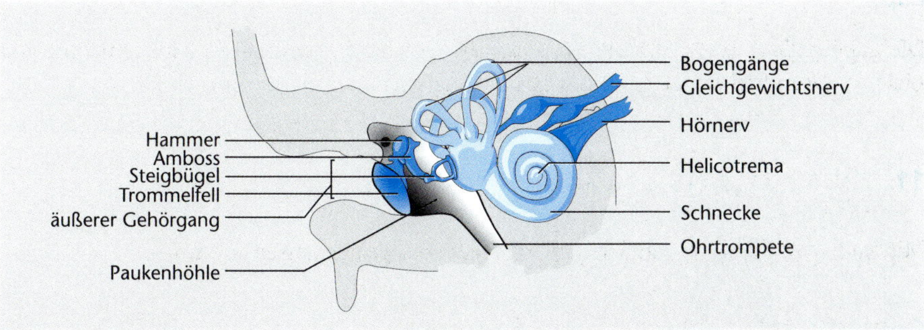

Abb. 11.7 Innenohr.

11.2.2 Hörvorgang

Der Schall wird vom äußeren Ohr aufgefangen und durch den Gehörgang auf das Trommelfell übertragen. Das membranartige Trommelfell, das die Grenze zum Mittelohr bildet, wird dadurch in Schwingungen versetzt und überträgt die Schwingungen auf die Gehörknöchelchen. Hammer, Amboss und Steigbügel bilden eine gelenkig verbundene Kette, wobei der Hammer fest mit dem Trommelfell verwachsen ist und der Steigbügel am ovalen Fenster an das innere Ohr grenzt. Im Innenohr befindet sich das eigentliche Hörorgan, die **Schnecke** (Cochlea). Sie besteht aus drei schneckenförmig aufgerollten Kanälchen, wobei die beiden äußeren am sog. **Helicotrema** miteinander in Verbindung stehen und sich direkt an das ovale Fenster anschließen.

Die Schwingungen des ovalen Fensters übertragen sich auf die mit einer lymphähnlichen Flüssigkeit **(Perilymphe)** gefüllten Kanälchen (Schnecke) und erregen je nach Frequenz bestimmte Hörsinneszellen.

Die Erregung dieser Sinneszellen wird über den **Hörnerv,** der durch den inneren Gehörgang verläuft, zum Hörzentrum des Gehirns übertragen und dort zu einer bewussten Empfindung verarbeitet. In der Schnecke wird also mechanische Energie des Schalls in elektrische Energie umgewandelt.

KLINISCHER HINWEIS

Ein Hörverlust kann sowohl auf einer Einschränkung der Schallleitung als auch auf einer zentralen Schallempfindungsstörung beruhen.

ALTERSPHYSIOLOGIE

Nach dem 65. Lebensjahr weisen mehr als die Hälfte aller Menschen eine Hörminderung auf, die besonders den Hochtonbereich betrifft. Diese Altersschwerhörigkeit (Presbyakusis) wird durch eine Degeneration der Haarzellen im Innenohr hervorgerufen.

11.2.3 Gleichgewichtssinn

Das **Gleichgewichtsorgan** (Vestibularorgan), das ebenfalls im Innenohr liegt, besteht aus zwei anatomischen und funktionellen Untereinheiten, dem **Vorhof** (Vestibulum) mit den **Makulaorganen** und den Bogengängen mit den **Bogengangsorganen.**

Es ermöglicht in Zusammenarbeit mit dem Auge die Orientierung im Raum und die Aufrechterhaltung des Gleichgewichts.

Vorhof

Der Vorhof liegt praktisch im Zentrum des knöchernen Labyrinths (➤ Abb. 11.8) zwischen den drei Bogengängen und der Schnecke. Er enthält ein großes und kleines Vorhofsäckchen (Utriculus, Sacculus) mit jeweils einem horizontal und vertikal liegenden Sinnesfeld, der **Makula.** Die Makulaorgane vermitteln Informationen über Beschleunigungen und Kopfstellung.

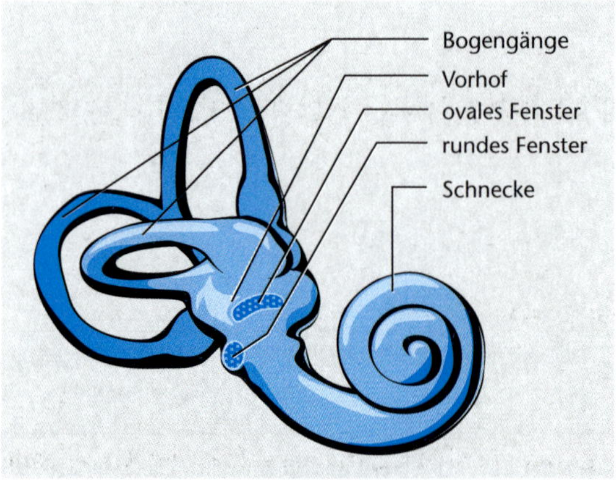

Abb. 11.8 Knöchernes Labyrinth.

KLINISCHER HINWEIS

Ein Hörverlust kann sowohl auf einer Einschränkung der Schallleitung als auch auf einer zentralen Schallempfindungsstörung beruhen.

Bogengänge

Die drei senkrecht zueinander stehenden **Bogengänge** sind verantwortlich für die Registrierung von Drehbeschleunigungen, d. h. Rotationen.

Die Bogengangsorgane vermitteln Rotationsbeschleunigungen.

11.3 Geruchsorgan und Geschmackssinn

Das Geruchsorgan besteht aus der Nase (Bau der Nase ➤ Kap. 5.1.1) bzw. den darin befindlichen Sinneszellen. Der mit dem Geruchssinn eng verbundene Geschmackssinn ist in der Mundhöhle vor allem auf der Zunge lokalisiert.

11.3.1 Riechen

Der Mensch kann mehr als 1.000 verschiedene Geruchsstoffe unterscheiden. Die Sinneszellen des Riechnervs treten durch die Siebbeinzellen in die obere Nasenmuschel ein. Die Duftstoffe, die mit der Atemluft in die Nase gelangen, erregen jeweils spezifische Rezeptoren, deren Erregungen über den Riechnerven (N. olfactorius) in das Riechzentrum des Gehirns weitergeleitet und zu einer bewussten Empfindung werden.

11.3.2 Geschmackssinn

Geschmacksknospen auf der Zunge (➤ Kap. 6.1.2) registrieren die Geschmacksqualitäten süß, salzig, sauer und bitter.

11.4 Haut

Die Haut ist mit einer Oberfläche von 1,6–2 m^2 das größte Sinnesorgan des Körpers. Weiterhin ist sie eine lebenswichtige Barriere, die den Körper vor Flüssigkeitsverlust und Krankheitserregern schützt.

KLINISCHER HINWEIS

Verbrennungen von mehr als einem Drittel der Hautoberfläche werden in der Regel nicht überlebt.

11.4.1 Aufbau der Haut

Die Haut (Cutis; ➤ Abb. 11.9) besteht aus drei Schichten:

- **Oberhaut (Epidermis)**
- **Lederhaut (Dermis, Corium)**
- **Unterhaut (Subcutis).**

Die Cutis geht in die Subcutis über, die die Verbindung zwischen Haut und Körperfaszie herstellt.

Oberhaut

Die Epidermis besteht aus mehrschichtigem, verhornendem Plattenepithel. Sie ist besonders stark ausgebildet an Stellen starker Beanspruchung (Fußsohlen, Handflächen). Sie enthält Melanozyten, die für die Pigmentierung (Braunfärbung) verantwortlich sind.

ALTERSPHYSIOLOGIE

Altersflecken (Lentigines seniles) gehörten zu den gutartigen Neubildungen der Haut, die sich oft nach dem 40. Lebensjahr an sonnenexponierten Stellen ausbilden. Es handelt sich um eine umschriebene Vermehrung der Pigmentzellen durch die chronische Sonnenexposition.

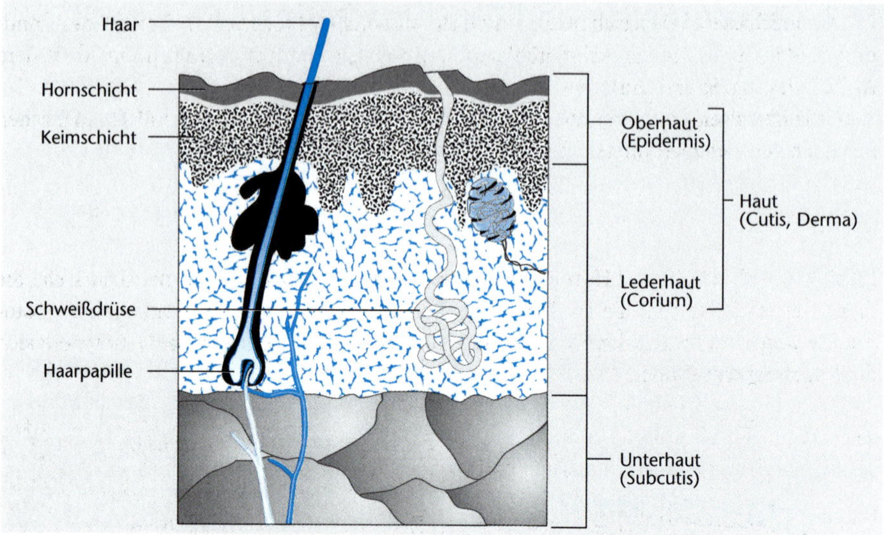

Abb. 11.9 Querschnitt durch die Haut.

Lederhaut

Die Dermis wird von der Stratum reticulare und dem Stratum papillare gebildet. Sie enthält Haarwurzeln, Drüsen, Blutgefäße, Nerven und Zellen des Immunsystems.

KLINISCHER HINWEIS

Intradermale Injektionen (z. B. bei Allergietests) erfolgen in die Dermis.

Unterhaut

Die Subcutis ist das subkutane Fettgewebe der Haut. Sie sorgt für die Verschieblichkeit der Haut, isoliert den Organismus gegen Wärmeverlust und dient als Energiespeicher.

KLINISCHER HINWEIS

Subkutane Injektionen (z. B. von Insulin oder Heparin) erfolgen in die Subcutis.

11.4.2 Hautanhangsgebilde

Hautanhangsgebilde gehen in der Embryonalentwicklung aus der Haut hervor. Zu ihnen gehören:

- **Haare**
- **Hautdrüsen**
- **Nägel.**

Haare

Haare haben vor allem Schutz- und Tastfunktionen. Jedes Haar besteht aus **Haarwurzel** und **Haarschaft.** Die Haarwurzel geht aus dem **Haarfollikel** der Haut hervor. Zusätzlich setzt an jedem Haar ein **Haarmuskel** an (M. arrector pili), der das Haar (z. B. bei Kälte) aufrichten kann.

Hautdrüsen

Zu den Hautdrüsen gehören die Talgdrüsen, Schweißdrüsen und Duftdrüsen. Die **Talgdrüsen** finden sich größtenteils im Haarbalg. Sie bewahren mit ihrem Sekret das Haar vor dem Austrocknen und halten die Haut geschmeidig.

Schweißdrüsen finden sich im gesamten Hautmantel, insbesondere im Bereich der Hand- und Fußflächen sowie der Achselhöhlen. Sie dienen der Temperaturregulation sowie dem Aufbau des sog. **Säureschutzmantels** der Haut.

Die **Duftdrüsen** liegen vor allem im Achsel- und Genitalbereich. Sie sind bei Menschen nur noch von untergeordneter Bedeutung.

Nägel

Nägel (➤ Abb. 11.10) sind Hornplatten, deren Wachstum von der Nagelmatrix ausgeht. Sie dienen als Widerlager für die Tastkörperchen und erleichtern Tastempfinden und Feinmotorik. Der Nagel besteht aus der **Nagelplatte** mit der halbmondförmigen **Lunula,** unter der sich die **Nagelmatrix** befindet.

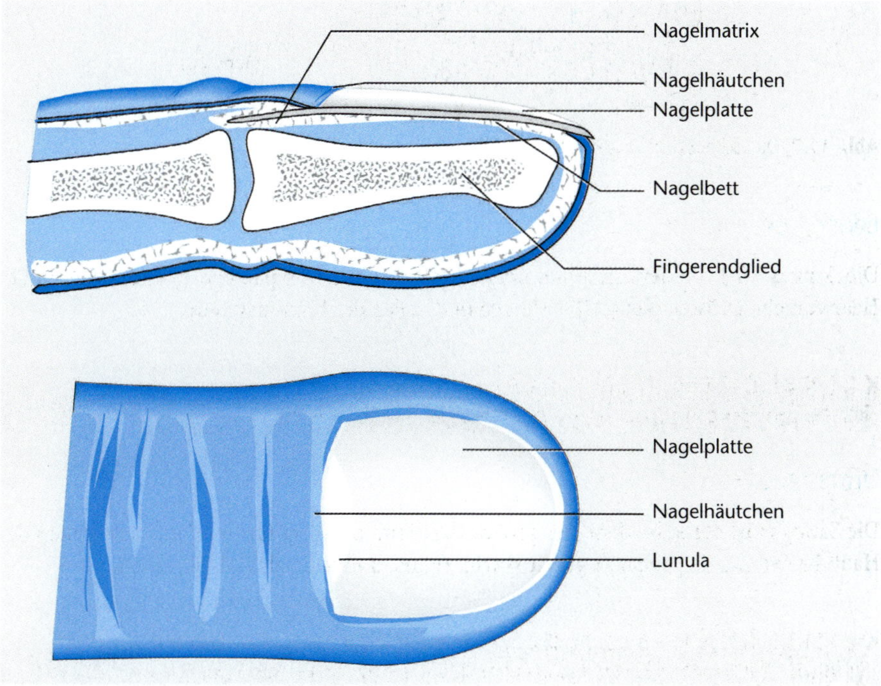

Abb. 11.10 Nagel in Querschnitt und Aufsicht.

Fragen

1. Skizzieren Sie einen Querschnitt durch das Auge. (➤ Kap. 11.1.1)
2. Nennen Sie Sinn und Zweck von Tränen und Wimpern. (➤ Kap. 11.1.2)
3. Beschreiben Sie den Fluss des Kammerwassers. (➤ Kap. 11.1.3)
4. Welches sind die Licht brechenden Strukturen des Auges? (➤ Kap. 11.1.6)
5. Wie verhalten sich Ziliarmuskel und Zonulafasern bei Nah- und Fernakkomodation? (➤ Kap. 11.1.6)
6. Wie unterscheiden sich das Stäbchen- und Zapfensystem des Auges? (➤ Kap. 11.1.9)
7. Beschreiben Sie den Weg des Lichtsignals von der Netzhaut bis zur Sehrinde. (➤ Kap. 11.1.1)
8. Wie kommt das Farbensehen zustande? (➤ Kap. 11.1.9)
9. Wie bestimmt man die Sehschärfe? (➤ Kap. 11.1.10)
10. Wie kommt es zur Nachtblindheit? (➤ Kap. 11.1.9)
11. Wie reagiert das Auge auf unterschiedliche Leuchtstärken? (➤ Kap. 11.1.6)
12. Welche Symptome treten bei einem Hypophysentumor auf? (➤ Kap. 11.1.10)

13. In welchem Knochen liegt das Innenohr? (➤ Kap. 11.2.1)
14. Welches sind die drei Gehörknöchelchen? Welche Aufgabe haben sie? (➤ Kap. 11.2.1)
15. Welche Organe sind für den Gleichgewichtssinn verantwortlich? (➤ Kap. 11.2.3)
16. Welche Hautschicht enthält die Haarwurzeln? (➤ Kap. 11.4.1)
17. Durch welche Faktoren wird die Hautfarbe beeinflusst? (➤ Kap. 11.4.1)
18. Weshalb sind größere Hautverluste lebensbedrohlich? (➤ Kap. 11.4)

KAPITEL

12 Fallbeispiel mit Aufgaben

Claudia Staudinger

12.1 Der Fall

Fallbeispiel: Frau Maurer

Die 83-jährige Frau Maurer hat sich bei einem Sturz eine Radiusfraktur der rechten Hand zugezogen. Noch am selben Tag wird sie operativ mittels einer Plattenosteosynthese versorgt. Nach der Operation kommt Frau Maurer mehrere Stunden zur Überwachung in den Aufwachraum und wird dann auf die Station verlegt.

Folgende Informationen werden der Station bei der Übergabe mitgeteilt:

Die seit Jahren an Asthma bronchiale leidende Patientin hat die Operation gut überstanden, im Aufwachraum hatte Frau Maurer allerdings zeitweise einen Blutdruck von 60/40 mmHg, der Kreislaufzustand ist jetzt aber wieder stabil. Der Laborbefund hat einen Hämoglobin-Wert von 8,1 g/dl ergeben. Frau Maurer leidet unter Alterssichtigkeit und hat zudem ein Hörgerät.

12.2 Aufgaben zum Fallbeispiel

Frau Maurer hat sich mit einer Radiusfraktur eine der häufigsten Frakturen zugezogen.

1. Der Radius gehört zu den Röhrenknochen. Was wissen Sie zum anatomischen Aufbau der Röhrenknochen im Allgemeinen und zur Anatomie des Radius im Speziellen?

Frau Maurer leidet seit Jahren an Asthma bronchiale. Dabei handelt es sich um eine Funktionsstörung der Atmung.

2. Welche Arten von Funktionsstörungen kennen Sie?
3. Welcher dieser Störungen können Sie das Asthma bronchiale von Frau Maurer zuordnen?

Auf der Station angekommen, möchte Frau Maurer unbedingt zur Toilette aufstehen. Vor der Mobilisation überprüfen Sie die Vitalwerte (Blutdruck und Herzfrequenz), um sicherzugehen, dass Frau Maurer im Moment einen stabilen Kreislauf hat und nicht beim Aufstehen kollabiert.

4. Was verstehen Sie unter dem Begriff „Blutdruck"?
5. Schildern Sie Ihr Vorgehen bei der Blutdruckmessung nach Riva-Rocci. Wie ermitteln Sie den systolischen, wie den diastolischen Wert?
6. Was passiert, physiologisch betrachtet, in unserem Körper, wenn der Blutdruck abfällt bzw. ansteigt?

Der Blutdruck von Frau Maurer liegt bei 110/70 mmHg. Als nächstes wollen Sie noch die Herzfrequenz kontrollieren.

7. Nennen Sie fünf Arterien, welche zur Messung der Herzfrequenz in Frage kommen.

Frau Maurer ist insgesamt sehr blass im Gesicht, Sie führen dies aber auf die zurückliegende Operation und auf den niedrigen Hämoglobin-Wert von 8,1 g/dl zurück.

8. Welche Aussage können Sie zu diesem Wert treffen und welche möglichen Ursachen würden Sie vermuten?

Als Sie mit Frau Maurer aufstehen, klagt sie über Schwindel und muss sich wieder setzen.

9. Wie erklären Sie sich die Situation?

Aufgrund der Operation und der daraus resultierenden eingeschränkten Mobilität ist es notwendig, eine medikamentöse Thromboseprophylaxe mit Heparin durchzuführen, um die Blutgerinnung zu hemmen.

10. Erklären Sie kurz den Vorgang der Blutgerinnung.

Frau Maurer leidet an Alterssichtigkeit sowie an Schwerhörigkeit.

11. Erklären Sie den Begriff der Alterssichtigkeit. Welche Probleme ergeben sich daraus für Frau Maurer?
12. Erklären Sie den Aufbau des Ohres sowie den Hörvorgang genauer und nennen Sie mögliche Ursachen eines Hörverlusts.

12.3 Erwartungshorizont

1. Was wissen Sie zum anatomischen Aufbau der Röhrenknochen im Allgemeinen und zur Anatomie des Radius im Speziellen?

An einem Röhrenknochen werden Schaft (Diaphyse) sowie die beiden Gelenkenden (Epiphysen) mit den Gelenkflächen unterschieden. Den Grenzbereich zwischen Diaphyse und Epiphyse bezeichnet man als Epihysenfuge oder Metaphyse. Hier findet bei Kindern das Knochenwachstum statt. Die Epiphsen sind mit schwammartigen Knochenbälkchen, der Spongiosa, ausgefüllt. Die Diaphyse ist hingegen hohl. Sie enthält die Markhöhle (Cavitas medullaris) mit dem Knochenmark. Die Diaphyse besteht aus hartem Knochenmaterial, der Kortikalis, und ist auf der Außenseite von Knochenhaut (Periost) überzogen.

Der Radius ist der an der Daumenseite gelegene Unterarmknochen. Er stellt die Hauptverbindung zur Hand im oberen Handgelenk (Articulatio radiocarpalis) dar.

Proximal befindet sich der scheibenförmige Radiuskopf (Caput radii) für die gelenkige Verbindung mit Oberarmknochen (Humerus) und Elle (Ulna). Nach distal wird der Speichenschaft breiter und endet in der eiförmigen Gelenkpfanne für das obere Handgelenk (Articulatio radiocarpalis)

2. Welche Funktionsstörungen der Atmung kennen Sie?

- Restriktive Ventilationsstörungen: sind durch eine Verminderung (Restriktion) der Elastizität und Ausdehnungsfähigkeit der Lunge charakterisiert
- Obstruktive Ventilationsstörungen: hier sind die zuleitenden Atemwege (z. B. Bronchien) eingeengt oder verlegt.

3. Zu welcher der Störungen können Sie das Asthma bronchiale von Frau Maurer zuordnen?

Zu den obstruktiven Ventilationsstörungen.

4. Was verstehen Sie unter dem Begriff „Blutdruck"?

Der Blutdruck ist der hydrostatische Druck innerhalb eines Blutgefäßes. In den verschiedenen Abschnitten des Gefäßsystems herrschen unterschiedliche Druckverhältnisse. Der arterielle Blutdruck schwankt aufgrund der Herzaktion wellenartig zwischen einem Maximalwert (systolischer Blutdruck) und einem Minimalwert (diastolischer Blutdruck). Die Differenz zwischen systolischem und diastolischem Wert wird als Blutdruckamplitude bezeichnet.

5. Wie ermitteln Sie den systolischen und diastolischen Wert bei der Blutdruckmessung nach Riva-Rocci?

Hierbei wird eine Manschette um den Oberarm gelegt und solange aufgepumpt, bis der Blutfluss der Oberarmarterie (A. brachialis) durch die Kompression unterbrochen ist. Nun wird der Druck in der Manschette langsam reduziert und das Wiederauftreten von Strömungsgeräuschen (Korotkow-Töne) mit einem Stethoskop an der Kompressionsstelle abgehört. Das erste Strömungsgeräusch tritt auf, wenn der Kompressionsdruck dem maximalen Blutdruck entspricht (systolischer Blutdruckwert), d. h. Blut durch die Engstelle gepresst wird. Das Ausbleiben von Strömungsgeräuschen bei einer weiteren Verminderung des Manschettendrucks zeigt den diastolischen Blutdruckwert an.

6. Was passiert, physiologisch betrachtet, in unserem Körper, wenn der Blutdruck abfällt bzw. ansteigt?

Blutdruckabfall:

- Erweiterung der Blutgefäße (= geringerer Widerstand)
- Verringerung des im Gefäßsystem zirkulierenden Blutvolumens
- Verringerung der Pumpleistung.

Blutdruckanstieg:

- Verengung der Blutgefäße
- Erhöhung des im Gefäßsystem zirkulierenden Blutvolumens
- Erhöhung der Pumpleistung des Herzens.

7. Nennen Sie fünf Arterien, welche zur Messung der Herzfrequenz in Frage kommen

A. carotis, A. radialis, A. femoralis, A. dorsalis pedis, A. tibialis posterior.

8. Welche Aussage können Sie zu einem Hämoglobin-Wert von 8,1 g/dl treffen und welche möglichen Ursachen würden Sie vermuten?

Der Wert ist zu niedrig. (Normwert bei Frauen: 12–14 g/dl). Ein verringerter Hämoglobin-Wert wird als Anämie bezeichnet. Ursachen einer Anämie können sein:

- Gestörte Erythropoese (z. B. Eisenmangelanämie)
- Verkürzte Lebensdauer der Erythrozyten (hämolytische Anämie)
- Blutverlust (Blutungsanämie).

9. Wie erklären Sie sich den Schwindel von Frau Maurer?

Schnelles Aufstehen nach längerem Liegen kann zur akuter Unterversorgung des Gehirns und Ohnmacht führen. Ursache ist der unzureichend Rücktransport des venösen Blutes aus den tiefen Beinvenen.

10. Erklären Sie kurz den Vorgang bei der Blutgerinnung

Während der Blutgerinnung (sekundäre Hämostase) wird eine komplexe Kaskade von Gerinnungsfaktoren im Blut aktiviert, die in der Aktivierung des inaktiven Fibrinogens zu Fibrin resultiert. Fibrin ist der „Klebstoff" des Körpers. Es bildet ein Maschenwerk aus, das den Thrombozytenpfropf verstärkt und durch Einbau von Erythrozyten in einen Gerinnungsthrombus (roter Thrombus) für den langfristigen Wundverschluss umwandelt.

11. Erklären Sie den Begriff der Alterssichtigkeit genauer. Welche Probleme ergeben sich daraus für Frau Maurer?

Die Altersweitsichtigkeit beruht auf einem Elastizitätsverlust der Linse mit Verlust der Akkommodation. Sie betrifft insbesondere die Nahakkommodation (z. B. das Lesen) und wird durch konvexe Sammellinsen korrigiert.

12. Erklären Sie den Aufbau des Ohres sowie den Hörvorgang genauer und nennen Sie mögliche Ursachen eines Hörverlusts

Das Ohr besteht aus drei Anteilen:

- Äußeres Ohr: besteht aus der Ohrmuschel und dem äußeren Gehörgang, der durch das Trommelfell vom Mittelohr abgetrennt ist. Es dient der Aufnahme des Schalls. Der äußere Gehörgang enthält Drüsen, die Ohrenschmalz (Cerumen) bilden
- Mittelohr: besteht aus der Paukenhöhle mit den drei Gehörknöchelchen (Hammer, Amboss, Steigbügel). Während der Hammer mit dem Trommelfell fest verwachsen ist, steht der Steigbügel mit dem ovalen Fenster des Innenohrs in beweglicher Verbindung. Zum

Druckausgleich steht das Mittelohr mit dem Nasen-Rachen-Raum über die Ohrtrompete (Eustachische Röhre) in Verbindung

- Innenohr: liegt in der Felsenbeinpyramide des Schädels. Es enthält die Sinneszellen des Hör- und Gleichgewichtsorgans und dient der Verarbeitung der Schallempfindung und der Registrierung der Körperlage.

Hörvorgang:
Der Schall wird vom äußeren Ohr aufgefangen und durch den Gehörgang auf das Trommelfell übertragen. Das membranartige Trommelfell, das die Grenze zum Mittelohr bildet, wird dadurch in Schwingungen versetzt und überträgt die Schwingungen auf die Gehörknöchelchen. Hammer, Amboss und Steigbügel bilden eine gelenkig verbundene Kette, wobei der Hammer fest mit dem Trommelfell verwachsen ist und der Steigbügel am ovalen Fenster an das innere Ohr grenzt. Im Innenohr befindet sich das eigentliche Hörorgan, die Schnecke (Cochlea). Sie besteht aus drei schneckenförmig aufgerollten Kanälchen, wobei die beiden äußeren am sog. Helicotrema miteinander in Verbindung stehen und sich direkt an das ovale Fenster anschließen. Die Schwingungen des ovalen Fensters übertragen sich auf die mit einer lymphähnlichen Flüssigkeit (Perilymphe) gefüllten Kanälchen (Schnecke) und erregen je nach Frequenz bestimmte Hörsinneszellen. Die Erregung dieser Sinneszellen wird über den Hörnerv, der durch den inneren Gehörgang verläuft, zum Hörzentrum des Gehirns übertragen und dort zu einer bewussten Empfindung verarbeitet. In der Schnecke wird also mechanische Energie des Schalls in elektrische Energie umgewandelt.

Ein Hörverlust kann sowohl auf einer Einschränkung der Schallleitung als auch auf einer zentralen Schallempfindungsstörung beruhen.

Register